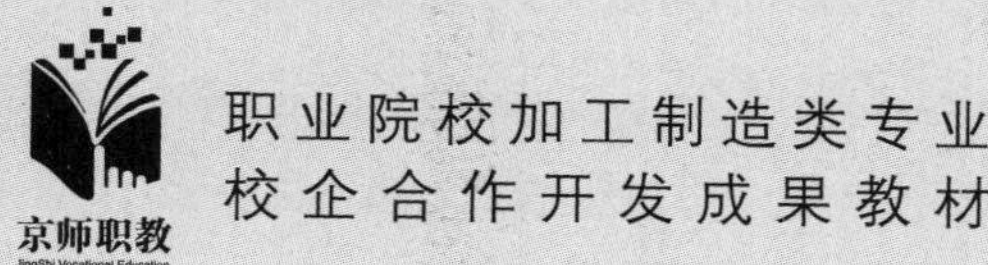

职业院校加工制造类专业
校企合作开发成果教材

车工（第2版）

C H E G O N G

主　编／潘克江　张溯昌
副主编／刘　放　郝　明　王于忠
参　编／徐龙超

北京师范大学出版集团
BEIJING NORMAL UNIVERSITY PUBLISHING GROUP
北京师范大学出版社

图书在版编目(CIP)数据

车工／潘克江，张溯昌主编．—2版．—北京：北京师范大学出版社，2024.8

ISBN 978-7-303-29782-5

Ⅰ.①车… Ⅱ.①潘… ②张… Ⅲ.①车削－教材
Ⅳ.①TG51

中国国家版本馆CIP数据核字(2024)第034211号

图书意见反馈：zhijiao@bnupg.com
营销中心电话：010-58802755　58800035
编辑部电话：010-58806368

出版发行：北京师范大学出版社　www.bnupg.com
北京市西城区新街口外大街12-3号
邮政编码：100088
印　　刷：保定市中画美凯印刷有限公司
经　　销：全国新华书店
开　　本：787 mm×1092 mm　1/16
印　　张：18.75
字　　数：335千字
版　　次：2024年8月第1版
印　　次：2024年8月第1次印刷
定　　价：46.80元

策划编辑：庞海龙　　责任编辑：马力敏
美术编辑：焦　丽　　装帧设计：焦　丽
责任校对：陈　民　　责任印制：马　洁　赵　龙

前言

为支撑新时代高技能人才培养，本书在编写过程中，针对职业教育的特点，体现职业教育在实用性、新颖性和通用性方面的特殊要求，贯彻对学生实践能力和创新素质的培养。本书内容适度、易懂，突出理论知识的应用及加强实践性教学的原则，采用项目教学的形式，坚持教、学、做一体，力求引导学生“学思用贯通、知信行统一”。

本书全面贯彻相关现行国家标准，突出理论“必须、够用”为度的原则，坚持“少而精”，内容讲解通俗易懂，循序渐进，培养学生分析问题、解决问题的能力。本书既可作为职业院校金工实习、技能培训的车工教材，也可作为有关技术工人的参考用书。

本书由潘克江、张溯昌任主编，刘放、郝明、王于忠任副主编。项目 1 和项目 2 由张溯昌编写，项目 3 和项目 4 由刘放编写，项目 5 由郝明编写，项目 6 由徐龙超编写，项目 7 由潘克江编写，项目 8、项目 9 和项目 10 由王于忠编写。

由于编者水平有限，书中难免存在不足之处，敬请广大读者批评指正。

编　者

目录

项目 1

安全教育

项目导航

本项目主要学习安全生产的重要性；要求能熟记安全操作规程并会正确判断违章操作；了解“7S”管理的相关规定；能用自己的话准确表达“7S”管理的基本内容；掌握车床的基本结构，掌握车床各部件的用途；了解车床传动原理；知道设备润滑保养的重要性，会进行日常保养和一级保养。

学习要点

(1)能熟记安全操作规程的要求，并能按照安全操作规程的要求正确操作车床。

(2)能识别车床各部件、手柄、手轮的名称、功用，会打开车床各罩壳指明车床传动原理。

(3)会调整车床转速、进给量，会判断各滑板的进给方向，会安装及拆卸零件。

(4)能根据要求进行车床的日常保养和一级保养。

任务1 安全操作规程

任务目标

(1)了解安全生产的重要性。

(2)掌握并熟记安全操作规程。

(3)能正确判断违章操作。

(4)能够按照安全操作规程的要求正确操作车床。

学习活动

坚持安全、文明生产是保障生产工人和设备的安全，防止发生工伤和设备事故的根本保证，同时也是工厂科学管理的重要手段。

安全生产既是一项管理工作、技术工作，同时也直接关系到企业的经济效益和生产效率，影响设备和工具、卡具、量具的使用寿命以及操作工人技术水平的正常发挥。安全、文明生产的一些具体要求，是在长期生产活动中实践经验和血的教训的总结，要求操作者必须严格执行。

图1-1-1是一幅违反安全操作规程的图片。按照车床安全操作规程的要求，女生在上机操作前应将长发塞入工作帽里面，以避免发生人身安全事故。因为车床在运转时，卡盘及工件是转动的，女生在低头观察加工过程时，长发很容易被转动的卡盘或工件缠住，从而被缠进车床里，这样是非常危险的。

图1-1-1 违章操作实例(一)

图 1-1-2 也是一幅违反安全操作规程的图片。按照车床安全操作规程的要求，装夹或拆卸工件的卡盘扳手，在装夹好工件或拆卸下工件后应随手取下，以避免发生人身及设备事故。因为卡盘扳手就像钥匙一样是插在卡盘方孔中操作的，而卡盘在车床运转时是转动的，如果不及时取下会卡在车床导轨上造成设备事故或被转动的卡盘甩出打到操作者造成人身事故，这是非常危险的。

图 **1-1-2** 违章操作实例(二)

本任务中，在接触车床的同时，应了解如何正确地操作车床，并养成良好的安全操作习惯，避免发生人身及设备事故。

实践活动

一、 实践条件

实践条件见表 1-1-1。

表 1-1-1 实践条件

类别	名称
设备	CA6140 型卧式车床
量具	游标卡尺、千分尺、钢直尺
工具	卡盘扳手、刀台扳手、活扳手
刀具	切断刀、90°右偏刀、45°车刀、麻花钻
其他	安全防护用品

二、 实践步骤

1. 车床安全操作规程

(1)开车前。

①检查车床各手柄是否处于正常位置(图 1-1-3)。

图 **1-1-3** 检查车床各手柄是否处于正常位置

②检查传动带、齿轮防护罩是否装好。

③进行加油润滑(图 1-1-4)。

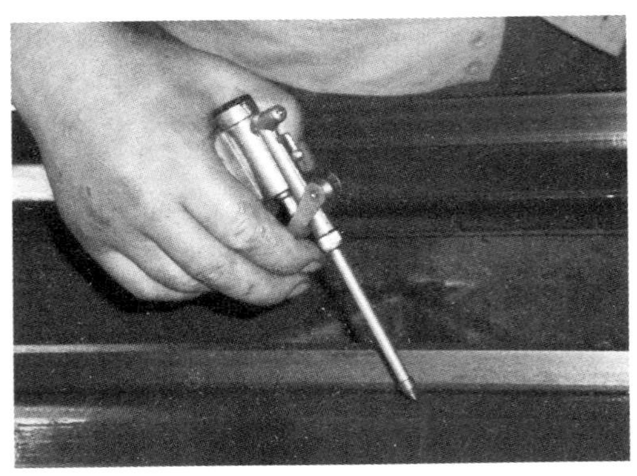

图 **1-1-4** 进行加油润滑

(2)安装工件。

①工件要夹正、夹牢(图 1-1-5)。

②工件安装、拆卸完毕后随手取下卡盘扳手。

③安装、拆卸大工件时，应该用木板保护床面。

④顶针轴不能伸出全长的$\frac{1}{3}$以上，一般轻工件不得伸出全长的$\frac{1}{2}$以上。

⑤装夹偏心件时，要加平衡块，并且每班应检查螺帽的紧固程度。

⑥安装长料时，车头后面不得露出太长，或应装上托架，并有明显标志。

图 **1-1-5** 使用力臂套筒增加力臂确保装夹牢靠

(3)安装刀具。

①刀具要垫好、放正、夹牢(图 1-1-6)。

②装卸刀具和切削加工时，切记先锁紧方刀架。

③装好工件和刀具后，进行极限位置检查。

图 **1-1-6** 刀具要垫好、放正、夹牢

(4)开车后。

①不能改变主轴转速。

②不能度量工件尺寸。

③不能用手触摸旋转着的工件，不能用手触摸切屑。

④切削时要戴好防护眼镜(图 1-1-7)。

图 **1-1-7** 切削时要戴好防护眼镜

⑤切削时要精力集中，不许离开车床。

⑥加工过程中，使用尾架钻孔、铰孔时，不能挂在拖板上起刀，使用中心架时要注意校正工件的同轴度。

⑦使用纵横走刀时，小刀架上盖至少要与小刀架下座平齐(图 1-1-8)，中途停车必须先停走刀后才能停车。

⑧加工铸铁件时，不要在车床导轨面上直接加油。

图 **1-1-8** 小刀架上盖至少要与小刀架下座平齐

(5)工作时。

①必须穿工装，夏季禁止穿裙子、短裤、凉鞋上车床操作。

②女生应将长发塞入帽内。

③严禁戴手套操作，严禁用手去制动转动的卡盘。

(6)下课时。

①工具、夹具、量具、附件妥善放好，将走刀箱移至车床尾座一侧(图 1-1-9)，擦净车床，清理场地，关闭电源。

②逐项填写设备使用卡。

③擦拭车床时要防止刀尖、切屑等划伤手，并防止溜板箱、刀架、卡盘、尾座等相碰撞。

图 **1-1-9**　走刀箱移至车床尾座一侧

(7)若发生事故。

①立即停车，关闭电源。

②保护现场。

③及时向有关人员汇报，以便分析原因，总结经验教训。

2. 文明生产的要求

(1)刀具、量具及工具等放置要稳妥、整齐、合理(图 1-1-10)，有固定位置，便于操作时取用，用后应放回原处，主轴箱盖上不应放置任何物品。

(2)工具箱内应分类摆放物件，精度高的应放置稳妥，重物放下层，轻物放上层。

(3)正确使用和爱护量具。经常保持清洁，用后擦净、涂油、放入盒内，并及时归还工具室。所使用量具必须定期校验，以保证其度量精度准确。

图 **1-1-10** 刀具、量具及工具等的放置要稳妥、整齐、合理

(4)不允许在卡盘及床身导轨上敲击或校直工件，床面上不准放置工具或工件。装夹、找正较重工件时，应用木板保护床面。

(5)车刀磨损后，应及时刃磨，不允许用钝刃车刀继续车削，以免增加车床负荷、损坏车床，影响工件表面的加工质量和生产效率。

(6)批量生产的零件，首件应送检。确认合格后，方可继续加工。精车工件要注意防锈处理。

(7)毛坯、半成品和成品应分开放置。半成品和成品应堆放整齐、轻拿轻放，严防碰伤已加工表面。

(8)图样、工艺卡片应放置在便于阅读的位置，并注意保持其清洁和完整。

(9)使用切削液前，应在床身导轨上涂润滑油。

(10)工作场地周围应保持清洁整齐，避免杂物堆放，防止被绊倒。

扫一扫

三、 金属切削车床通用操作规程

(1)操作者必须熟悉车床的一般结构、性能，严禁超性能使用。

(2)工作前要进行点检，做好记录。检查各操作手柄，限位、挡铁等是否在正确位置上，安全防护装置是否齐全，是否符合安全规定，检查油标油量。检查油路是否畅通，润滑是否良好，各部件运转是否正常，确保无问题才能正式工作。

(3)工作时要用好防护用品，站在安全合适位置，禁止隔着车床运动部分传递或拿取工具、物件。清理切屑、污物应使用专用工具。车床导轨面上不准放物件，运动件行程处不准有妨碍物。

(4)调整车床速度、行程、装夹工件和刀具、测量工件尺寸及擦拭车床时要停车进行。

(5)装卸花盘、卡盘或较重工件时，应在床面上垫好木板。

(6)刀具、工件应装夹正确、牢固可靠，禁止在车床顶尖上、床身导轨上和工作台面上校正锤击工件。

(7)要正确使用车床附件，不准超负荷、超规范使用。发现异常现象应立即停止使用且进行检查，自己不能处理的应立即报告有关人员进行处理。

(8)工作结束后，切断电源，清除铁屑，擦拭车床，整理环境卫生，妥善保管好工具、夹具、量具、附件，填写好交接班记录。

专业对话

1. 下列图片中哪些是违章操作？它违反了哪些要求？会产生什么后果？

(　　　　　　　　　　)

(　　　　　　　　　　)

(　　　　　　　　　　)

(　　　　　　　　　　)

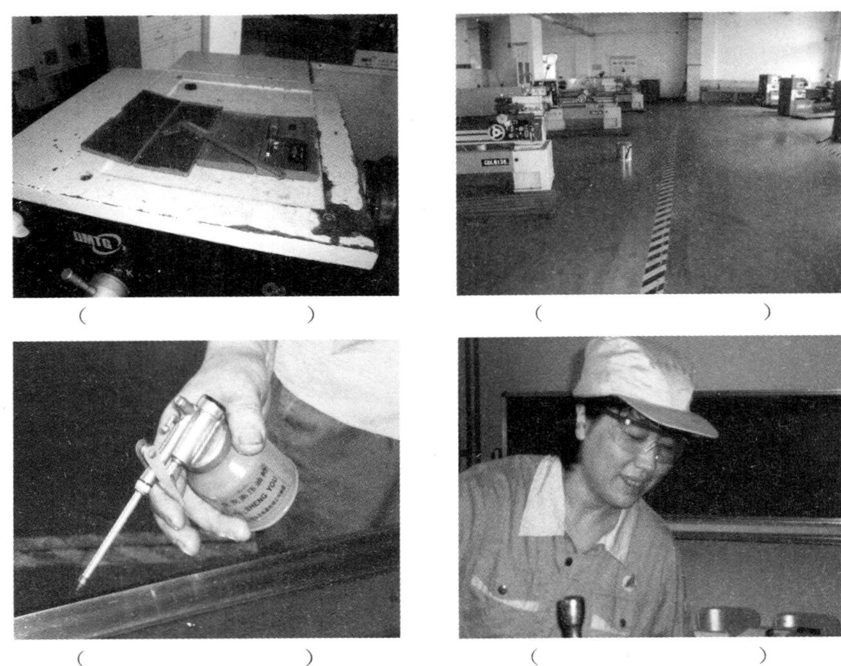

(　　　　　　)　(　　　　　　)

(　　　　　　)　(　　　　　　)

2. 默写车床安全操作规程的内容，并注明如果违反操作规程会出现的后果。

3. 默写文明生产要求的内容，并注明如果违反文明生产要求会出现的后果。

任务评价

考核标准见表 1-1-2。

表 1-1-2　考核标准

项目	技术要求	配分	评分标准	扣分	得分
开车前	(1)检查车床各手柄是否处于正常位置 (2)检查传动带、齿轮防护罩是否装好 (3)进行加油润滑	15 分	能正确操作，奖 5 分/项		
安装工件	(1)工件要夹正、夹牢 (2)工件安装、拆卸完毕后随手取下卡盘扳手 (3)安装、拆卸大工件时，应该用木板保护床面	15 分	能正确操作，奖 5 分/项		

续表

项目	技术要求	配分	评分标准	扣分	得分
安装刀具	(1)刀具要垫好、放正、夹牢 (2)装卸刀具和切削加工时，切记先锁紧方刀架 (3)装好工件和刀具后，进行极限位置检查	10分	能正确操作，奖5分/项		
开车后	(1)不能改变主轴转速 (2)不能度量工件尺寸 (3)不能用手触摸旋转着的工件，不能用手触摸切屑 (4)切削时要戴好防护眼镜 (5)切削时要精力集中，不许离开车床	20分	能正确操作，奖4分/项		
工作时	(1)必须穿工装，夏季禁止穿裙子、短裤、凉鞋上车床操作 (2)女生应将长发塞入帽内 (3)严禁戴手套操作，严禁用手去制动转动的卡盘	15分	能正确操作，奖5分/项		
下课时	(1)工具、夹具、量具、附件妥善放好，将走刀箱移至车床尾座一侧，擦净车床，清理场地，关闭电源 (2)逐项填写设备使用卡 (3)擦拭车床时要防止刀尖、切屑等划伤手，并防止溜板箱、刀架、卡盘、尾座等相碰撞	15分	能正确操作，奖5分/项		
若发生事故	(1)立即停车，关闭电源 (2)保护现场 (3)及时向有关人员汇报，以便分析原因，总结经验教训	10分	能正确操作，奖5分/项		
总分					

拓展训练

一、选择题

1. 职业道德的内容包括(　　)。

A. 从业者的工作计划　　B. 职业道德行为规范

C. 从业者享有的权利　　D. 从业者的工资收入

2. 职业道德基本规范不包括(　　)。

A. 遵纪守法，廉洁奉公　　B. 服务群众，奉献社会

C. 诚实守信，办事公道　　D. 搞好与他人的关系

3. 遵守法律法规要求(　　)。

A. 积极工作　　B. 加强劳动协作

C. 自觉加班　　D. 遵守安全操作规程

4. 以下违反安全操作规程的是(　　)。

A. 自己制定生产工艺　　B. 贯彻安全生产规章制度

C. 加强法治观念　　D. 执行国家安全生产的法令、规定

5. 以下保持工作环境清洁有序不正确的是(　　)。

A. 毛坯、半成品按规定堆放整齐　　B. 随时清除油污和积水

C. 通道上少放物品　　D. 优化工作环境

6. 以下不属于岗位质量要求的内容是(　　)。

A. 对各个岗位质量工作的具体要求

B. 不擅自使用不熟悉的车床和工具

C. 夹具放在工作台上

D. 按规定穿戴好防护用品

7. 进给运动是将主轴箱的运动经交换(　　)箱，再经过进给箱变速后由丝杠和光杠驱动溜板箱、床鞍、滑板、刀架，以实现车刀的进给运动。

A. 齿轮　　B. 进给　　C. 走刀　　D. 挂轮

8. 主轴轴承间隙过小，会使(　　)增加，摩擦热过多，造成主轴温度过高。

A. 应力　　B. 外力　　C. 摩擦力　　D. 切削力

9. 操作者熟练掌握设备使用技能，达到“四会”，即(　　)。

A. 会使用，会修理，会保养，会检查

B. 会使用，会保养，会检查，会排除故障

C. 会使用，会修理，会检查，会排除故障

D. 会使用，会修理，会检查，会管理

10. 与C620型卧式车床相比，CA6140型卧式车床具有(　　)的特点。

A. 进给箱变速杆强度差　　B. 主轴孔小

C. 滑板箱操纵手柄多　　D. 滑板箱有快进移动机构

二、判断题

1. 爱祖国、爱人民、爱科学、爱社会主义作为社会公德建设的基本要求，是每个公民应承担的法律义务和道德品质。(　　)

2. 爱岗敬业的具体要求是：树立职业思想，强化职业责任，提高职业技能。(　　)

3. 职业纪律是在特定的事业活动范围内从事某种职业的人们必须共同遵守的行动标准。(　　)

4. 生产场地应有足够的照明，每台车床有适宜的局部照明。(　　)

任务2 “7S”管理

任务目标

(1)“7S”管理的基本知识。

(2)学习过程中“7S”管理的应用。

(3)根据“7S”管理的要求，在工具橱表面合理摆放所用的工具、刀具和量具，保证物品摆放整齐。

(4)根据“7S”管理的要求，工具箱内应分类摆放物件，精度高的应放置稳妥，重物放下层，轻物放上层，并养成习惯。

(5)根据“7S”管理的要求，清扫要彻底，不留死角，随时打扫，擦拭设备要边擦边检查；清扫工具要摆放整齐，方便使用。

(6)根据“7S”管理的要求，着装要规范且有较强的团队合作精神。

学习活动

"7S" 的含义及作用

"7S"管理，是指对生产现场各要素(人、机、料、法、环)所处状态不断进行管理和改善的基础活动。"7S"管理方法是很多企业的基础性管理手段，其本质就是人的规范化及地、物的明朗化。

"7S"包括整理、整顿、清扫、清洁、素养、安全和节约七个方面。

图 1-2-1 是企业张贴的一组"7S"管理的宣传图片，通过图片的形式生动直观地阐明了"7S"管理的内容及含义。

图 **1-2-1** "7S"管理宣传图片

图 1-2-2 是企业"7S"管理下的半成品摆放区。现场有明显的标识，且物料按一定要求整齐排列摆放。

图 **1-2-2** 企业中标识清楚的半成品摆放区

实践活动

一、实践条件

实践条件见表1-2-1。

表1-2-1 实践条件

类别	名称
设备	CA6140型卧式车床
量具	游标卡尺、千分尺、钢直尺、万能角度尺等
工具	卡盘扳手、刀台扳手、活扳手
刀具	切断刀、90°右偏刀、45°车刀、麻花钻
其他	清扫卫生器具、毛坯、半成品、成品等

二、“7S”管理的实施步骤和要求

1. 整理

整理是正式启动“7S”管理的第一步，其意义就是把不需要的物品清理出教学现场，只留下必要物，重点包括教学(实训)现场、设施设备、教师办公区及设备不易清洁的底部、生产现场角落堆放的物料等一些比较隐蔽的场所，如图1-2-3所示。

2. 整顿

整顿是对必要物进行处理，以保证在30 s内找到教学中所需用品，提高教学效率。整顿包括四项基础活动：定数量、定位置、定方法、定标识，如图1-2-4所示。

3. 清扫

清扫是将教学现场的设备擦拭干净，保持教学环境干净、整洁。清扫包括三个方面：一是扫黑，即扫净垃圾、灰尘、纸屑、蜘蛛网等；二是扫漏，即不许漏水、漏油等；三是扫怪，即消除现场的声音、温度、振动等，如图1-2-5所示。

4. 清洁

清洁是要将“7S”管理转化成日常管理的一部分，变成常规行动，长期贯彻，保持已取得的成绩，不断检查改正，使“7S”管理能够得到贯彻执行。清洁过程中要通过一定的标准衡量不同的执行情况，包括推进标准和检查标准，如图 1-2-6 所示。

图 1-2-3 整理

图 1-2-4 整顿

图 1-2-5 清扫

图 1-2-6 清洁

5. 素养

素养是“7S”管理的最高阶段，是使同学们养成良好的职业素质，更快地适应企业环境的有效方法，如图 1-2-7 所示。

6. 安全

安全包括人和物的安全，原则是重在防御，没有事故发生，更不能存在事故隐患，如图 1-2-8 所示。

图 **1-2-7**　素养

图 **1-2-8**　安全

7. 节约

节约是“7S”管理中讲究方法，节省资源，养成降低成本、减少浪费的意识，能利用的东西尽可能利用，切勿随意丢弃，要丢弃的东西需思考其剩余利用价值，如图 1-2-9 所示。

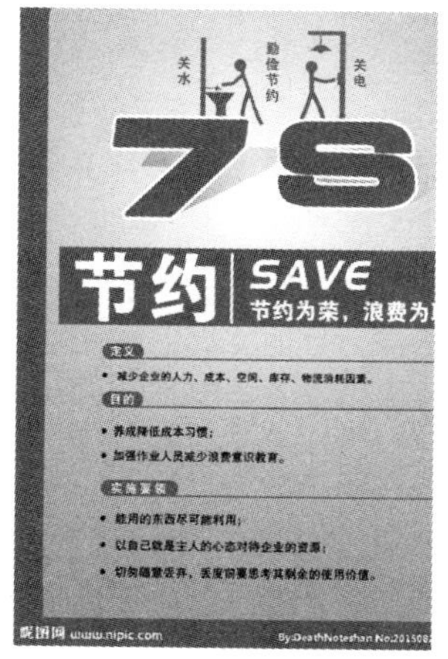

图 **1-2-9**　节约

专业对话

(1)领取日常所用的若干工具、量具和刀具，按照定置要求在规定时间内整齐地摆放在工具橱表面。

(2)各学习小组制定本小组所使用的工具橱内部物品摆放定置表，并按照定置表将物品摆放整齐。

(3)各学习小组成员轮流担任仪容仪表监督员，对本小组成员的仪容仪表进行点评。

(4)按照“7S”管理的要求将实训现场划分为若干区域，各学习小组对本小组的区域进行清扫。

知识探究

一、“7S”管理基本知识介绍

“7S”管理，是指对生产现场各要素(人、机、料、法、环)所处状态不断进行管理和改善的基础活动。“7S”包括整理、整顿、清扫、清洁、素养、安全和节约七个方面。“7S”内容简介见表1-2-2。

表1-2-2 “7S”内容简介

内容	口诀	含义	着眼点
整理	要与不要 一留一清	区分必要物、不要物；处理不要物	节约空间 简化现场
整顿	合理放置 清晰标识	四定：定数量、定位置、定方法、定标识；三易：易见、易取、易还	节约时间 提高效率
清扫	清扫环境 擦拭设备	教学场所的清扫；设备的擦拭、检查	环境整洁 设备良好
清洁	制定制度 检查批评	“7S”管理标准化；“7S”检查常态化	巩固成果 持续整洁
素养	养成习惯 主动改善	养成遵守规范的好习惯；提升自我管理和主动改善的能力	团队精神 企业文化
安全	预防事故 消除隐患	安全检查、整改、训练；安全事故分析与防范	没有隐患 长久安全
节约	讲究方法 节省资源	养成降低成本的习惯；加强减少浪费意识的教育	物尽其用 充分利用

任务评价

考核标准见表 1-2-3。

表 1-2-3 考核标准

项目	技术要求	配分	评分标准	扣分	得分
仪容仪表	(1)工装整齐 (2)工作帽戴端正，女生长发塞入帽内	20 分	符合要求，奖 10 分/项		
维护教学环境的整洁	自觉维护教学环境的整洁，不乱丢杂物	10 分	符合要求，奖 10 分		
工具橱表面	按照定置要求在规定时间内整齐地摆放	20 分	符合要求，奖 20 分		
工具橱内部物品摆放	(1)定置表设计合理 (2)物品摆放整齐规范	20 分	符合要求，奖 10 分/项		
清洁看板	(1)设计合理 (2)有新意	10 分	符合要求，奖 5 分/项		
清扫整理	(1)设备清扫符合要求 (2)相应区域的清扫整理符合要求	10 分	符合要求，奖 5 分/项		
废弃物料管理	(1)废弃物料无剩余利用价值 (2)库存物品、加工成本消耗降低	10 分	符合要求，奖 5 分/项		
总分					

拓展训练

一、选择题

1. 以下关于整理的定义，正确的是(　　)。

A. 将所有的物品重新摆过

B. 将工作场所内的物品分类，并把不要的物品清理掉，将生产、工作、生活场所打扫得干干净净

C. 区分要与不要的东西，工作场所除了要用的东西以外，一切都不放置

D. 将物品分区摆放，同时做好相应的标识

2. 以下关于整顿的定义，正确的是(　　)。

A. 将工作场所内的物品分类，并把不要的物品清理掉

B. 把有用的物品按规定分类摆放好，并做好适当的标识

C. 将生产、工作、生活场所打扫得干干净净

D. 对员工进行素质教育，要求员工有纪律观念

3. 以下关于清扫的定义，正确的是(　　)。

A. 将生产、工作、生活场所内的物品分类，并把不要的物品清理掉

B. 把有用的物品按规定分类摆放好，并做好适当的标识

C. 将生产、工作、生活场所打扫得干干净净

D. 对员工进行素质教育，要求员工有纪律观念

4. 整理主要是排除(　　)浪费。

A. 时间　　B. 工具　　C. 空间　　D. 包装物

5. 公司(　　)需要整理整顿。

A. 工作现场　　B. 办公室

C. 每个地方　　D. 仓库

6. 整顿中的“三定”是指(　　)。

A. 定点、定方法、定标示　　B. 定点、定容、定量

C. 定容、定方法、定量　　D. 定点、定人、定方法

二、判断题

1. 持续改进的七种工具是：标语；醒目的标识；作业值班图表；工作进度管理；照片、录像；手册和表格；成绩及优劣对比张贴公布栏。(　　)

2. 巡查小组来检查前，我再去看一下负责的区域，不来我也懒得去看了，反正前天刚看过。(　　)

3. 不遵守规章制度、不按标准操作的工作现场，我们经常会听到“下不为例”“这样就行了吧”“我太忙啦”，这些话对吗？(　　)

4. 各类记录报表须整洁、真实准确，不得缺损、缺页、缺项。(　　)

5. 定置管理太耽误时间，赶不上过去随意取放方便、省时。(　　)

任务 3　设备维护与保养

任务目标

(1)在车床前正确识别“四箱”“三杠”、刀架部分和尾座的位置，并明确它们的作用。

(2)在车床前打开相关的罩壳，正确指示并说明车床的传动系统。

(3)以小组为单位对车床进行符合要求的日常保养。

(4)在教师的指导下以小组为单位对车床进行符合要求的一级保养。

学习活动

为了保持车床正常运转和延长其使用寿命，应注意日常保养，必要时要进行一级保养。要对设备进行维护与保养，首先就要了解设备的基本结构。

图 1-3-1 是一台 CDL6136 型车床的外观图片，在图片上你会发现车床上有许多不知名的手柄、手轮和一些你现在还不了解的部件。你现在是不是想马上了解它们呢？

图 **1-3-1**　**CDL6136** 型车床

图 1-3-2 是已经打开的 CDL6136 型车床的交换齿轮箱内部结构，通过观察你会发现，在齿轮的外缘处有些黄色的物质，这些黄色的物质是工人涂抹的钙基油(大黄油)。因为车床在运转时这些齿轮也是转动的，齿轮之间会有摩擦，会产生热和磨损，

需要钙基油进行润滑和降温。

图 **1-3-2**　打开后的交换齿轮箱

本任务中，将通过进一步接触车床来认识车床的基本结构，明白车床是如何进行工作的，学习如何对车床进行维护与保养。

实践活动

一、实践条件

实践条件见表 1-3-1。

表 1-3-1　实践条件

类别	名称
设备	CA6140 型卧式车床、CD6140 型卧式车床
量具	游标卡尺、千分尺、钢直尺、万能角度尺等
工具	卡盘扳手、刀台扳手、活扳手、油枪、黄油枪、加油桶
刀具	切断刀、90°右偏刀、45°车刀、麻花钻
其他	清理卫生用抹布

二、设备维护与保养的实施步骤和要求

车床的基本结构如图 1-3-3 所示。

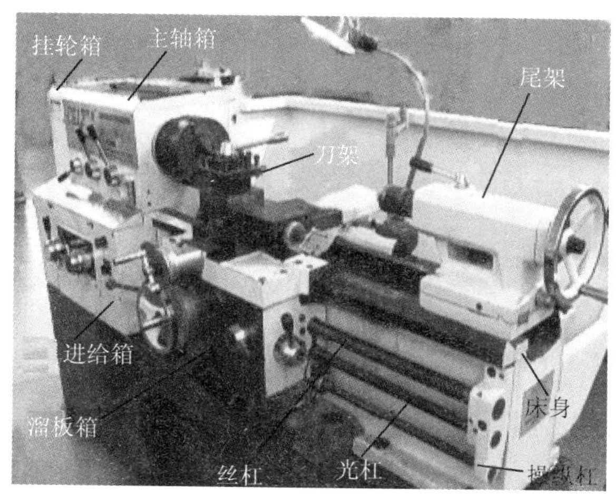

图 **1-3-3**　车床的基本结构

1．主轴箱（又称床头箱）

如图 1-3-4 所示，主轴箱主要用于安装主轴和主轴的变速机构，主轴前端安装卡盘以夹紧工件，并带动工件旋转实现主运动。为方便安装长棒料，主轴为空心结构。

图 **1-3-4**　主轴箱

2．挂轮箱（又称交换齿轮箱）

如图 1-3-5 所示，挂轮箱主要用来把主轴的转动传递给进给箱，调换箱内齿轮，并和进给箱配合，可以车削不同螺距的螺纹。

图 **1-3-5** 挂轮箱

3. 进给箱(又称走刀箱)

如图 1-3-6 所示，进给箱主要安装进给变速机构。它的作用是把从主轴经挂轮机构传来的运动传给光杠或丝杠，取得不同的进给量和螺距。

图 **1-3-6** 进给箱

4. 溜板箱

如图 1-3-7 所示，溜板箱是操纵车床实现进给运动的主要部分，通过手柄接通光杠可使刀架做纵向或横向进给运动，接通丝杠可车螺纹。溜板箱包括大拖板、中拖板、小拖板和刀架。大拖板是纵向车削用的(手动)，每格 1 mm；中拖板用于横向车削和控制背吃刀量，每格 0.05 mm；小拖板用于纵向车削较短工件或角度工件，每格 0.05 mm。

图 **1-3-7** 溜板箱

5. 三杠

如图 1-3-8 所示，三杠包括光杠、丝杠和操纵杆。光杠和丝杠用于传递进给运动实现车削。操纵杆向上提起，卡盘正转；操纵杆向下压下，卡盘反转；操纵杆停在中间位置，卡盘停止转动。

图 **1-3-8** 三杠

6. 刀架

如图 1-3-9 所示，刀架由两层滑板(中滑板、小滑板)、床鞍及刀架体共同组成，用来安装车刀并带动车刀做纵向、横向或斜向运动。

图 **1-3-9** 刀架

7. 尾座

尾座用来安装顶尖，支顶较长工件，还可安装中心钻、钻头、铰刀等其他切削刀具。

8. 床身

床身是用于支撑和连接车床其他部件并保证各部件间的正确位置和相互运动关系。

三、 注意事项

1. 传动系统

电动机输出动力经带轮的传动传给床头变速箱，变换箱体外手柄的位置可使主轴得到各种不同的转速。主轴通过卡盘带动工件做旋转运动。此外，主轴的旋转通过挂轮箱、进给箱、丝杠或光杠、溜板箱的传动，使拖板带动装在刀架上的刀具沿床身导轨做直线走刀运动或车螺纹运动，如图 1-3-10 所示。

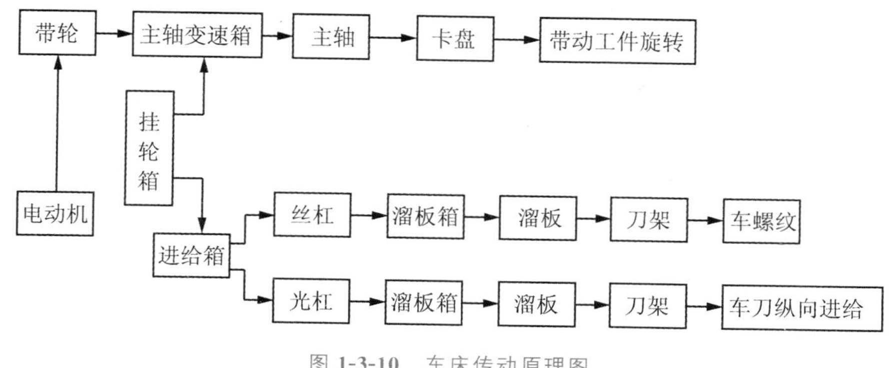

图 1-3-10　车床传动原理图

2. 车床的润滑和维护保养

(1)车床的日常保养要求。

①每班工作后应擦净车床导轨面(包括中滑板和小滑板)，要求无油污、无铁屑，并浇油润滑，使车床外表清洁和场地整齐。

②每周要求车床三个导轨面及转动部位清洁、润滑，油眼畅通，油标、油窗清晰，清洗车床油毛毡，并保持车床外表清洁和场地整齐等。

(2)车床的一级保养要求及顺序。

车床运行 500 h 后，以操作学生为主，在教师的指导下及实训人员的配合下进行。保养时要按下列顺序进行。

①主轴箱的保养。

a. 清洗滤油器，使其无杂物。

b. 检查主轴锁紧螺母有无松动，紧定螺钉是否拧紧。

c. 调整制动器及离合器摩擦片间隙。

②交换齿轮箱的保养。

a. 清洗齿轮、轴套，并在油杯中注入油脂。

b. 调整齿轮啮合间隙。

c. 检查轴套有无晃动现象。

③滑板和刀架的保养。

拆洗刀架和中滑板、小滑板，洗净擦干后重新组装，并调整中滑板、小滑板与镶条的间隙。

④尾座的保养。

摇出尾座套筒，并擦净涂油，以保持内外清洁。

⑤润滑系统的保养。

a. 清洗冷却泵、滤油器和盛液盘。

b. 保证油路畅通，油孔、油绳、油毡清洁无铁屑。

c. 检查油质。保持良好，油杯齐全，油标清晰。

⑥电器的保养。

a. 清扫电动机、电气箱上的尘屑。

b. 电气装置固定整齐。

⑦外表的保养。

a. 清洗车床外表面及各罩盖，保持其内外清洁，无锈蚀、无油污。

b. 清洗三杠。

c. 检查并补齐各螺钉、手柄球、手柄。

专业对话

1. 车床的润滑系统

为了对自用车床进行正确润滑，现以 C620-1 型车床为例来说明润滑的部位及要求。

C620-1 型车床的润滑系统如图 1-3-11 所示。润滑部位用数字标出，图中除了编号 1 处的润滑部位用黄油进行润滑外，其余都使用 30 号机油。

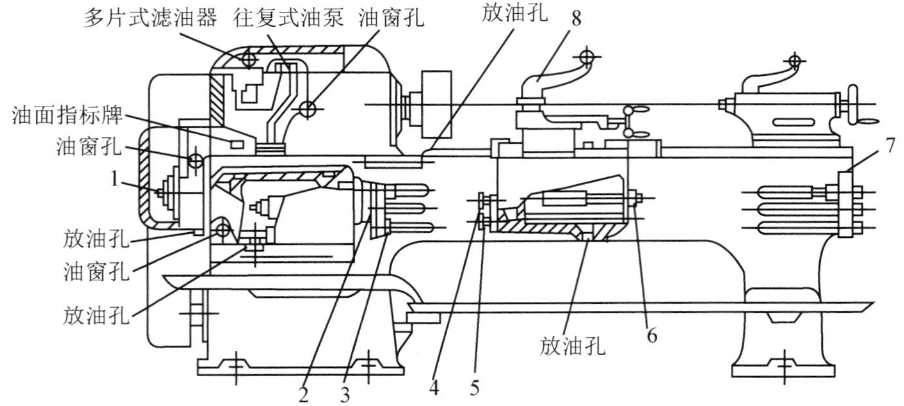

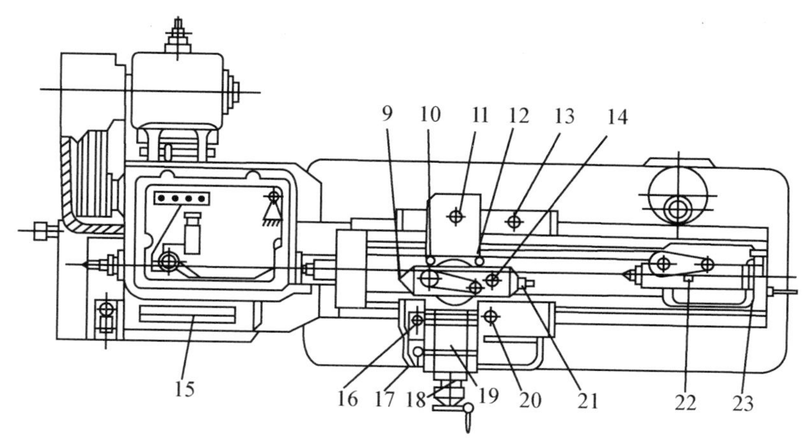

图 **1-3-11**　**C620-1** 型车床的润滑系统

1—黄油；2～23—机油

主轴箱的储油量，通常以油面达到油窗高度为宜。箱内齿轮用溅油法进行润滑，车床主轴后轴承用油绳导油润滑，主轴前轴承等重要润滑部位用往复式油泵供油润滑。

主轴箱上有一个油窗，如发现油孔内无油输出，说明油泵输油系统有故障，应立即停车检查断油原因，待修复后才可开动车床。

主轴箱、进给箱和溜板箱内的润滑油一般 3 个月更换一次，换油时应在箱体内用煤油清洗后再加油。

挂轮箱上的正反机构主要靠齿轮溅油润滑，油面的高度可以从油窗孔观察，换油周期也是 3 个月一次。

进给箱内的轴承和齿轮，除了用溅油法进行润滑外，还靠进给箱上部的储油池通过油绳导油润滑。因此除了注意进给箱油窗内油面的高度外，每班还要给进给箱上部的储油池加油一次。

溜板箱内脱落蜗杆机构用箱体内的油来润滑，油从盖板 6 中注入，其储油量通常加到这个孔的下边缘为止。溜板箱内其他机构，用其上部储油池里的油绳导油润滑，润滑油由孔 16 和孔 17 注入。

床鞍、中滑板、小滑板、尾座、光杠、丝杠等轴承，靠油孔注油润滑(图中标注 8～23 和 2，3，7 处)，每班加油一次。

挂轮架中间齿轮轴承和溜板箱内换向齿轮的润滑(图中标注 1，4，5 处)每周加黄油一次，每天向轴承中旋进一部分黄油。

2. 车床润滑的几种方式

(1)浇油润滑。

通常用于外露的滑动表面，如床身导轨面和滑板导轨面等。

(2)溅油润滑。

通常用于密封的箱体中，如车床的主轴箱，利用齿轮转动把润滑油溅到油槽中，然后输送到各处进行润滑。

(3)油绳导油润滑。

通常用于车床进给箱的溜板箱的油池中，利用毛线吸油和渗油的能力，把机油慢慢地引到所需要的润滑处，如图 1-3-12(a)所示。

(4)弹子油杯注油润滑。

通常用于尾座和滑板摇手柄转动的轴承处。注油时，以油嘴把弹子按下，滴入润滑油。使用弹子油杯的目的是防尘防屑，如图 1-3-12(b)、图 1-3-13 所示。

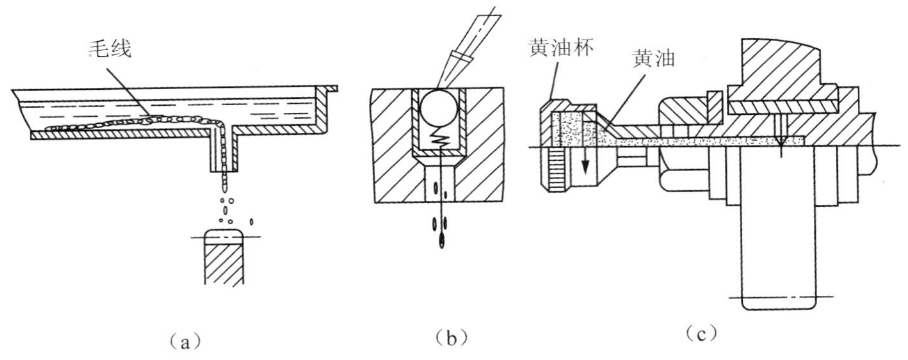

图 1-3-12 润滑方式

(5)黄油(油脂)杯润滑。

通常用于车床挂轮架的中间轴。使用时，先在黄油杯中注满油脂，当拧进油杯盖时，油脂就挤进轴承套内，比加机油方便。使用油脂润滑的另一优点是，存油期长，不需要每天加油，如图 1-3-12(c)、图 1-3-14 所示。

图 1-3-13 弹子油杯注油润滑

图 1-3-14 黄油杯润滑

(6)油泵输油润滑。

通常用于转速高、润滑油需要量大的机构中，如车床的主轴箱一般都采用油泵输油润滑。

巩固练习

1. 在规定时间内，在车床前正确指出“四箱”“三杠”、刀架部分和尾座的位置，并说明它们的作用。

2. 在规定时间内，在车床前打开相关的罩壳，指示并讲解车床的传动系统。

3. 按照要求对车床进行日常保养和维护。

4. 每小组一台设备，按照要求对车床进行一级保养和维护。

任务评价

考核标准见表 1-3-2。

表 1-3-2 考核标准

项目	技术要求	配分	评分标准	扣分	得分
车床各部件的识别	能正确指示各部件的名称并说明其功用	24 分	能正确指示并说明其功用，奖 3 分/项		
车床传动路线的判别	能正确指示车床主运动和进给运动的传动路线	10 分	符合要求，奖 5 分/项		
润滑方式的应用	能正确判断各种润滑方式的应用场合及润滑周期	20 分	符合要求，奖 4 分/项		
日常保养	正确进行日常保养	25 分	符合要求，奖 5 分/项		
一级保养	正确进行一级保养	21 分	符合要求，奖 3 分/项		
总分					

拓展训练

一、选择题

1. 在未做好以下哪项工作以前，千万不要开动机器？（　　）

A. 通知主管

B. 检查所有防护罩是否安全可靠

C. 机件擦洗干净

2. 手用工具不应放在工作台边缘是因为（　　）。

A. 取用不方便　　B. 会造成工作台超负荷

C. 工具易坠落伤人

3. 在下列哪种情况下，不可进行机器的清洗工作？（　　）

A. 没有安全员在场　　B. 机器在开动中

C. 没有操作手册

4. 以下对下料机的操作规定，哪项是错误的？(　　)

A. 操作前要进行空车试转

B. 操作时，为保证准确，应用手直接帮助送料

C. 电动机不准带负荷启动

5. 下列哪项操作对长发者的危险最小？(　　)

A. 液压机　　B. 车床　　C. 电脑

6. 操作砂轮时，下列哪项是不安全的？(　　)

A. 操作者站在砂轮的正面操作

B. 使用前检查砂轮有无破裂和损伤

C. 用力均匀磨削

7. 当操作打磨工具时，必须使用哪类个人防护用具？(　　)

A. 围裙　　B. 防潮服　　C. 护眼罩

8. 刚刚车削下来的切屑有较高的温度，可以达到(　　)，极易引起烫伤。

A. 500 ℃　　B. 600 ℃～700 ℃　　C. 800 ℃～1000 ℃

9. 下列哪种方法可以清理机械器具上的油污？(　　)

A. 用汽油刷洗　　B. 用压缩空气喷　　C. 用抹布擦净

10. 热处理工艺一般包括加热、保温和(　　)三个过程。

A. 冷却　　B. 加工　　C. 设计

11. 下列哪种操作是不正确的？(　　)

A. 戴褐色眼镜从事电焊　　B. 操作车床时，戴防护手套

C. 借助木头操作切割机

12. 车床工作结束后，应最先做哪些安全工作？(　　)

A. 清理车床　　B. 关闭车床电气系统和切断电源

C. 润滑车床

13. 电气设备或电气线路发生火灾时，应立即(　　)。

A. 设置警告牌或遮拦　　B. 用水灭火

C. 切断电源　　D. 用沙灭火

14. 干燥且有触电危险环境的安全电压值为(　　)。

A. 110 V　　B. 36 V　　C. 24 V　　D. 12 V

15. 进行机加工时，要(　　)。

A. 不顾旁人，只顾快速完成工作

B. 和旁人聊天

C. 专心致志，遵守操作规程

二、判断题

1. 不准吊装超过本机规定的质量，不准吊埋在地下的物件或与地面冻结的物件。(　　)

2. 车工可以戴手套操作。(　　)

3. 起吊时要平稳，不得从人头或设备上空经过。(　　)

4. 运转中的机械设备对人的伤害主要有撞伤、压伤、轧伤、卷缠等。(　　)

5. 机器保护罩的主要作用是使机器较为美观。(　　)

6. 应该定期检查线路和设备的工作情况，及时维护和保养。(　　)

7. 变换进给箱手柄的位置，在光杠和丝杠的传动下，能使车刀按要求方向做进给运动。(　　)

8. 进给量是工件每回转 1 min，车刀沿进给运动方向上的相对位移。(　　)

项目 2

刀具的刃磨

项目导航

本项目主要学习识别常用车刀的类型、结构、材料。知道车刀的各个几何角度，能画车刀的几何角度图。知道常用车刀刃磨的姿势和步骤，学会车刀刃磨的方法。

学习要点

(1)能安全、熟练使用砂轮。

(2)能安全、熟练刃磨出一定几何角度的车刀。

任务 1 外圆车刀的刃磨

任务目标

(1)学会砂轮的选用。

(2)了解车刀的类型、结构、特点及组成等。

(3)掌握车刀的几何角度及其选择。

(4)掌握车刀刃磨的姿势和步骤。

学习活动

一、 安全规范

(1)刃磨刀具前，应首先检查砂轮有无裂纹，砂轮轴螺母是否拧紧，并经试转后使用，以免砂轮碎裂或飞出伤人。

(2)刃磨刀具不能用力过大，否则会使手打滑而触及砂轮面，造成工伤事故。

(3)磨刀时应戴防护眼镜，以免砂砾和铁屑飞入眼中。

(4)磨刀时不要正对砂轮的旋转方向站立，以防意外。

(5)要严格按照刃磨步骤进行，确保安全。

二、 90° 外圆车刀介绍

俗话说：快刀斩乱麻。这句话充分说明了只有使用锋利的刀子才能省时省力。在进行机械加工时用的是车刀。图 2-1-1 是一幅车刀车削工件的图片。在机械加工中，只有刃磨出一把角度合理的、锋利的刀具，才能加工出合格的零件。

图 **2-1-1** 车刀车削工件

下面请同学们刃磨图 2-1-2 中所示的 90°车刀。要求主偏角 90°，副偏角 10°，主后角 6°～8°，副后角 3°～6°。车刀材料为硬质合金。图 2-1-3 是一把磨好刃的车刀，用它进行机械加工时，就能保证加工精度。

图 2-1-2　需要刃磨的车刀

图 2-1-3　刃磨后的车刀

实践活动

一、实践条件

实践条件见表 2-1-1。

表 2-1-1　实践条件

类别	名称
设备	砂轮机
量具	游标卡尺、钢直尺
工具	氧化铝砂轮(白色)、碳化硅砂轮(绿色)
刀具	未刃磨的 90°外圆车刀
其他	工作帽、防护眼镜、冷却水

二、实践步骤

1. 使用砂轮的安全知识

除 P36 介绍的安全规范外，还需注意以下几点。

磨刀时，两手握稳车刀，刀杆靠于支架，使受磨面轻贴砂轮。勿用力过猛，否则会使手打滑而触及砂轮面，造成工伤事故。

应将刃磨的车刀在砂轮周围面上左右移动，使砂轮磨耗均匀，不出沟槽，避免在砂轮两侧面用力粗磨，以致砂轮受力偏摆、跳动，甚至破碎。

磨小刀头时，必须把小刀头装在刀杆上后再刃磨，以防磨到手指。

磨高速钢车刀，磨热时，刀头必须沾水冷却，以免刀头因温度过高而退火。磨硬质合金车刀时，刀头不应沾水，避免刀头沾水后急冷产生裂纹。两者不能搞错。

2. 磨刀安全知识

除 P36 介绍的安全规范外，还需注意以下两点。

磨小刀头时，必须把小刀头装在刀杆上。

砂轮支架与砂轮的间隙不得大于 3 mm，如发现过大，应进行适当调整。

3. 砂轮的选用

车刀(指整体车刀与焊接车刀)用钝后重新刃磨是在砂轮机上进行的。

磨高速钢车刀用氧化铝砂轮(白色)，如图 2-1-4 所示。

磨硬质合金车刀用碳化硅砂轮(绿色)，如图 2-1-5 所示。

图 **2-1-4** 氧化铝砂轮

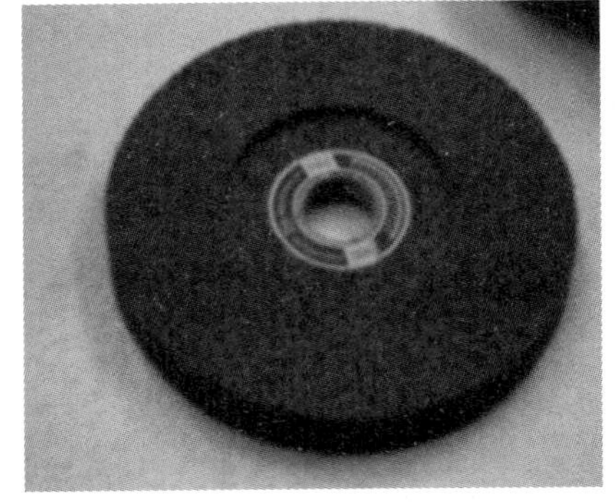

图 **2-1-5** 碳化硅砂轮

砂轮的特性由磨料、粒度、硬度、结合剂和组织 5 个因素决定。

(1)磨料：常用的磨料有氧化物系、碳化物系和高硬磨料系 3 种。船上和工厂常用的是氧化铝砂轮和碳化硅砂轮。氧化铝砂轮的磨粒硬度低(2000～2400 HV)、韧性大，适用于刃磨高速钢车刀，其中白色的叫作白刚玉，灰褐色的叫作棕刚玉。

碳化硅砂轮的磨粒硬度比氧化铝砂轮的磨粒硬度高(2800 HV 以上)，性脆而锋利，并且具有良好的导热性和导电性，适用于刃磨硬质合金车刀。其中常用的是黑色和绿色的碳化硅砂轮，而绿色的碳化硅砂轮更适合刃磨硬质合金车刀。

(2)粒度：粒度表示磨粒大小的程度。以磨粒能通过每英寸长度上多少个孔眼的数字作为表示符号。例如，60粒度是指磨粒刚可通过每英寸长度上有60个孔眼的筛网。因此，数字越大则表示磨粒越细。粗磨车刀应选磨粒号数小的砂轮，精磨车刀应选号数大(磨粒细)的砂轮。常用的砂轮一般是粒度为46＃的中软或中硬的砂轮。

(3)硬度：砂轮的硬度是反映磨粒在磨削力作用下，从砂轮表面上脱落的难易程度。砂轮硬，表示磨粒难以脱落；砂轮软，表示磨粒容易脱落。砂轮的软硬和磨粒的软硬是两个不同的概念，必须区分清楚。刃磨高速钢车刀和硬质合金车刀时应选软或中软的砂轮。

另外，在选择砂轮时还应考虑砂轮的结合剂和组织。一般选用陶瓷结合剂(代号A)和中等组织的砂轮。

综上所述，应根据刀具材料正确选用砂轮。刃磨高速钢车刀时，应选用粒度为46＃～60＃的软或中软的氧化铝砂轮。刃磨硬质合金车刀时，应选用粒度为60＃～80＃的软或中软的碳化硅砂轮。

4. 车刀刃磨的姿势

(1)人站立在砂轮机的侧面，以防砂轮碎裂时，碎片飞出伤人。

(2)两手握刀的距离放开，两肘夹紧腰部，以减小磨刀时的抖动。

(3)磨刀时，车刀要放在砂轮的水平中心，刀尖略向上翘3°～8°，车刀接触砂轮后应做左右方向水平移动。当车刀离开砂轮时，车刀需向上抬起，以防磨好的刀刃被砂轮碰损。

(4)磨后刀面时，刀杆尾部向左偏过一个主偏角的角度；磨副后刀面时，刀杆尾部向右偏过一个副偏角的角度。

(5)修磨刀尖圆弧时，通常以左手握车刀前端为支点，用右手转动车刀的尾部。

三、车刀刃磨步骤(表2-1-2)

表2-1-2　刃磨步骤

序号	工序名称	工序内容
1	粗磨车刀	(1)选用粒度为24＃～36＃的氧化铝砂轮 (2)先磨去车刀前面、后面上的焊渣 (3)将车刀底面磨平

续表

序号	工序名称	工序内容
2	粗磨主后刀面和副后刀面刀柄部分	(1)刃磨时,在略高于砂轮中心的水平位置将车刀翘起一个比刀体上的后角大 2°～3°的角度,以形成后隙角 (2)刃磨刀体上的主后角和副后角
3	粗磨主后刀面	(1)磨主后刀面时,刀柄应与砂轮轴线保持平行 (2)同时,刀体底平面向砂轮方向倾斜一个比主后角大 2°的角度 (3)刃磨时,先把车刀已磨好的后隙面靠在砂轮的外圆上,以接近砂轮中心的水平位置为刃磨的起始位置,然后使刃磨位置继续向砂轮靠近,并做左右缓慢移动。当砂轮磨至刀刃处即可结束。同时磨出主偏角和主后角 (4)可选用粒度为 36#～60#的碳化硅砂轮,如图 2-1-6(b)所示
4	粗磨副后刀面	(1)磨副后刀面时,刀柄尾部应向右转过一个副偏角的角度,同时车刀底平面向砂轮方向倾斜一个比副后角大 2°的角度 (2)具体刃磨方法与粗磨刀体上主后面大体相同。同时磨出副偏角和副后角,如图 2-1-6(c)所示
5	粗磨前刀面	(1)砂轮的端面粗磨出车刀的前面 (2)在磨前面的同时磨出前角,如图 2-1-6(a)所示
6	磨断屑槽	解决好断屑是车削塑性金属的一个突出问题。断屑槽常见的有圆弧形和直线形两种。圆弧形断屑槽的前角一般较大,适于切削较软材料;直线形断屑槽的前角较小,适于切削较硬的材料,如图 2-1-7 所示
7	磨刀尖圆弧	以左手握车刀前端为支点,用右手转动车刀的尾部,将刀尖修磨成圆弧,如图 2-1-6(d)所示

(a) 粗磨前刀面

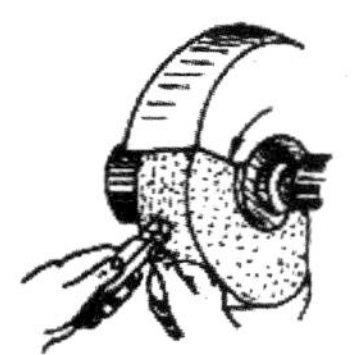
(b) 粗磨主后刀面

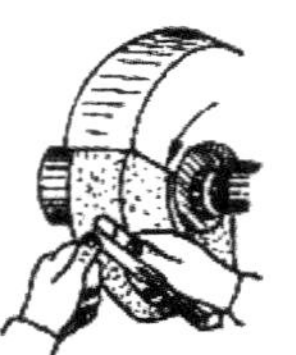
(c) 粗磨副后刀面

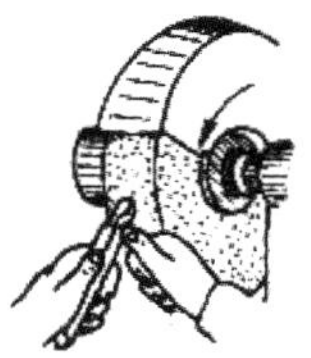
(d) 磨刀尖圆弧

图 2-1-6　刃磨外圆车刀的一般步骤

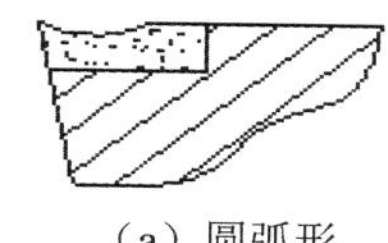

（a）圆弧形

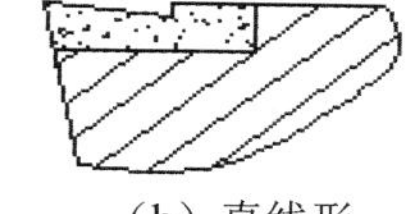

（b）直线形

图 2-1-7 断屑槽的两种形式

断屑槽的宽窄应根据切削深度和进给量确定。

手工刃磨的断屑槽一般为圆弧形。刃磨时，须先将砂轮的外圆和端面的交角处用修砂轮的金刚石笔修磨成相应的圆弧。若刃磨直线形断屑槽，则砂轮的交角须修磨得很尖锐。刃磨时刀尖可向下磨或向上磨。

表 2-1-3 硬质合金车刀断屑槽参考尺寸

b_{rd} L_{Bn} r_{bn} C_{Bn} γ_{o1} γ_o	切削深度 a_p	进给量 f				
		0.3	0.4	0.5～0.6	0.7～0.8	0.9～1.2
		r_{bn}				
圆弧形 C_{Bn}为 0.5～1.3 mm(由所取的前角值决定)，r_{bn}在L_{Bn}的宽度和C_{Bn}的深度下呈一自然圆弧	2～4	3	3	4	5	6
	5～7	4	5	6	8	9
	7～12	5	8	10	12	14

四、注意事项

刃磨断屑槽难度较大，须注意如下要点：

(1)砂轮的交角处应经常保持尖锐或具有一定的圆弧状。

(2)刃磨时的起点位置应该与刀尖、主切削刃离开一定的距离，不能一开始就直接刃磨到主切削刃和刀尖上，而使主切削刃和刀尖磨塌。一般起始位置与刀尖的距离等于断屑槽长度的$\frac{1}{2}$左右；与主切削刃的距离等于断屑槽宽度的$\frac{1}{2}$再加上倒棱的宽度。

(3)刃磨时不能用力过大，车刀应沿刀柄方向做上下缓慢移动。

(4)刃磨过程中，应反复检查断屑槽的形状、位置及前角的大小。对于尺寸较大的断屑槽，可分粗磨和精磨两个阶段。尺寸较小的则可一次磨成型。

(5)精磨主后面和副后面，精磨前要修整好砂轮，保持砂轮平稳旋转。刃磨时将车刀底平面靠在调整好角度的托架上，使切削刃轻轻地靠住砂轮的端面，并沿砂轮端面缓慢地左右移动，使砂轮磨损均匀、车刀刃口平直。

(6)磨负倒棱时，刀具主切削刃担负着绝大部分大的切削工作。为了提高主切削刃的强度，改善其受力和散热条件，通常在车刀的主切削刃上磨出负倒棱，如图 2-1-8 所示。

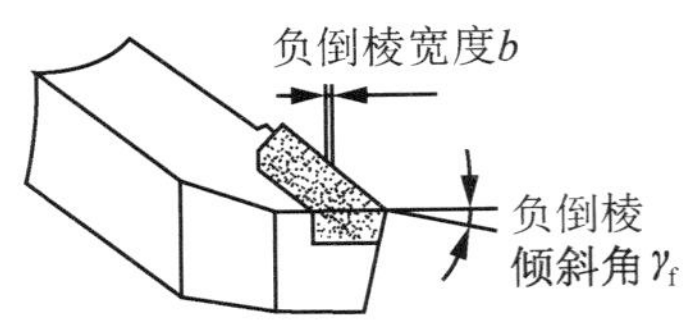

图 **2-1-8**　负倒棱

负倒棱的倾斜角度一般为$-10°\sim-5°$，其宽度 b 为走刀量的 0.5～0.8，即

$$b=(0.5\sim0.8)f。$$

刃磨负倒棱时，用力要轻微，要使主切削刃的后端向刀尖方向摆动。刃磨时可采用直磨法和横磨法。为了保证切削刃的质量，最好采用直磨法。

对于采用较大前角的硬质合金车刀及车削强度、硬度特别低的材料，则不宜采用负倒棱。

(7)磨过渡刃，过渡刃有直线形和圆弧形两种，其刃磨方法与精磨后刀面时基本相同。刃磨车削较硬材料车刀时，也可以在过渡刃上磨出负倒棱。

(8)车刀的手工研磨，在砂轮上刃磨的车刀，其切削刃有时不够平滑光洁，若用放大镜观察，可以发现其刃口上呈凸凹不平状态。使用这样的车刀车削时，不仅会直接影响工件的表面粗糙度，也会降低车刀的使用寿命。若是硬质合金车刀，在切削过程中还会产生崩刃现象。所以手工刃磨的车刀还应用细油石研磨其刀刃。研磨时，手持油石在刀刃上来回移动，要求动作平稳、用力均匀。

研磨后的车刀，应消除在砂轮上刃磨后的残留痕迹，刀面表面粗糙度值应达到 $Ra\,0.2\sim Ra\,0.4\ \mu m$。

专业对话

刃磨一把 45°硬质合金车刀，角度如图 2-1-9 所示，要保证各角度正确。

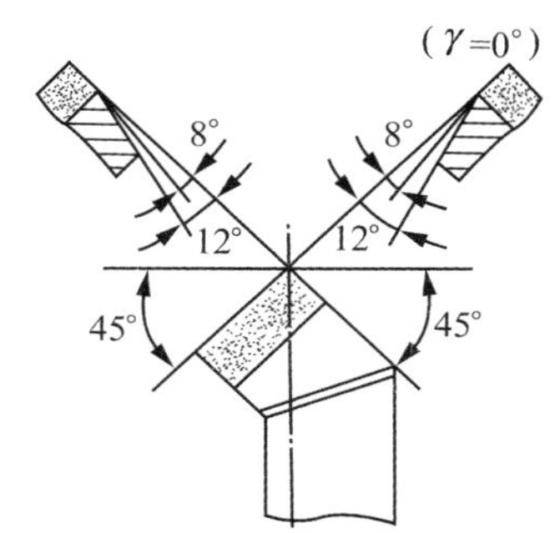

图 **2-1-9**　**45°**硬质合金车刀刃磨训练

知识探究

1. 车刀的类型、结构、特点及组成

(1)车刀的种类。

车刀按不同的用途可分为外圆车刀、端面车刀、切断刀、内孔车刀、成型车刀和螺纹车刀等，如图 2-1-10 所示。

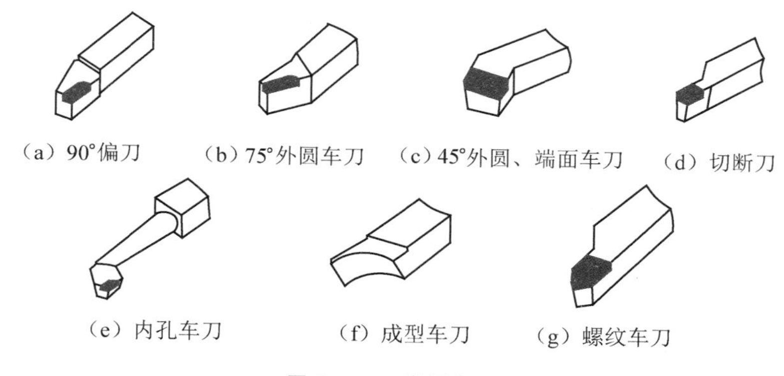

图 **2-1-10**　常用车刀

(2)车刀的结构。

车刀从结构上分为四种形式，即整体式、焊接式、机夹式、可转位式车刀，其结构特点及适用场合见表 2-1-4。

表 **2-1-4**　车刀的结构特点及适用场合

名称	结构特点	适用场合
整体式	用整体高速钢制造，刃口可磨得较锋利	小型车床或加工非铁金属

续表

名称	结构特点	适用场合
焊接式	焊接硬质合金或高速钢刀片，结构紧凑，使用灵活	各类车刀，特别是小刀具
机夹式	避免了焊接产生的应力、裂纹等缺陷，刀杆利用率高。刀片可集中刃磨获得所需参数；使用灵活方便	外圆、端面、镗孔、切断、螺纹车刀等
可转位式	避免了焊接刀的缺点，刀片可快换转位；生产率高；断屑稳定；可使用涂层刀片	大中型车床加工外圆、端面、镗孔，特别适用于自动线、数控车床

（3）部分外圆车刀简介。

①45°外圆车刀有两个刀尖，前端一个刀尖通常用于车削工件的外圆，左侧另一个刀尖通常用来车削平面。主、副切削刃，在需要的时候可用来切削左右倒角。图 2-1-11 为刃磨好的 45°车刀。

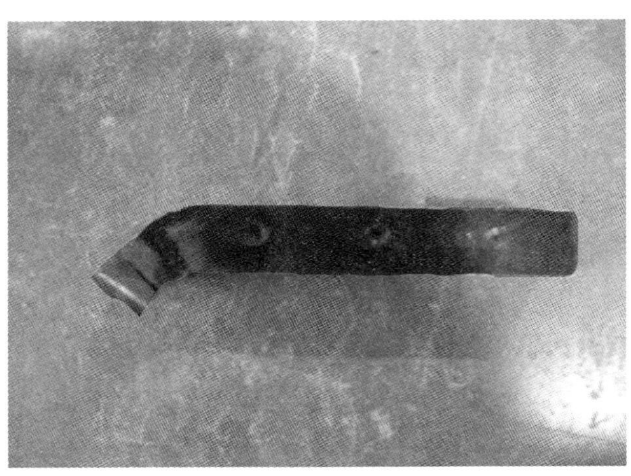

图 **2-1-11　45°**机夹式可转位车刀

②90°车刀又称偏刀，按进给方向分右偏刀和左偏刀，如图 2-1-12 所示。下面主要介绍常用的右偏刀。右偏刀一般用来车削工件的外圆、端面和右向台阶，因为它的主偏角较大，车外圆时，用于工件的半径方向上的径向切削力较小，不易将工件顶弯。

右偏刀也可以用来车削平面，但因车削使用副切削刃切削，如果由工件外缘向工件中心进给，当切削深度较大时，切削力会使车刀扎入工件，从而形成凹面。为了防止产生凹面，可改由中心向外进给，用主切削刃切削，但切削深度较小。

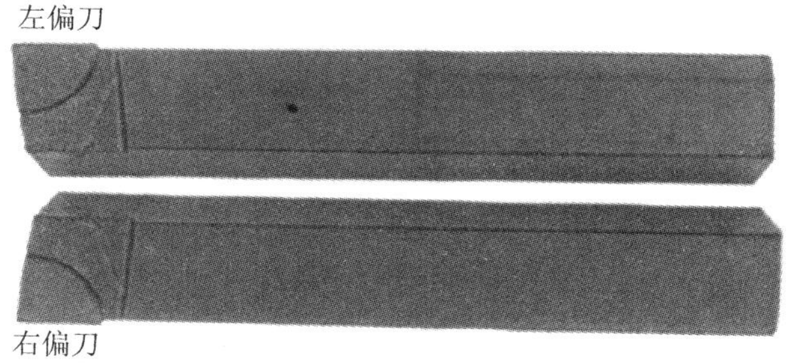

图 **2-1-12**　偏刀

(4)硬质合金可转位车刀。

用机械夹紧的方式将用硬质合金制成的各种形状的刀片固定在相应标准的刀杆上，组合成各种表面的车刀。当刀片上的一个切削刃磨钝后，只需将刀片转过适当角度，无须刃磨即可用新的切削刃继续切削。其刀片的装拆和转位都很方便、快捷，从而大大节省了换刀和磨刀时间，并提高了刀杆的利用率，如图 2-1-13 所示。

图 **2-1-13**　硬质合金可转位车刀

(5)车刀材料。

①刀具材料的基本要求。

a. 硬度高，常温下车刀刀头的硬度大于 60HRC。

b. 耐磨性高。耐磨性指车刀抵抗工件磨损的性能，硬度越高，耐磨性越好。

c. 足够的强度和韧性，车刀切削时要承受较大的切削力、冲击力和振动。

d. 耐热性好，车刀在高温下仍有良好的切削性能。

e. 有良好的工艺性能，车刀刀头材料要具备可焊接、锻造、热处理、磨削加工等工艺性能。

②刀具材料的种类。

常用车刀材料有高速钢和硬质合金。

高速钢是含有钨、铬、钒、钼等合金元素较多的合金钢，高速钢车刀的特点是制造简单、刃磨锋利、韧性好并能承受较大的冲击力。但高速钢车刀的耐热性较差，不宜高速切削。

硬质合金的硬度很高，耐磨性好，耐热性好，在 800 ℃～1000 ℃仍能保持良好的切削性能，切削速度可比高速钢高几倍甚至几十倍。但它的韧性差，不能承受较大的冲击力。

2. 车刀切削部分的组成

车刀由刀头和刀杆两部分组成，刀头是车刀的切削部分，刀杆是车刀的夹持部分。刀头是车刀最重要的部分，由刀面、刀刃和刀尖组成，承担切削加工任务。车刀的组成基本相同，但刀面、刀刃的数量、形式、形状不完全一样，如外圆车刀有三个刀面、两条刀刃和一个刀尖，而切断刀有四个刀面、三条刀刃和两个刀尖。刀刃可以是直线，也可以是曲线，如图 2-1-14 所示。

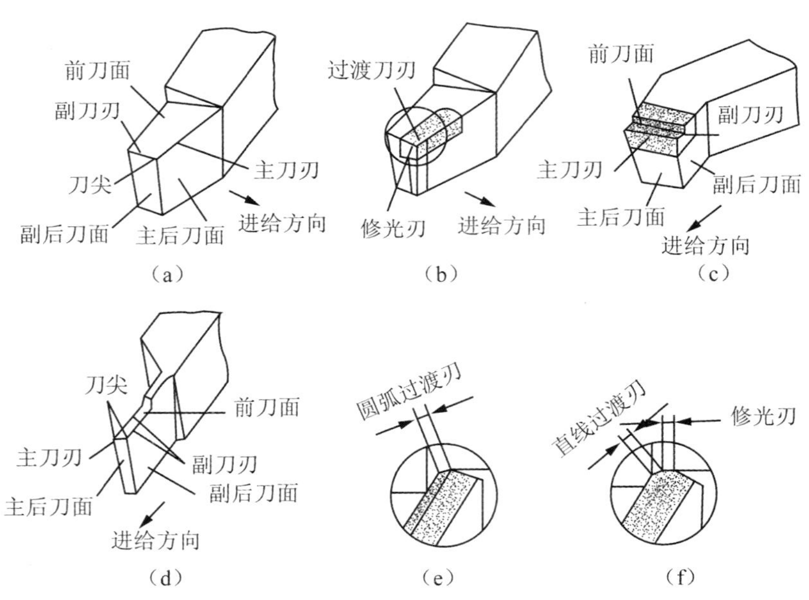

图 2-1-14 车刀的组成

(1)刀面。

①前刀面：车刀上切屑流出时经过的刀面。

②主后刀面：车刀上与工件过渡表面相对的刀面。

③副后刀面：车刀上与工件已加工表面相对的刀面。

(2)刀刃。

①主切削刃：前刀面与主后刀面相交的部位，承担主要的切削工作。

②副切削刃：前刀面与副后刀面相交的部位，靠近刀尖部分承担少量的切削工作。

(3)刀尖。

刀尖是主刀刃和副刀刃的连接部位。为了提高刀尖的强度，改善散热条件，很多车刀在刀尖处磨出圆弧形过渡刃，又称刀尖圆弧。一般硬质合金车刀的刀尖圆弧半径 $r=0.5\sim1$ mm。

(4)修光刃

副刀刃前段接近刀尖处一小段平直的刀刃叫修光刃，装刀时须使修光刃与进给方向平行，且修光刃的长度必须大于工件的进给量时才能起到修光工件表面的作用。

3. 车刀的几何角度及选择

(1)确定车刀角度的辅助平面(图 2-1-15)。

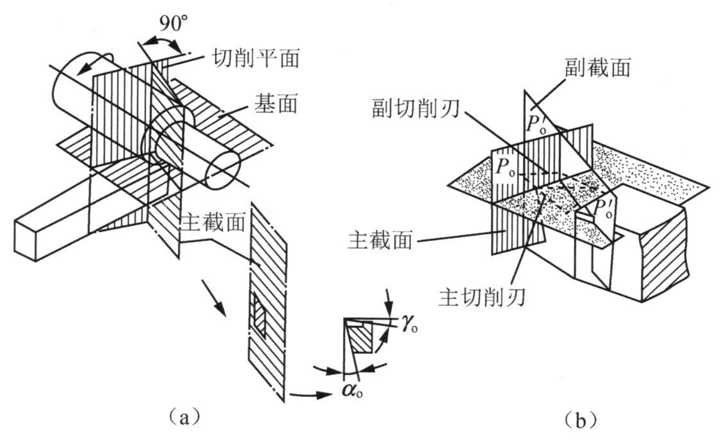

图 2-1-15　车刀角度的辅助平面

为了便于确定和测量车刀的几何角度，需要假想以下三个辅助平面作基准。

①基面(P_γ)：过车刀主刀刃上某一选定点，并与该点切削速度方向垂直的平面。

②切削平面(P_s):过车刀主刀刃上某一选定点,并与工件的过渡表面相切的平面。

③截面有主截面和副截面之分,分别定义如下。

主截面(P_o):过主切削刃上某一选定点,同时垂直于该点的切削平面和基面的平面。

副截面(P_o'):过副切削刃上某一选定点,同时垂直于该点的切削平面和基面的平面。

由于过主切削刃上某一选定点的切削速度方向和过该点并与工件的过渡表面相切的平面的方向是一致的,所以基面与切削平面相互垂直。

需要指出的是,上述定义是假设切削时只有主运动,不考虑进给运动,刀柄的中心线垂直于进给方向,且规定刀尖对准工件中心,此时基面与刀柄底平面平行,切削平面与刀柄底平面垂直。这种假设状态称为刀具的"静止状态"。静止状态的辅助平面是车刀刃磨、测量和标注角度的基准。

(2)车刀的几何角度(图 2-1-16)。

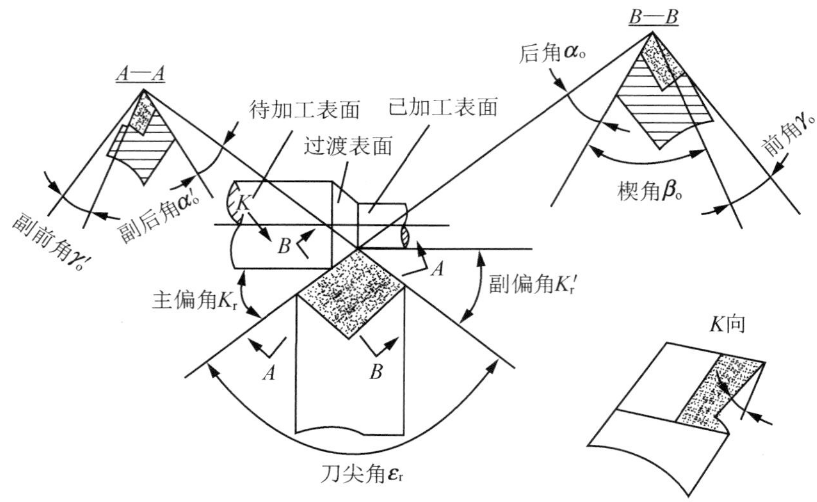

图 2-1-16 车刀切削部分的主要几何角度

在主截面内测量的角度,定义分别如下。

前角 γ_o:前刀面与基面之间的夹角。

后角 α_o:后刀面与切削平面之间的夹角。在主截面内测量的是主后角,在副截面内测量的是副后角。

楔角 β_o：主截面前刀面与后刀面之间的夹角。

以上三个角之和为90°，即 $\gamma_o+\alpha_o+\beta_o=90°$。

在基面内测量的角度，定义分别如下。

主偏角 K_r：主切削刃在基面上的投影与进给运动方向之间的夹角。

副偏角 K_r'：副切削刃在基面上的投影与背离进给运动方向之间的夹角。

刀尖角 ε_r：主切削刃与副切削刃在基面上的投影之间的夹角。它影响刀尖的强度和散热性能。

以上三个角度之和为180°，即 $K_r+K_r'+\varepsilon_r=180°$。

在切削平面内测量的角度，定义如下。

刃倾角：主切削刃与基面之间的夹角。

(3)90°车刀的几何角度(图2-1-17)。

(4)车刀几何角度的选择。

①前角的选择。

前角的作用如下：

第一，影响切削刃口锋利程度、切削力的大小与切屑变形的大小。增大前角可使车刀刃口锋利、减小切削力、降低切削温度。

第二，前角还会影响车刀强度、受力情况和散热条件。若增大前角，会使楔角减小，从而削弱了刀体强度。刃口强度降低，易崩刃。前角增大还会使刀刃的散热条件变差，导致切削区域温度升高。

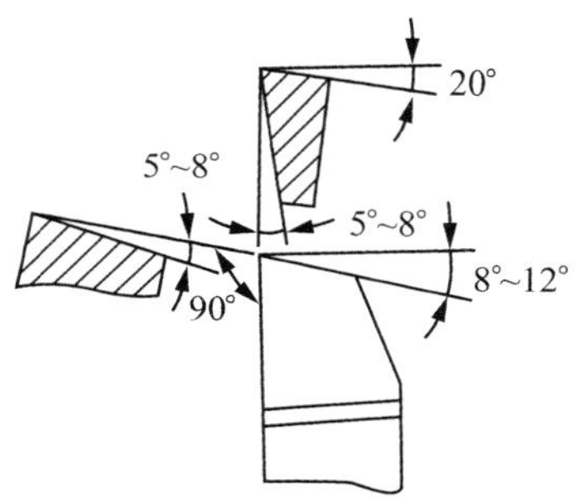

图 2-1-17 90°车刀的几何角度

前角正、负的确定：在主截面中，当前刀面与切削平面之间的夹角小于90°时前角为正，大于90°时前角为负[图2-1-18(a)]。

前角的选择：前角选择的原则是在刀具强度允许的情况下，尽量选取较大的前角。

第一，切削塑性材料时，一般取较大的前角；切削脆性材料时，一般取较小的前角。前角的大小与刀具材料、切削工作条件及被切材料有关。当切削有冲击时，前角应取小值，甚至取负角。硬质合金车刀的前角一般比高速钢车刀的前角要小。加工材

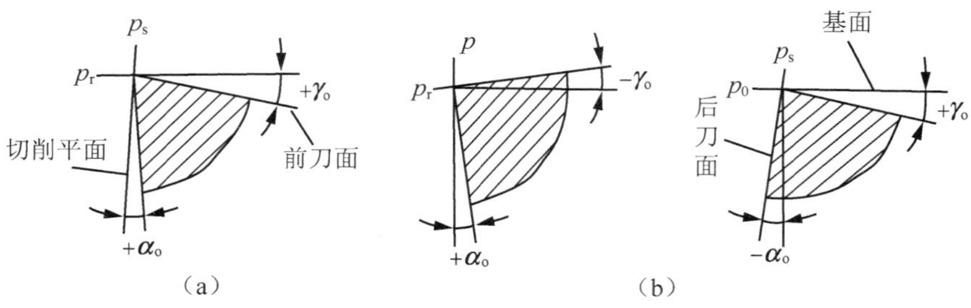

图 2-1-18 前、后角正、负的规定

料由硬到软，对于高速钢车刀，前角可取 5°～30°；对于硬质合金钢车刀，前角一般取－15°～30°。

第二，粗加工时应选较小的前角，精加工时应选较大的前角。

第三，车刀材料的强度、韧性较差，前角应取小值；反之，取大值。

②后角的选择。

后角的作用如下：

第一，能减小后刀面与工件过渡表面之间的摩擦，以提高工件的表面质量，延长刀具的使用寿命。

第二，增大后角可使车刀刃口变锋利。但后角过大，又会使楔角变小，不仅会削弱车刀的强度，还会使散热条件变差。

后角正、负的确定：当后刀面与基面的夹角小于 90°时后角为正，大于 90°时后角为负[图 2-1-18(b)]。

后角的选择如下：

第一，粗车时，切削深，进给快，要求车刀有足够的强度，应选择较小的后角。精车时，为减小后刀面与工件过渡表面的摩擦，保持刃口的锋利，应选较大的后角。切削力较大时，应选取较小的后角。

第二，加工塑性材料时，后角取大一些，加工脆性材料时后角取小些。高速钢车刀的后角一般可取 6°～12°，硬质合金钢车刀的可取 2°～12°。粗车时，后角一般取 3°～6°；精车时，后角一般取 6°～12°。

③主偏角的选择。

主偏角的作用：主偏角主要影响车刀的散热条件、切削分力的大小和方向的变化及切屑厚薄的变化。

主偏角的选择：当工件刚性较差时，应选择较大的主偏角；车细长轴时，为减小径向力应选较大的主偏角；工件硬度高时，选较小主偏角。主偏角通常取45°～90°。

④副偏角的选择。

副偏角的作用：副偏角主要是减小副切削刃与工件已加工表面之间的摩擦，影响工件的表面粗糙度及车刀的强度。副偏角一般可取10°～15°。

副偏角的选择：粗车时副偏角选稍大些，精车时副偏角选稍小些。

⑤刃倾角的选择。

刃倾角的作用(图2-1-19)：刃倾角的作用主要是控制排屑方向。当刃倾角为负值时，可增加刀头的强度，并在车刀受冲击时保护刀尖。刃倾角还会影响前角及刀刃的锋利程度。增大刃倾角能使切削刃锋利，并可切下很薄的金属层。

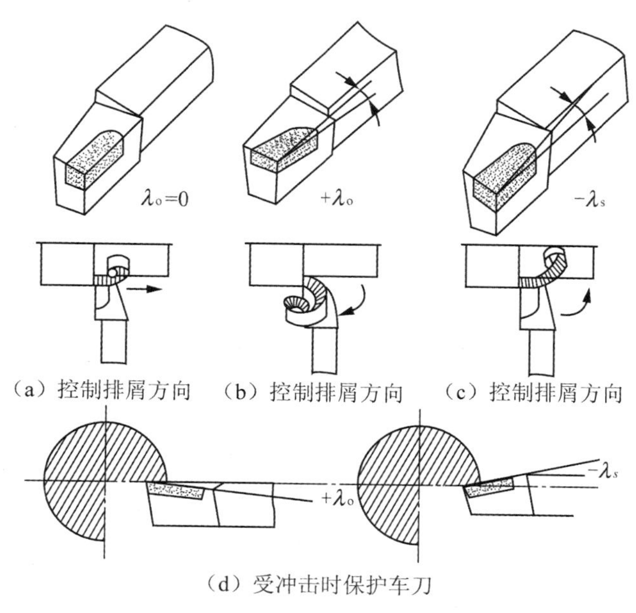

图 **2-1-19**　刃倾角及其作用

刃倾角有正、负和零度之分：当主切削刃和基面平行时，刃倾角为零度($\lambda=0°$)，切削时，切屑基本上朝垂直于主切削刃方向排出。

当刀尖位于主切削刃最高点时，刃倾角为正值。切削时，切屑朝工件待加工面方向排出。但刀尖强度较差。尤其是车削有较大冲击力的工件表面时，由于冲击力较大，刀尖易损坏。

当刀尖位于主切削刃最低点时，刃倾角为负值。切削时，切屑朝工件已加工面方向排出。工件表面粗糙度较高，但刀尖强度较好。尤其是车削不连续的工件时，最先承受冲击的着力点在远离刀尖的切削刃处，从而保护了刀尖。

刃倾角的初步选择：选择刃倾角时通常主要考虑工件材料、刀具材料和加工性质。

粗加工和断续切削时，所受冲击力较大，为了提高刀尖强度，应选负值刃倾角；车削一般工件则取零度刃倾角；精车时，为了避免切屑将已加工表面拉毛，刃倾角应取正值。微量进给精车外圆或内孔时可取较大刃倾角。

任务评价

考核标准见表 2-1-5。

表 2-1-5　考核标准

项目	技术要求	配分	评分标准	扣分	得分
1	车刀的几何角度及选择	10 分	正确		
2	砂轮的正确选用	10 分	正确		
3	车刀刃磨动作规范	10 分	正确		
4	前角刃磨正确	10 分	正确		
5	刃磨主后角	10 分	正确		
6	副后角	10 分	正确		
7	刃磨主偏角、副偏角	10 分	正确		
8	刃倾角刃磨正确	10 分	正确		
9	安全自护意识	10 分	意识较强		
10	现场工具、卡具、量具的摆放及现场管理	10 分	遵守安全操作规程		

拓展训练

一、选择题

1. 加工铸铁等脆性材料时，应选用(　　)类硬质合金。

A. 钨钛钴　　B. 钨钴　　C. 钨钛

2. 刀具的前刀面和基面之间的夹角是(　　)。

A. 楔角　　B. 刃倾角　　C. 前角

3. 前角增大能使车刀(　　)。

A. 刃口锋利　　B. 切削锋利　　C. 排屑不畅

4. 选择刃倾角应当考虑(　　)因素的影响。

A. 工件材料　　B. 刀具材料　　C. 加工性质

5. 车外圆时，切削速度计算公式中的直径是指(　　)直径。

A. 待加工表面　　B. 加工表面　　C. 已加工表面

6. 粗车时为了提高生产率，选用切削用量时，应首先取较大的(　　)。

A. 背吃刀量　　B. 进给量　　C. 切削速度

7. 一般情况，刀具的后角主要根据(　　)来选择。

A. 切削宽度　　B. 切削厚度

C. 工件材料　　D. 切削速度

8. 当加工细长的和刚性不足的轴类工件外圆，或同时加工外圆和凸肩端面时，可以采用主偏角 K_r(　　)的偏刀。

A. $=90°$　　B. $<90°$　　C. $>90°$　　D. $=45°$

9. 纵车外圆时，不消耗功率但影响工件精度的切削分力是(　　)。

A. 进给力　　B. 背向力　　C. 主切削力　　D. 总切削力

10. 刀具材料的硬度越高，耐磨性(　　)。

A. 越差　　B. 越好　　C. 不变　　D. 消失

二、判断题

1. 精车时，刃倾角应取负值。(　　)

2. 90°车刀(偏刀)，主要用来车削工件的外圆、端面和台阶。(　　)

3. 钨钛钴类硬质合金硬度高、耐磨性好、耐高温，因此可用来加工各种材料。(　　)

4. 切削铸铁等脆性材料时，为了减少粉末状切屑，需用切削液。(　　)

5. 加工脆性材料，切削速度应减小；加工塑性材料，切削速度可相应增大。(　　)

任务 2 切断刀的刃磨

任务目标

（1）根据切槽刀的材料选用砂轮。

（2）了解车槽刀的类型、结构、特点、组成等。

（3）能说出车槽刀的几何角度及选择。

（4）要求车槽刀刃磨的姿势和步骤正确。

学习活动

图 2-2-1 是某机器零件，外表面有很多个沟槽，沟槽是用切槽刀车出。切槽刀及切断刀是机械加工中常用的刀具。在车削螺纹时，要想车削出完整的螺纹，在加工之前就要在零件上用切槽刀加工出退刀槽，否则将不能车削出符合尺寸的螺纹。另外，当一个零件加工完毕之后，要将其切断，同样要用到切断刀。切断刀在机械加工行业中应用极为广泛。

图 **2-2-1** 零件

下面请同学们刃磨图 2-2-2 所示的切断刀，材料为硬质合金，要求前角 5°～20°，后角 6°～8°，副偏角 $K_r'=1°\sim1°30'$，副后角 $\alpha_o'=1°\sim2°$。图 2-2-3 则是一把已经刃磨好的切断刀。

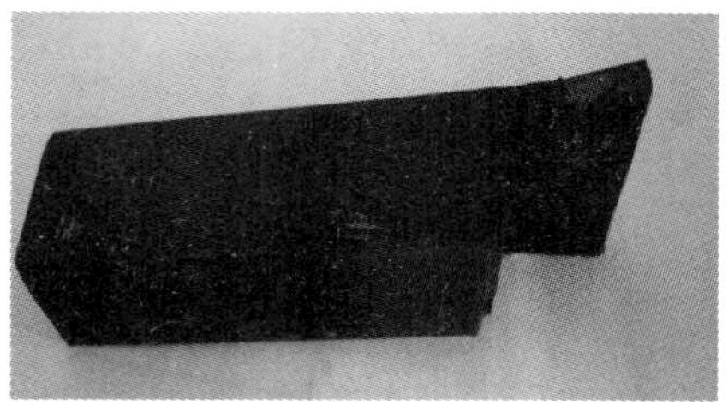

图 **2-2-2** 需要刃磨的切断刀

图 **2-2-3** 刃磨后的切断刀

本任务中，我们将了解切断刀的相关知识，学习切断刀的几何角度，学习切断刀刃磨的方法和步骤，根据学到的知识认真刃磨切断刀，并能检验切断刀的刃磨质量。

实践活动

一、 实践条件

实践条件见表2-2-1

表2-2-1 实践条件

类别	名称
设备	砂轮机
量具	游标卡尺、钢直尺
工具	氧化铝砂轮(白色)，碳化硅砂轮(绿色)
刀具	未刃磨的切断刀
其他	工作帽、护目眼镜、冷却水

二、 实践步骤

1. 根据刀具材料选择砂轮

(1)高速钢车刀。

高速钢车刀是一种含钨、钼、铬、钒等合金元素较多的合金工具钢，它的强度与韧性好，能承受冲击，又易于刃磨，但是受耐热温度限制，不能用于高速车削，所以要用氧化铝砂轮(白色)进行刃磨。

(2)硬质合金车刀。

硬质合金车刀硬而脆，怕冲击和振动，它比高速钢难磨削很多，刀头用硬质合金焊接而成，因此适合高速切削，可大大提高生产率。目前常用的有钨钴类、钨钛钴类、钨钛钽类。一般用碳化硅砂轮(绿色)进行刃磨。

2. 刃磨切断刀的方法(图2-2-4)

(1)粗磨成型。

①两手握刀，前刀面向上。按图2-2-4(a)所示，首先刃磨右侧副后面，使刀头靠左，呈长方形。

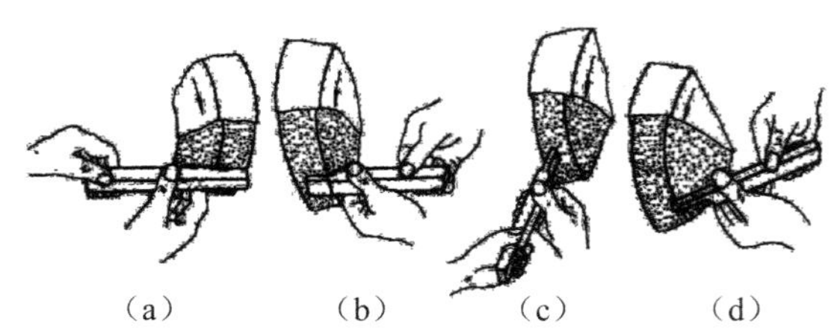

图 **2-2-4** 刃磨切断刀的方法

②按图 2-2-4(b)所示粗磨左右副偏角和副后角，按图 2-2-4(c)所示粗磨主后角。

(2)精磨。

①首先精磨左副后刀面，连接刀尖与圆弧相切，刀体顺时针旋转 10°～20°，刀体水平旋转 10°～30°，刀尖微翘 30°左右，同时磨出副后角和副偏角。刀侧与砂轮的接触点应放在砂轮的边缘处。

②精磨右侧副后角和副偏角。

③修磨主后刀面和后角 60°～80°。

④修磨前刀面和前角 50°～200°。

3. *刃磨步骤*

刃磨步骤见表 2-2-2。

表 **2-2-2** 刃磨步骤

序号	工序名称	工序内容
1	磨两副后刀面	以获得两侧副偏角和两侧副后角。刃磨时，注意两副后角平直、对称，磨出主切削刃宽度
2	磨主后刀面	磨主后刀面，保证主切削刃平直
3	磨切断刀前面的卷屑槽	具体尺寸按工件材料性能而定。为了保护刀尖，在两刀尖上各磨一个小圆弧过渡刃

三、 注意事项

(1)卷屑槽不宜过深，一般为 0.75～1.5 mm。卷屑槽太深、前角过大，易扎刀，前角过大、楔角减小，刀头散热面积减小，使刀尖强度降低，刀具寿命降低，如图 2-2-5 所示。

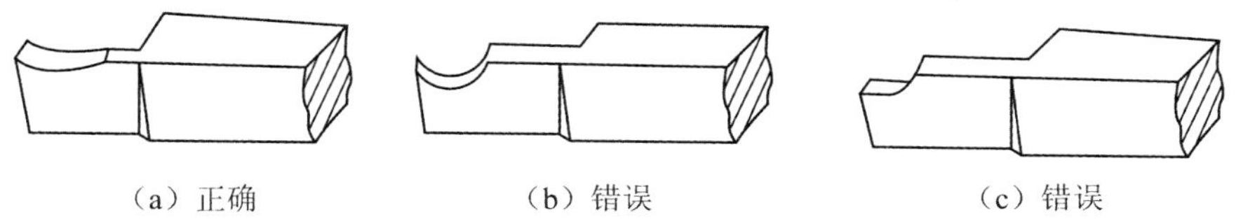

图 **2-2-5**　前角的正确与错误示意图

(2)防止磨成台阶形，切削时切屑流出不顺利，排屑困难，切削力增加刀具强度相对降低，则易折断。

(3)两侧副后角应对称相等，若两侧副后角不同，一侧为负值与工件已加工表面摩擦，造成两切削刃切削力不均衡，则使刀头受到一个扭力而易折断，如图 2-2-6 所示。

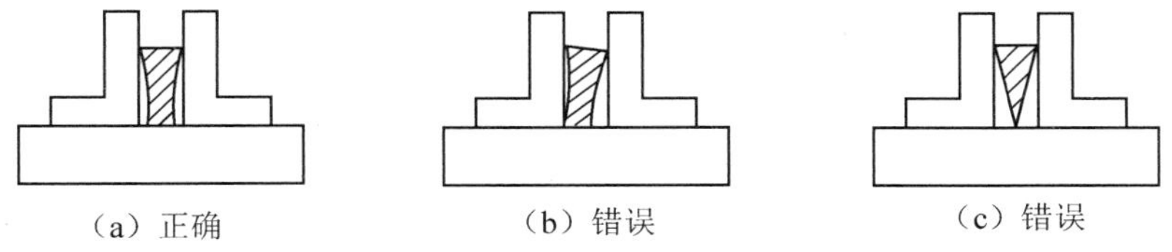

图 **2-2-6**　两侧副后角对称与否示意图

(a)副后角对称相等　(b)副后角负值　(c)副后角过大

(4)两侧副偏角要对称相等、前宽后窄，如图 2-2-7 所示。

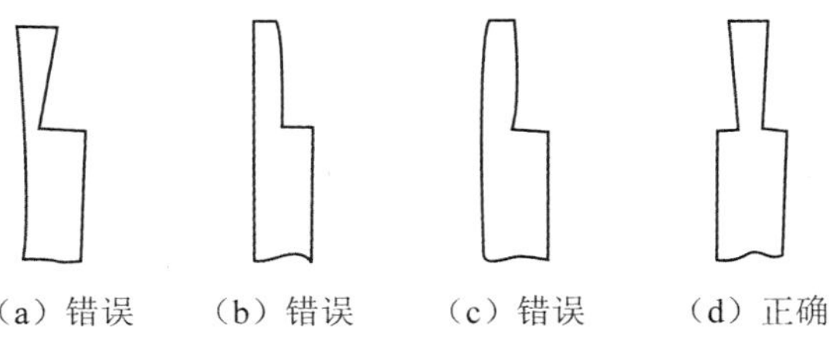

图 **2-2-7**　两侧副偏角对称正确与错误

(5)高速钢车刀要随时冷却以防退火，硬质合金车刀刃磨时不能在水中冷却，以防刀片碎裂。

(6)硬质合金车刀刃磨时不能用力过猛，以防脱焊。

(7)刃磨副刀刃时，刀侧与砂轮接触点应放在砂轮的边缘处。

专业对话

刃磨高速钢切断刀一把。车刀的几何角度如图 2-2-8 所示，刃磨角度应符合要求。

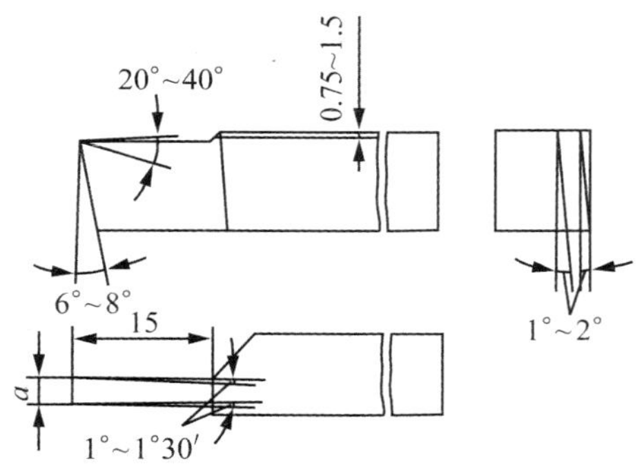

图 2-2-8 高速钢切断刀

二、 知识探究

1. 切断刀和切槽刀的种类及相关知识

(1)切断：在切削加工中，把棒料或工件切成两段(或数段)的加工方法。

(2)切槽：用切削方法加工工件的槽称为切槽。

(3)沟槽的作用：在工件中起退刀、定位的作用。

(4)切槽刀和切断刀的区别：几何形状基本相似，刃磨方法也基本相同，只是刀头部分的宽度和长度有所区别，有时也通用。

(5)切断刀的种类：按刀具材料可分为高速钢切断刀[图 2-2-9(a)]、硬质合金切断刀[图 2-2-9(b)]和弹性切断刀[图 2-2-9(c)]。

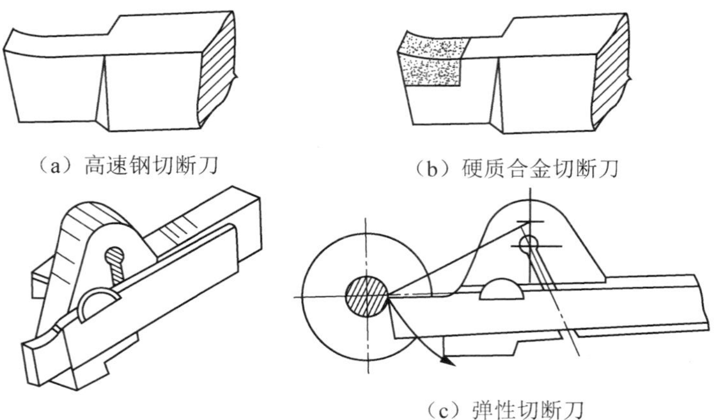

(a) 高速钢切断刀　(b) 硬质合金切断刀　(c) 弹性切断刀

图 2-2-9 切断刀的种类

2. 切断刀和切槽刀的几何角度(图 2-2-10)

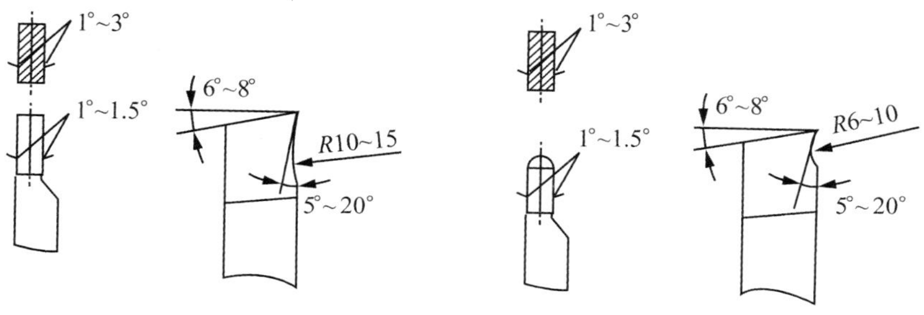

图 2-2-10　切断刀和切槽刀的几何角度

(1)前角 $\gamma_o = 5° \sim 20°$。

①切断中碳钢，$\gamma_o = 20° \sim 30°$。

②切断铸铁，$\gamma_o = 0° \sim 10°$。

(2)主后角 $\alpha_o = 6° \sim 8°$。

(3)主偏角切断刀以横向进给为主，$k_\gamma = 90°$。

(4)副偏角 $K'_r = 1° \sim 1°30'$。

(5)副后角 $\alpha'_o = 1° \sim 2°$。

(6)主切削刃宽度：刀头不能磨得太宽，不但浪费工件材料，而且会因切削力过大引起振动；太窄会削弱刀头强度，容易使刀头折断。

主切削刃宽度与工件待加工表面直径有关，一般按经验公式计算，即

$$a \approx (0.5 \sim 0.6)\sqrt{d}。$$

式中，a——主切削刃宽度，mm；

d——工件待加工表面直径，mm。

(7)刀体长度：刀体长度 L 不宜过长，过长易引起振动和刀头折断，刀体长度 L 可按下式计算：

$$L = H + (2 \sim 3)\text{mm}。$$

式中，L——刀体长度，mm；

H——切入深度，mm。

切断空心工件时，切入深度等于工件的壁厚加 2～3 mm。

任务评价

考核标准见表 2-2-3。

表 2-2-3　考核标准

序号	技术要求	配分	评分标准	扣分	得分
1	砂轮的正确选用	10 分	正确		
2	刀具的正确握紧姿势	10 分	正确		
3	磨两副后刀面	20 分	正确		
4	磨主后刀面	20 分	正确		
5	磨卷屑槽	20 分	正确		
6	工装的穿着及戴防护眼镜	10 分	穿戴整齐		
7	安全自护意识	10 分	意识较强		

拓展训练

一、选择题

1. 切断刀主后角 a_{o} 一般为(　　)。

A. 3°～4°　　B. 4°～6°　　C. 6°～8°　　D. 5°～7°

2. 刀具的(　　)应符合要求，以保证良好的切削性能。

A. 几何特性　　B. 几何角度　　C. 几何参数　　D. 尺寸

3. 切断刀的副偏角一般选(　　)。

A. 6°～8°　　B. 20°　　C. 1°～1.5°　　D. 45°～60°

4. 粗车时为了提高生产率，选用切削用量时，应首先取较大的(　　)。

A. 背吃刀量　　B. 进给量　　C. 切削速度

5. 切断刀折断的主要原因是(　　)。

A. 刀头宽度太宽　　B. 副偏角和副后角太大　　C. 切削速度高

6. 切断刀主切削刃太宽，切削时容易产生(　　)。

A. 弯曲　　B. 扭转　　C. 刀痕　　D. 振动

7. 弹簧夹头刀柄依靠(　　)直接或通过弹簧过渡套夹持直柄铣刀、钻头、铰刀。

A. 紧箍力　　B. 摩擦力　　C. 顶紧力　　D. 扭矩

8. 使用反切刀切断工件时，工件应(　　)转。

A. 正　　B. 反　　C. 高速

9. 切断时的切削深度应等于(　　)。

A. 工件的半径　B. 刀头宽度　C. 刀头长度

二、判断题

1. 采用反切刀切断大直径工件时，排屑方便，且不容易振动。(　　)

2. 矩形螺纹车刀的形状与车槽刀相同。(　　)

3. 进给量是工件每回转 1 min，车刀沿进给运动方向上的相对位移。(　　)

任务 3 钻头的刃磨

任务目标

(1)正确说出麻花钻的结构和功用，同时能说出它的各个几何角度。

(2)找出几把废旧的麻花钻，按照要求正确刃磨，并检查刃磨质量。

学习活动

套类零件与轴类零件有何不同之处？同学们去车间参观了工人加工工件的情景，那么内孔是怎样加工出来的呢？图 2-3-1 是一幅学生在车间实习加工内孔零件的图片。加工内孔首要的刀具就是麻花钻。用钻头在实体材料上加工孔的方法叫钻孔，钻孔属于粗加工，其精度可达 IT11～IT12，粗糙度可达 Ra12.5～25 μm，一般钻头用高速钢制成。

图 **2-3-1**　钻床钻孔

下面请同学们刃磨如图 2-3-2 所示的麻花钻，要求顶角为 118°，横刃长度要合适，后角的变化范围为 8°～14°，切削时后角不能与工件产生摩擦。要求两主切削刃对称。图 2-3-3 为已经刃磨好的麻花钻。

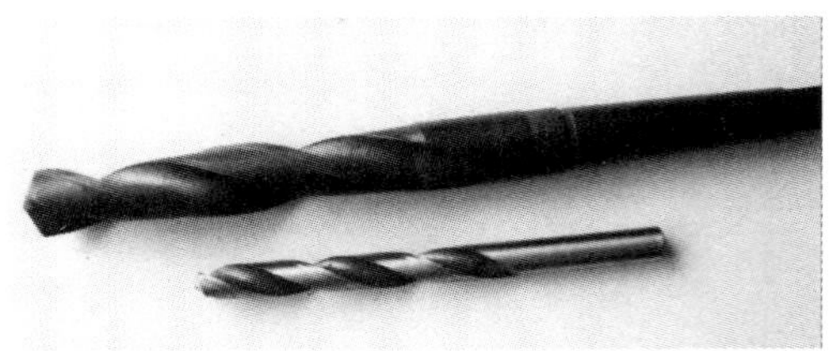

图 **2-3-2** 需要刃磨的麻花钻

图 **2-3-3** 刃磨好的麻花钻

本任务中，将认识钻孔的工具——麻花钻，了解它的作用，学习如何刃磨，掌握它的刃磨角度和刃磨方法，并检验磨出的钻头角度是否符合标准。

实践活动

一、 实践条件

实践条件见表 2-3-1。

表 **2-3-1** 实践条件

类别	名称
设备	砂轮机
量具	游标卡尺、钢直尺
工具	氧化铝砂轮（白色）、碳化硅砂轮（绿色）
刀具	未刃磨的麻花钻
其他	工作帽、防护眼镜、冷却水

二、实践步骤

1. 麻花钻的刃磨

麻花钻的刃磨质量直接关系到钻孔的尺寸精度和表面粗糙度及钻削效率。

(1)对麻花钻的刃磨要求。

麻花钻主要刃磨两个主后刀面，刃磨时除了保证顶角和后角的大小适当外，还应保证两条主切削刃必须对称(即它们与轴线的夹角以及长短都应相等)，并使横刃斜角为55°。

(2)麻花钻的刃磨对钻孔质量的影响。

①麻花钻顶角不对称。当顶角不对称钻削时，只有一个切削刃切削，而另一个切削刃不起作用，两边受力不平衡，会使钻出的孔扩大和倾斜。

②麻花钻顶角对称但切削刃长度不等。当两切削刃长度不等时，钻出的孔径会扩大。

③顶角不对称且切削刃长度不相等。当麻花钻顶角不对称且两切削刃长度不相等时，钻出的孔不仅孔径会扩大，还会产生阶台。

(3)麻花钻的刃磨方法。

①用右手握住钻头前端作支点，左手紧握钻头柄部。

②摆正钻头与砂轮的相对位置，使钻头轴心线与砂轮外圆柱面母线在水平面内的夹角等于顶角的1/2，同时钻尾向下倾斜，如图2-3-4(a)所示。

③刃磨时，将主切削刃置于比砂轮中心稍高一点的水平位置接触砂轮，以钻头前端支点为圆心，右手缓慢地使钻头绕其轴线由下向上转动，同时施加适当的压力(这样可使整个后面都能被磨到)。右手配合左手的向上摆动做缓慢地同步下压运动(略带转动)，刃磨压力逐渐增大，于是磨出后角，如图2-3-4(b)所示。但注意左手不能摆动太大，以防磨出负后角或将另一面主切削刃磨掉。其下压的速度和幅度随要求的后角而变；为保证钻头近中心处磨出较大后角，还应做适当右移运动。当一个主后刀面对磨后，将钻头转过180°刃磨另一个后刀面时，人和手要保持原来的位置和姿势，这样才能使磨出的两主切削刃对称。按此法不断反复，两主后刀面经常交换磨，边磨边检查，直至达到要求为止。

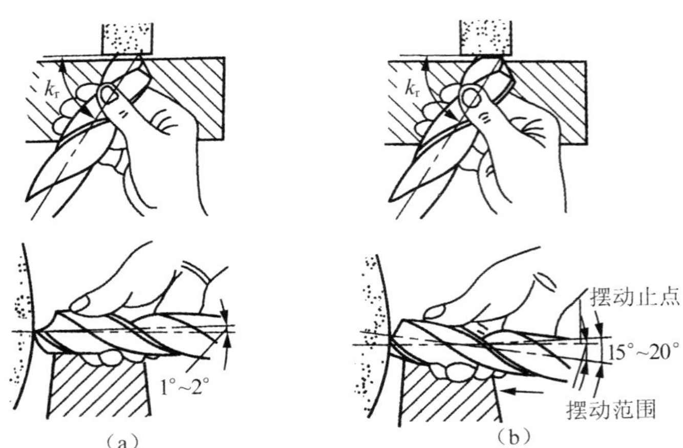

图 2-3-4 麻花钻的刃磨方法

2. 麻花钻的角度检查

(1)目测法。当麻花钻头刃磨好后，通常采用目测法检查。其方法是将钻头垂直竖在与眼等高的位置上，在明亮的阳光下观察两刃的长短和高低及后角等。由于视觉差异，往往会感到左刃高、右刃低，此时则应将钻头转过180°再观察，看是否仍然是左刃高、右刃低，这样反复观察对比，直到觉得两刃基本对称时方可使用。钻削时，如果发现有偏差，就需再次修磨。

(2)使用角度尺检查。使用角度尺检查时，只需将尺的一边贴在麻花钻的棱边上，另一边搁在钻头的主切削刃上，测量其刃长和角度，然后转过180°，用同样的方法检查另一主切削刃。

(3)在钻削过程中检查。若麻花钻刃磨正确，切屑会从两侧螺旋槽内均匀排出，如果两主切削刃不对称，切屑则从主切削刃高的那边螺旋槽向外排出；对此可卸下钻头，将较高的一边主切削刃磨低一些，以避免钻孔尺寸变大。

3. 麻花钻的修磨

(1)修磨横刃。修磨横刃就是要缩短横刃的长度，增大横刃处前角，减小轴向力。一般情况下，工件材料较软时，横刃可修磨得短些；工件材料较硬时，横刃可修磨得长些。修磨时，钻头轴线在水平面内与砂轮侧面左倾约15°，在垂直平面内与刃磨点的砂轮半径方向约成55°角。修磨后应使横刃长度为原长的$\frac{1}{5}\sim\frac{1}{3}$。

(2)修磨前刀面。修磨外缘处前刀面和修磨横刃处前刀面。修磨外缘处前刀面是为了减小外缘处的前角；修磨横刃处前刀面是为了增加横刃处的前角。一般情况下，工件材料较软时，可修磨横刃处前刀面，以加大前角减小切削力，使切削轻快；工件材料较硬时，可修磨外缘处前刀面，以减小前角，增加钻头强度。

(3)双重刃磨。钻头外缘处的切削速度最高，磨损最快，因此可磨出双重顶角，这样可以改善外缘转角处的散热条件，增加钻头强度，并可减小孔的表面粗糙度值。

4. 刃磨步骤

刃磨步骤见表 2-3-2。

表 2-3-2 刃磨步骤

序号	工序名称	工序内容
1	磨两后刀面	麻花钻主要刃磨两个主后刀面，刃磨时除了保证顶角和后角的大小适当外，还应保证两条主切削刃必须对称(它们与轴线的夹角以及长短都应相等)，并使横刃斜角为 55°
2	修磨后刀面	
3	修磨横刃	缩短横刃的长度，增大横刃处前角，减小轴向力

三、注意事项

(1)钻头刃磨要做到姿势正确、规范，安全文明操作。

(2)根据不同的钻头材料，正确选用砂轮。刃磨高速钢钻头时，要注意充分冷却，防止退火。

专业对话

一、巩固训练

找几把麻花钻，根据学过的知识判定麻花钻的角度是否合格。刃磨一把麻花钻，角度如图 2-3-5 所示，要求各角度合格。

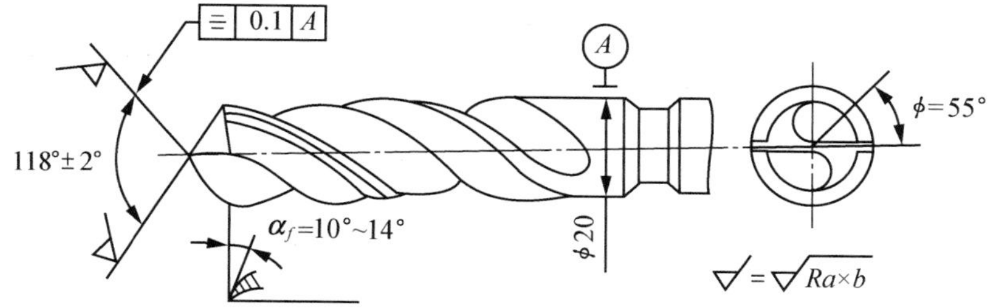

图 2-3-5 麻花钻刃磨训练

二、 知识探究

1. 麻花钻的识别

麻花钻是从实体材料上加工出孔的刀具，也是孔加工刀具中应用最广的刀具。麻花钻用W6Mo5Cr4V2或同等性能的其他牌号高速钢制造，焊接麻花钻柄部用45，60钢或同等以上性能的合金钢制造。麻花钻由三部分组成，如图2-3-6所示。

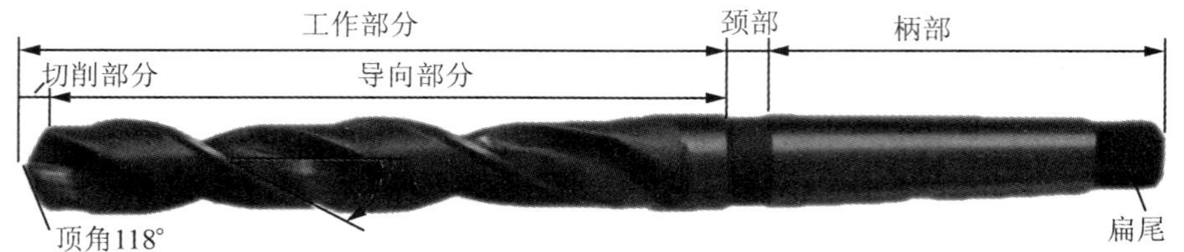

图 **2-3-6** 麻花钻的形状

麻花钻工作部分又分为切削部分和导向部分。麻花钻工作部分的淬硬范围、硬度和扁尾硬度分别要求如下。淬硬范围：整体麻花钻在离钻尖4/5刃沟的长度上；焊接麻花钻在离钻尖3/4刃沟的长度上。硬度：不低于63HRC。扁尾硬度：30～45HRC。

切削部分担负着主要切削工作；导向部分的作用是当切削部分切入工作孔后起导向作用，也是切削部分的备磨部分。

为了提高钻头的刚性与强度，其工作部分的钻芯直径向柄部方向递增，每100 mm长度上钻芯直径的递增量为1.4～2 mm。

柄部是钻头的夹持部分，并用来传递扭矩。柄部分为直柄与锥柄两种，前者用于小直径钻头，后者用于大直径钻头。

颈部位于工作部分与柄部之间，磨柄部时退砂轮之用，也是钻头打标记的地方。

2. 麻花钻的几何角度判定

工作部分的几何形状，如图2-3-7所示。

(1)螺旋槽：构成切削刃排屑通入切削液。

(2)螺旋角(β)：标准麻花钻的螺旋角为18°～30°，靠近外缘处的螺旋角最大，靠近钻头中心处最小。

(3)前刀面：切削部分的螺旋槽面，切屑由此面排出。

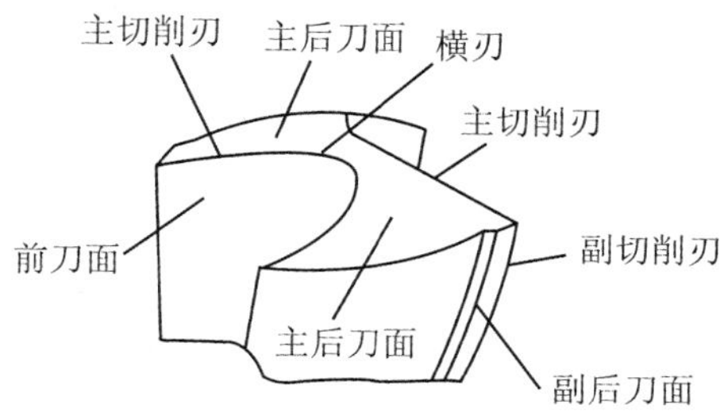

图 2-3-7　麻花钻的几何要素

(4)主后刀面：指钻头的螺旋圆锥面，与工件过渡表面相对。

(5)主切削刃：前刀面与主后刀面的交线，麻花钻有两个主切削刃。

(授课时利用自制的麻花钻模型或实物讲解，用直观教学手段突破此难点，以加深学生的理解)

(6)顶角($2K_r$)：两主切削刃之间的夹角，$2K_r=118°$，如图 2-3-8 所示。

$2K_r=118°$，两主切削刃为直线。

$2K_r>118°$，两主切削刃为凹曲线，定心差，主切削刃短。

$2K_r<118°$，两主切削刃为凸曲线，定心好，主切削刃长。

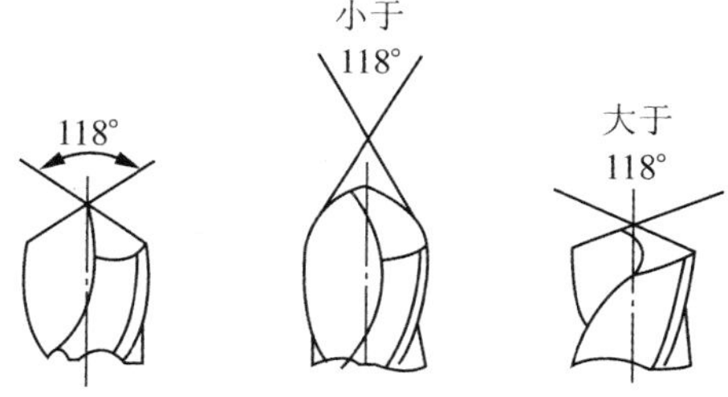

图 2-3-8　麻花钻顶角正、负的判别

(7)前角 γ_o：麻花钻前角的大小与螺旋角、顶角、钻心直径有关，靠近钻头外缘处前角最大，自外缘向中心逐渐减小，在 1/3 钻头直径处以内为负值前角，变化范围为$-30°\sim30°$。

(8)后角 α_o：麻花钻的后角是变化的，靠近外缘处最小，接近中心处最大，变化范围为 $8°\sim14°$，如图 2-3-9 所示。

(9)横刃：两主切削刃的连线(主后刀面的交线)。钻削时，大部分轴向力是由横刃产生的。横刃太短会影响钻头的强度，横刃太长会增大轴向力。

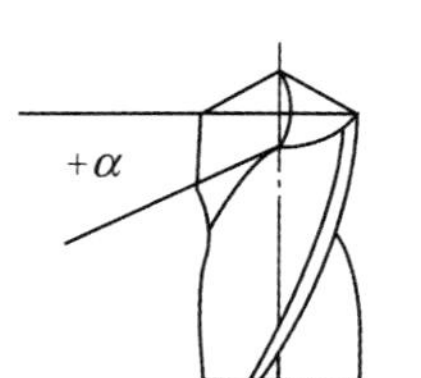

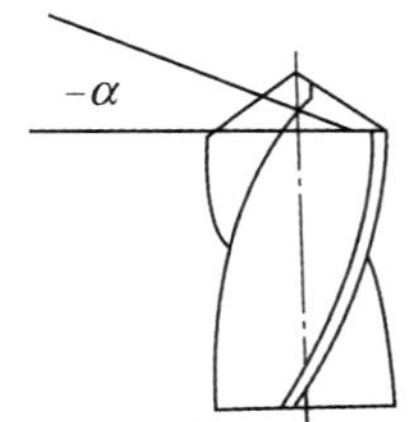

图 **2-3-9** 麻花钻后角大小的判别

(10)横刃斜角(ψ)：在垂直于钻头直径的平面投影中，横刃与主切削刃之间所夹的锐角，其大小与后角有关。后角增大时，横刃斜角减小，横刃变长；后角减小时，情况相反。横刃斜角大小一般为 55°，如图 2-3-10 所示。

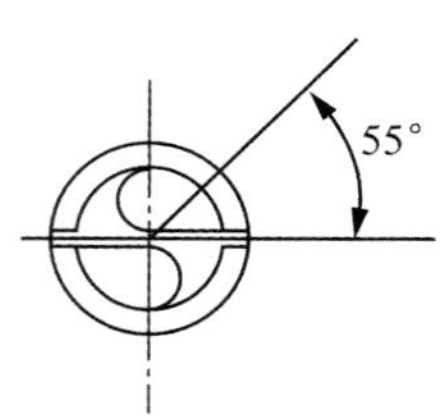

图 **2-3-10** 横刃斜角

(11)棱边(刃带)：棱边也叫副切削刃，是钻头的导向部分，起保持钻削的方向、修光孔壁及担负部分切削工作的作用。为减小与孔壁的摩擦，导向部分带有锥度(倒锥形刃带构成了麻花钻的副偏角)。

任务评价

考核标准见表 2-3-3。

表 **2-3-3** 考核标准

序号	技术要求	配分	评分标准	扣分	得分
1	粗、精磨砂轮的选择	10 分	正确		
2	刃磨时的站位	10 分	正确		
3	麻花钻两个后角的刃磨	20 分	正确		
4	两主切削刃平直	20 分	正确		
5	麻花钻顶角角度的刃磨	20 分	正确		
6	麻花钻刃磨具体步骤	10 分	正确		
7	刃磨麻花钻时的安全意识	10 分	遵守安全操作规程		
8	合计				

拓展训练

一、选择题

1. 麻花钻横刃太长，钻削时会使(　　)增大。

A. 主切削力　　B. 轴向力　　C. 径向力

2. 枪钻属于(　　)。

A. 外排屑深孔钻　　B. 内排屑深孔钻　　C. 喷吸钻

3. 钻头安装不正会将孔(　　)。

A. 钻大　　B. 钻偏　　C. 钻扁

4. 一般标准麻花钻的顶角为(　　)。

A. 120°　　B. 118°　　C. 90°

5. 麻花钻的前刀面是指(　　)。

A. 钻顶螺旋圆锥面　　B. 螺旋槽面　　C. 棱边

6. 普通麻花钻靠近外缘处的前角为(　　)。

A. －54°　　B. ＋30°　　C. 0°

7. 麻花钻的钻顶螺旋圆锥面是麻花钻的(　　)。

A. 主后刀面　　B. 副后刀面　　C. 切削平面

8. 麻花钻的横刃斜角一般为(　　)。

A. 55°　　B. 118°　　C. 30°

9. 麻花钻的顶角不对称，会使钻出的孔径(　　)。

A. 扩大　　B. 歪斜　　C. 扩大和倾斜

10. 刃磨麻花钻时，一般只刃磨两个(　　)。

A. 主后面　　B. 螺旋槽面　　C. 棱边

二、判断题

1. 刃磨麻花钻时，只要两条主切削刃长度相等就行。(　　)

2. 在孔、轴的配合中，若 ES≥ei，则此配合必定为过盈配合。(　　)

3. 扩孔是用扩孔钻对工件上已有的孔进行精加工。(　　)

任务 4 内孔车刀的刃磨

任务目标

（1）根据现场的内孔车刀了解内孔车刀的种类。

（2）根据磨好的内孔车刀样刀，能准确识读内孔车刀的各个几何角度。

（3）根据磨刀的真实情景，说出刃磨内孔车刀各面的先后顺序。

学习活动

图 2-4-1 是一幅采用内孔车刀加工内孔的图片。加工内孔时，先用麻花钻钻出内孔，然后为了保证尺寸精度和表面粗糙度，需要采用内孔车刀精车一下。

图 **2-4-1** 内孔车刀加工内孔

下面请同学们刃磨图 2-4-2 所示的内孔车刀，材料为硬质合金 YT15。要求刃磨后的车刀主偏角取 95°，副偏角取 10°，后角取 8°～12°，前角取 10°～15°，刀尖为 $R0.4$ mm 的圆弧，同时要求学生了解内孔车刀的种类，掌握几何角度与刃磨步骤，确定所用砂轮。图 2-4-3 是刃磨好的内孔车刀。

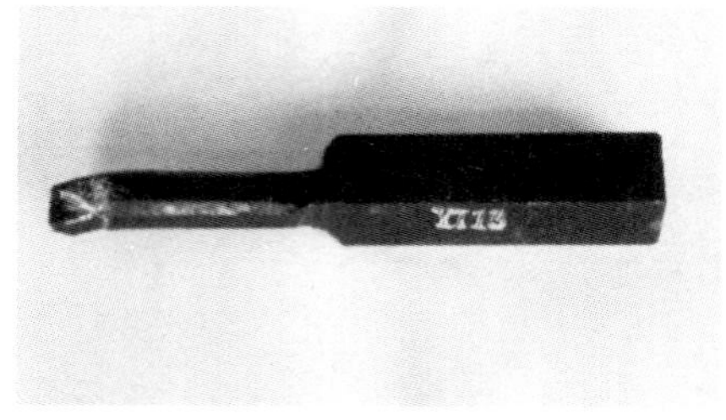

图 **2-4-2** 需要刃磨的内孔车刀

图 **2-4-3** 刃磨后的内孔车刀

本任务中，将在实际加工中充分认识内孔车刀，了解它的作用，学习它的几何角度，并会刃磨内孔车刀及检测刃磨角度是否正确。

实践活动

一、实践条件

实践条件见表 2-4-1。

表 2-4-1　实践条件

类别	名称
设备	砂轮机
量具	游标卡尺、钢直尺
工具	氧化铝砂轮(白色)、碳化硅砂轮(绿色)
刀具	未刃磨的内孔车刀
其他	工作帽、防护眼镜、冷却水

二、实践步骤

1. 内孔车刀的几何角度

根据不同的加工情况，内孔车刀可分为通孔车刀和盲孔车刀。

(1)通孔车刀：为了减小径向切削抗力，防止镗孔时振动，其主偏角取 60°～75°，副偏角取 15°～30°，后角取 6°～12°。为了防止后面与孔壁摩擦，也可磨成双重后角，如图 2-4-4 所示。

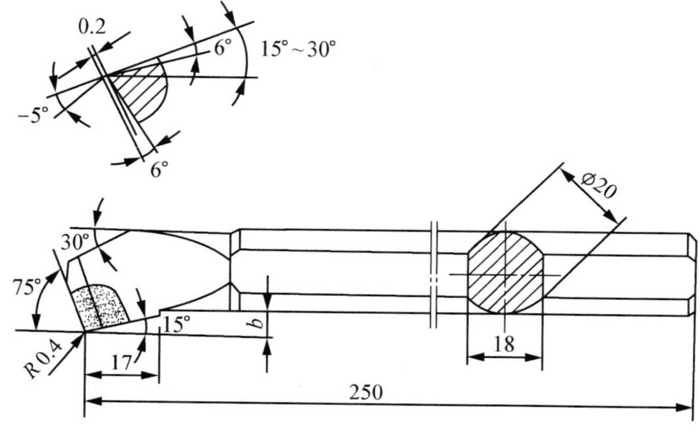

图 2-4-4　内孔车刀的几何角度

(2)盲孔车刀:盲孔车刀用来车削盲孔或阶台孔,切削部分的几何形状基本上与偏刀相似,其主偏角取 92°~95°。后角的要求和通孔车刀一样,不同之处是盲孔车刀夹在刀杆的最前端,刀尖到刀杆外端的距离小于孔半径,否则无法车平孔的底面。前角一般在主刀刃方向刃磨,对纵向切削有利。在轴向方向磨前角,对横向切削有利,如图 2-4-5 所示。

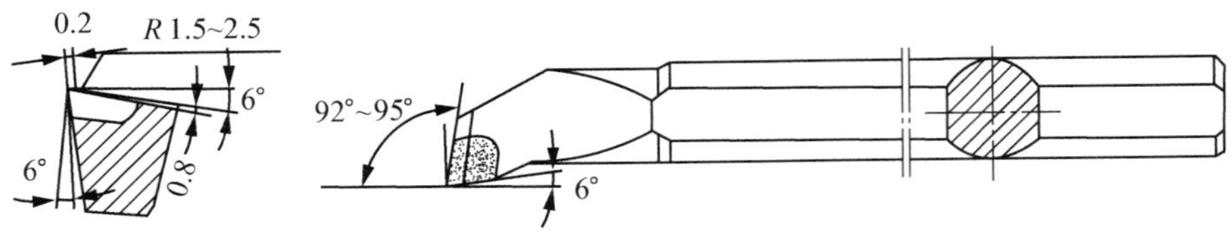

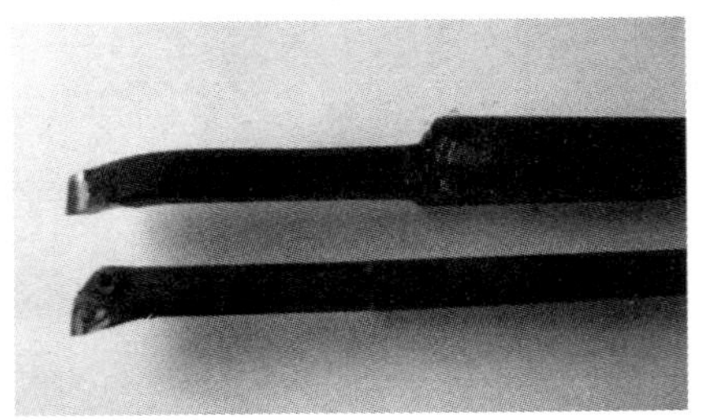

图 **2-4-5** 盲孔车刀

2. 刃磨步骤

刃磨步骤见表 2-4-2。

表 **2-4-2** 刃磨步骤

序号	工序名称	工序内容
1	粗磨前面	(1)磨去前刀面焊渣 (2)将前刀面磨平
2	粗磨主后面	(1)磨去主后面焊渣 (2)磨出主后角(控制在 8°~12°)
3	粗磨副后面	(1)磨去副后面焊渣 (2)磨出副后角(控制在 8°~12°)
4	精磨前面	(1)将前刀面轻轻接触砂轮的圆角,以便磨出前角 (2)磨出前角,一般为 10°~15°
5	精磨主后面、副后面	后角一般为 8°~12°
6	修磨刀尖圆弧	先将刀尖磨尖,然后将刀尖轻轻在砂轮上磨出 R 0.4~0.8 mm 的圆弧

三、 注意事项

(1)刃磨卷屑槽前，应先修整砂轮边缘处成小圆角。

(2)卷屑槽不能磨得太宽，以防镗孔时排屑困难。

(3)刃磨时注意戴防护眼镜。

专业对话

一、 巩固训练

1. 刃磨一把通孔车刀，要求主偏角取 75°，副偏角取 15°，后角取 0°～12°，前角取 0°～15°。

2. 画出盲孔车刀的几何角度图形。

二、 知识探究

车内孔需要内孔车刀，其切削部分基本上与外圆车刀相似，只是多了一个弯头而已。

根据刀片和刀杆的固定形式，车刀分为整体式和机械夹固式两种。

(1)整体式车刀：一般分为高速钢和硬质合金两种。高速钢整体式车刀的刀头、刀杆都是由高速钢制成的。硬质合金整体式车刀，只是在切削部分焊接上一块合金刀头，其余部分都是用碳素钢制成的，如图 2-4-6 所示。

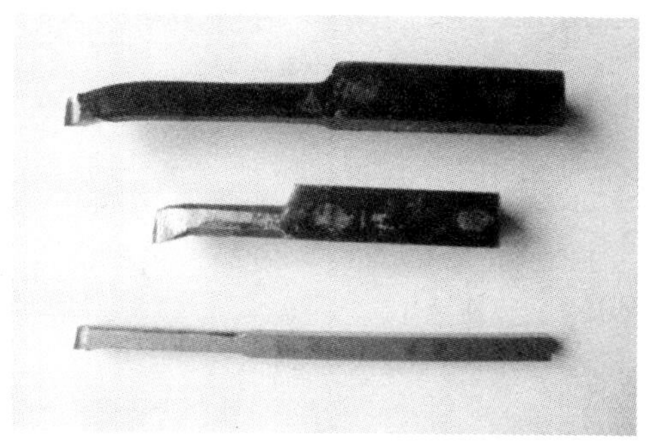

图 **2-4-6**　整体式车刀

(2)机械夹固式车刀：机械夹固式车刀由刀杆、刀头、紧固螺钉组成。其特点是能增加刀杆强度，节约刀杆材料，既可安装高速钢刀头，也可安装硬质合金刀头。使用时可根据孔径选择刀杆，比较灵活方便，如图 2-4-7 所示。

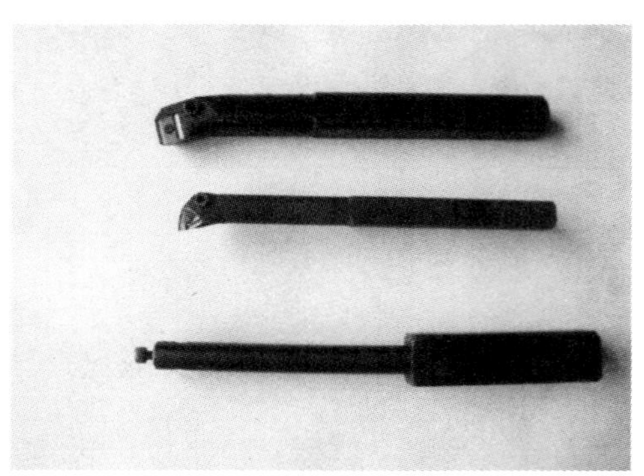

图 **2-4-7** 机械夹固式车刀

任务评价

考核标准见表 2-4-3。

表 **2-4-3** 考核标准

项目	技术要求	配分	评分标准	扣分	得分
1	粗、精磨砂轮的选择	10 分	正确		
2	刃磨时的站位	10 分	正确		
3	主偏角角度的刃磨	10 分	正确		
4	车刀刀尖圆弧半径的刃磨	10 分	正确		
5	车刀副偏角角度的刃磨	10 分	正确		
6	车刀后角角度的刃磨	10 分	正确		
7	车刀前角的刃磨	10 分	正确		
8	车刀刀尖圆弧的刃磨	10 分	正确		
9	车刀刃磨具体步骤	10 分	正确		
10	刃磨车刀时的安全意识	10 分	遵守安全操作规程		

拓展训练

一、选择题

1. 车床上镗内孔时，刀尖安装高于工件回转中心，则刀具工作角度与标注角度相比，前角(   )，后角减小。

A. 增大　　B. 减小　　C. 不变

2. 精车钢制材料的薄壁工件时，内孔精车刀的刃倾角一般取(   )。

A. 0°　　B. 5°～6°　　C. －3°～－2°　　D. 2°～3°

3. 在车床上钻孔时，要与车外圆在一次装夹中完成。这是为了保证(   )。

A. 同轴度　　B. 垂直度　　C. 平面度

4. 车通孔时，内孔车刀刀尖应装得(   )刀杆中心线。

A. 高于　　B. 低于　　C. 等高于　　D. 高于或者低于

5. 深孔车刀与一般内孔车刀不同的是，前后均带有(   )，有利于保证孔的精度和直线度。

A. 导向垫　　B. 刀片　　C. 倒棱　　D. 修光刃

6. 车刀切削部分材料的硬度不能低于(   )。

A. 90HRC　　B. 70HRC　　C. 60HRC　　D. 230HB

7. 当(   )时，可提高刀具的寿命。

A. 主偏角大　　B. 材料强度高　　C. 高速切削　　D. 使用冷却液

二、判断题

1. 磨削时，操作者应站在砂轮的对面。(   )

2. 在高温下能够保持刀具材料切削性能的是耐磨性。(   )

任务5 螺纹车刀的刃磨

任务目标

(1)根据现场的螺纹车刀了解螺纹车刀的材料。

(2)根据磨好的三角形螺纹车刀样刀，能准确识读三角形螺纹车刀的各个几何角度。

（3）根据磨刀的真实情景，说出刃磨三角形螺纹车刀各面的先后顺序。

学习活动

在各种机械产品中，三角形螺纹应用最广泛，常用于连接、紧固，在工具和仪器中还往往用于调节。图 2-5-1 是一幅车床中滑板图片，中滑板的刻度盘是用三角形螺纹固定在中滑板丝杠上进行工作的。车削螺纹常用的刀具是三角形螺纹车刀。合理选择车刀的材料、正确刃磨及装夹车刀，对加工质量和生产效率都有很大的影响。本任务主要学习三角形螺纹车刀的刃磨。

图 2-5-1　车床中滑板

下面请同学们刃磨图 2-5-2 所示的三角形螺纹车刀，牙型角为 60°，前角为 5°～20°，左侧后角为 4°～8°，右侧后角为 3°～6°，材料为高速钢。每个学生刃磨一把。要求正确磨出精车螺纹刀的各个几何角度。图 2-5-3 为刃磨好的三角形螺纹车刀。

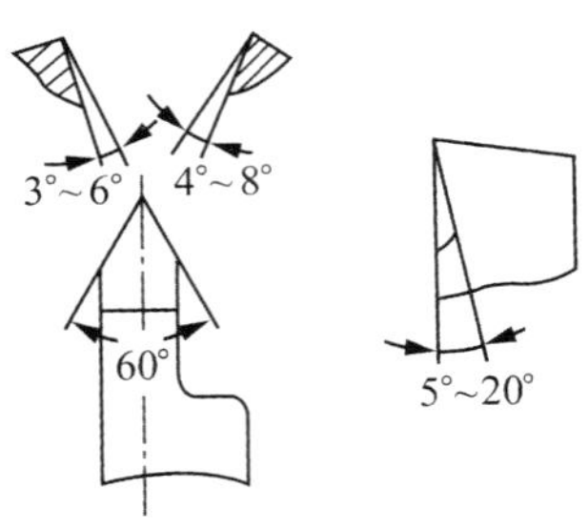

图 2-5-2　车刀的几何角度

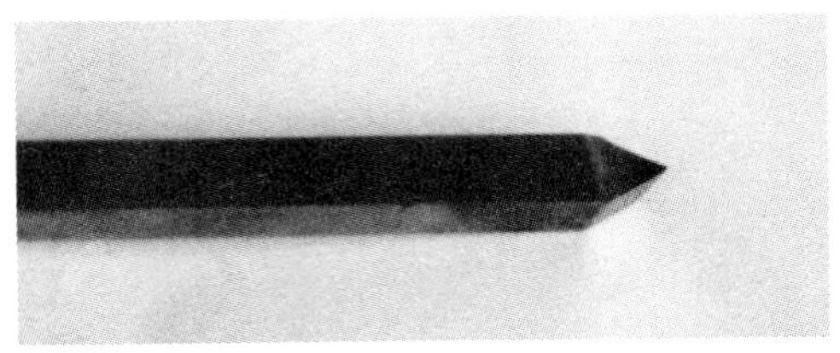

图 2-5-3　刃磨后的三角形螺纹车刀

本任务中，将进行三角形螺纹车刀刃磨，了解螺纹车刀的作用，学习如何刃磨螺纹车刀，并检测刃磨角度的正确性。

实践活动

一、实践条件

实践条件见表2-5-1。

表2-5-1 实践条件

类别	名称
设备	砂轮机
量具	游标卡尺、钢直尺
工具	氧化铝砂轮(白色)、碳化硅砂轮(绿色)
刀具	未刃磨的螺纹车刀
其他	工作帽、防护眼镜、冷却水

二、实践步骤

1. *螺纹车刀刃磨要求*

(1)根据粗、精车的要求，刃磨出合理的前、后角。粗车刀前角大、后角小，精车刀则相反。当径向前角 $r_p=0°$ 时，螺纹车刀的刀尖角 ε_r 应等于螺纹牙型角 $\alpha=60°$。当径向前角 $r_p>0°$ 时，刀尖角必须修正。

(2)螺纹车刀的左右刀刃必须是直线、无崩刃。刀尖靠近进刀一侧，以便于加工时退刀安全。

(3)螺纹车刀切削刃应具有较小的表面粗糙度值，并保证牙型半角相等。

(4)螺纹车刀两侧后角是不相等的，应考虑车刀进给方向的后角受螺旋升角的影响而加减一个螺纹升角。

(5)刀尖角的刃磨和检查。由于螺纹车刀刀尖角要求高、刀头体积小，因此刃磨起来比一般车刀困难。在刃磨高速钢螺纹车刀时，若感到发热烫手，必须及时用水冷却，否则容易引起刀尖退火；为了保证磨出准确的刀尖角，在刃磨时可用螺纹角度样板测量。对于具有纵向前角的螺纹车刀可以用一种厚度较厚的特制螺纹样板来测量刀尖角，测量时样板应与车刀底面平行，用透光法检查，这样量出的角度近似等于牙型角。

2. 刃磨步骤

刃磨步骤见表 2-5-2。

表 2-5-2 刃磨步骤

序号	工序名称	工序内容
1	粗磨前刀面	(1)磨去前刀面焊渣 (2)将前刀面磨平
2	磨两侧后刀面	(1)先磨进给方向侧刃(控制刀尖半角$\frac{\varepsilon_r}{2}$及后角$\alpha_o+\Psi$) (2)磨背进给方向侧刃(控制刀尖半角$\frac{\varepsilon_r}{2}$及后角$\alpha_o-\Psi$) (3)形成两刃夹角
3	精磨前刀面	(1)将前刀面轻轻接触砂轮的圆角，以便磨出前角 (2)磨出前角，一般为 0°～15°
4	精磨后刀面	(1)刀尖角用螺纹车刀样板来测量 (2)车刀两侧必须是直线，无崩刃 (3)刀尖角平分线应平分刀体中线
5	修磨刀尖	(1)先将刀尖磨尖，然后将刀尖轻轻在砂轮上磨平 (2)刀尖侧棱宽度约为 0.1 pm
6	研磨	(1)油石研磨刀刃处的前后面 (2)保持刃口锋利

三、 注意事项

(1)磨刀时，人的站立位置要正确，特别在刃磨整体式内螺纹车刀内侧刀刃时，不小心就会使刀尖角磨歪。

(2)刃磨高速钢车刀时，宜选用 80＃氧化铝砂轮，磨刀时压力应不小于一般车刀，并及时沾水冷却，以免过热而失去刀刃硬度。

(3)粗磨时也要用样板检查刀尖角，若磨有纵向前角＞0°的螺纹车刀，粗磨后的刀尖角略大于牙型角，待磨好前角后再修正刀尖角。

(4)刃磨螺纹车刀的刀刃时，要稍带做左右、上下移动，这样容易使刀刃平直。

(5)磨外螺纹车刀时，刀尖角平分线应平行刀体中线。

(6)车削高阶台的螺纹车刀，靠近高阶台一侧的刀刃应短些，否则易擦伤轴肩。

(7)刃磨车刀时要注意安全。

专业对话

一、 巩固训练

1. 画出三角形螺纹车刀的几何角度图形。

2. 刃磨图 2-5-4 所示的硬质合金三角形螺纹车刀一把，找出与高速钢三角形螺纹车刀的不同之处。

二、 知识探究

1. 螺纹车刀材料分析

(1)高速钢螺纹车刀。

高速钢螺纹车刀刃磨比较方便，切削刃容易磨得锋利，而且韧性较好，刀尖不易崩裂。车出螺纹的表面粗糙度值小，常用于加工塑性材料、大螺距螺纹和精密丝杠等工件。

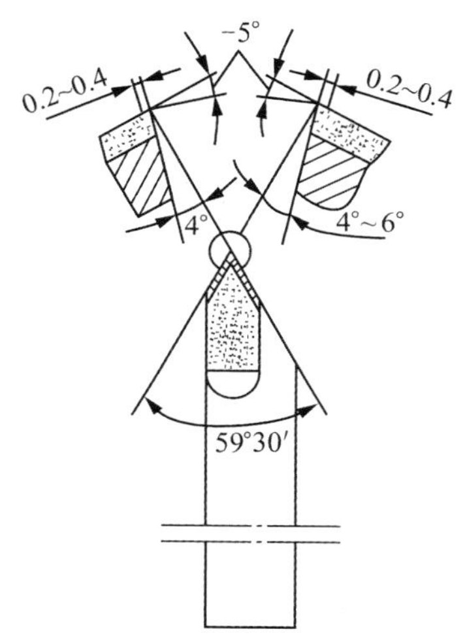

图 2-5-4 硬质合金三角形螺纹车刀

由于高速钢螺纹车刀刃磨时易退火，热稳定性差，因此在使用砂轮磨削高速钢螺纹车刀时，若感到发热烫手，要用水或冷却液进行冷却，以防止退火。高速钢螺纹车刀在高温下车削时易磨损，因此常被用于低速切削。

(2)硬质合金螺纹车刀。

硬质合金螺纹车刀的硬度高，耐磨性好，耐高温，热稳定性好，但抗冲击能力差，因此硬质合金螺纹车刀适用于高速车削。

2. 各角度分析

(1)三角形螺纹的牙型角是 60°，车削精度要求较高的螺纹时，其精车刀刀尖角应等于螺纹的牙型角即 60°，且两侧切削刃必须是直线。

注意：车刀两刃夹角与刀尖角不同，车刀主切削刃和副切削刃在基面上的投影之间的夹角叫刀尖角。

(2)螺纹升角对车刀侧刃后角的影响。在中径圆柱上，螺旋线的切线与垂直于螺纹轴线的平面之间的夹角即为螺纹升角。三角形螺纹的螺纹升角一般比较小，影响较小。

(3)径向前角 r_p 对车削螺纹牙型角的影响。

当径向前角 $r_p=0°$时，螺纹车刀的刀尖角 ε_r 应等于螺纹牙型角 α。

当径向前角 $r_p>0°$时，车出的工件牙型角 α 大于车刀刀尖角 ε。因此必须对两刃夹角进行修正。

在用样板检查车刀刀尖时，应将样板与车刀底平面平行，再用透光法检查，这样测出来的才是刀尖角。不能将样板与刀刃平行来检验，因为那样检测到的并不是刀尖角，而实际刀尖角小于牙型角，如图 2-5-5 所示。测量时把刀尖角与样板贴合，如图 2-5-6 所示，对准光源，仔细观察两边贴合的间隙，并进行修磨。

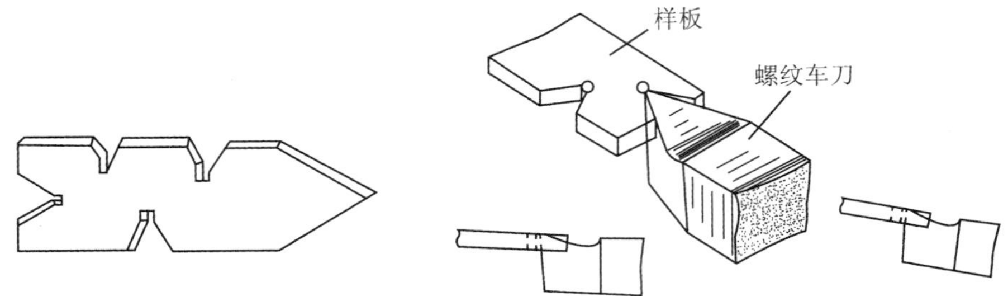

图 **2-5-5** 样板检测车刀角度

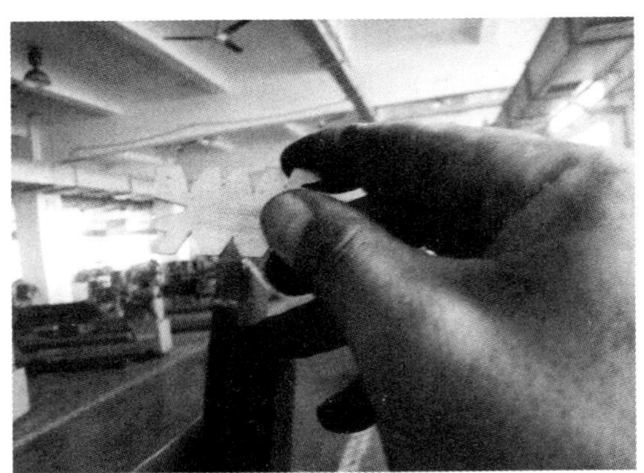

图 **2-5-6** 螺纹车刀的几何角度检测

(4)前角一般为 0°～10°。因为螺纹车刀的纵向前角对牙型角有很大影响，所以精车时或车削精度要求高的螺纹时，径向前角应取得小一些，为 0°～5°。

后角一般为 5°～10°。因受螺纹升角的影响，进刀方向一面的后角应磨得稍大一些。但对于大直径、小螺距的三角形螺纹，这种影响可忽略不计。

任务评价

考核标准见表 2-5-3。

表 2-5-3　考核标准

序号	评价内容指导	配分	评分标准	扣分	得分
1	粗、精磨砂轮的选择	10 分	正确		
2	刃磨时的站位	10 分	正确		
3	刀尖角的刃磨	20 分	正确		
4	车刀刀尖圆弧半径的刃磨	10 分	正确		
5	车刀两侧切削刃平直	10 分	正确		
6	车刀两侧后角角度的刃磨	20 分	正确		
7	车刀前角的刃磨	10 分	正确		
8	车刀刃磨具体步骤	10 分	正确		

拓展训练

一、选择题

1. 普通螺纹的牙顶应为(　　)形。

A. 圆弧　　B. 尖　　C. 削平

2. 前角增大能使车刀(　　)。

A. 刃口锋利　　B. 切削锋利　　C. 排屑不畅

3. 圆锥管螺纹的锥度是(　　)。

A. 1∶20　　B. 1∶5　　C. 1∶16

4. 硬质合金车刀高速车削螺纹，适用于(　　)。

A. 单件　　B. 特殊规格的螺纹　　C. 成批生产

5. 硬质合金车刀螺纹的切削速度一般取(　　)m/min。

A. 30～50　　B. 50～70　　C. 70～90

6. 车床上的传动丝杠是(　　)螺纹。

A. 梯形　　B. 三角　　C. 矩形

7. 丝锥是用于加工各种(　　)螺纹的标准刀具。

A. 内　　　　B. 外　　　　C. 内、外

8. 螺纹铣刀是用铣削方式加工(　　)螺纹的刀具。

A. 内　　　　B. 外　　　　C. 内、外

9. 高速钢梯形螺纹粗车刀的径向前角一般取(　　)。

A. 3°～5°　　　　B. 6°～8°　　　　C. 10°～15°

10. 左右切削法车削螺纹，(　　)。

A. 适用于螺距较大的螺纹　　　　B. 易扎刀

C. 螺纹牙型准确　　　　D. 牙底平整

二、判断题

1. 三角形螺纹车刀装夹时，车刀刀尖的中心线必须与工件轴线严格保持垂直，否则会产生牙型歪斜。(　　)

2. 倒顺车法可以防止螺纹乱牙，适用于车削精度较高的螺纹，且不受螺距限制。(　　)

3. 直进法车削螺纹，刀尖较易磨损，螺纹表面粗糙度值较大。(　　)

4. 加工脆性材料，切削速度应减小；加工塑性材料，切削速度可相应增大。(　　)

5. 采用弹性刀柄螺纹车刀车削螺纹，当切削力超过一定值时，车刀能自动让开，使切削保持正常，防止崩刀。(　　)。

6. 适当的背吃刀量，粗车时可避免“扎刀”现象。(　　)

7. 用径向前角较大的螺纹车刀车削螺纹时，车出的螺纹牙型两侧不是直线而是曲线。(　　)

任务6 梯形螺纹车刀

任务目标

(1)根据梯形螺纹实物分析梯形螺纹的各个几何角度。

(2)会正确刃磨梯形螺纹车刀，并检查角度是否正确。

学习活动

图2-6-1为车床三杠，从中可以看出丝杠中梯形螺纹的螺距大、切入深，粗车中

容易出现扎刀现象。另外，切削力大、切削热高、刀具散热条件差，限制了切削速度，加工效率也不高。因此，梯形螺纹的加工是车削加工中一个较难的课题，应当从刀具准备上重视刀具的合理刃磨。

图 **2-6-1** 车床三杠

下面请同学们刃磨图 2-6-2 所示的梯形螺纹车刀，材料为 W18Cr4V 高速钢，刀尖角为 30°，径向前角为 0°～5°，刀尖宽度为 1.6 mm，切削刃要光滑、平直、无裂口，两侧切削刃必须对称。图 2-6-2 为已经刃磨好的梯形螺纹车刀。

图 **2-6-2** 刃磨好的梯形螺纹车刀

本任务中，将认识车削梯形螺纹的刀具——梯形螺纹车刀，了解它的作用，学习如何刃磨梯形螺纹车刀，掌握它的刃磨角度和刃磨方法，并检查磨出的几何角度是否符合标准。

实践活动

一、 实践条件

实践条件见表 2-6-1。

表 2-6-1 实践条件

类别	名称
设备	砂轮机
量具	游标卡尺、钢直尺
工具	氧化铝砂轮(白色)、碳化硅砂轮(绿色)
刀具	未刃磨的梯形螺纹车刀
其他	工作帽、防护眼镜、冷却水

二、实践步骤

1. 梯形螺纹车刀刃磨要求

(1)粗车刀刀尖角应略小于梯形螺纹的牙型角，一般取 29°30′；精车刀刀尖角应等于梯形螺纹的牙型角，即 30°。刃磨时，应随时将车刀与样板进行目测校对。磨有径向前角的两刃夹角，应用特制加厚样板进行修正，样板形状如图 2-6-3 所示。

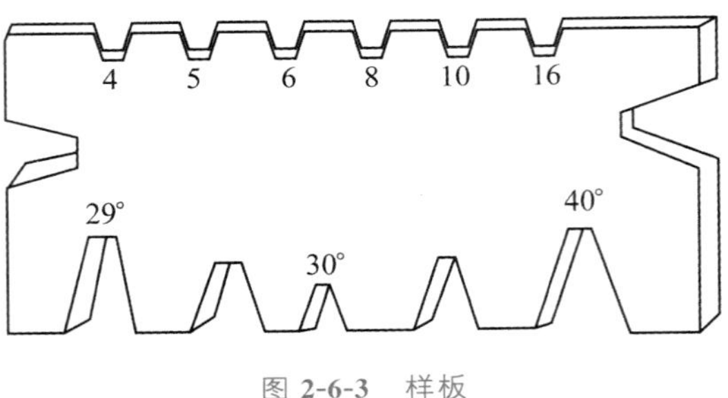

图 2-6-3 样板

(2)粗车刀刀头宽度一般取牙槽底宽的$\frac{7}{10}$；精车刀刀头宽度则应略小于牙槽底宽，为牙槽底宽的$\frac{9}{10}$。

(3)刃磨前刀面时，由于受螺纹升角的影响，梯形螺纹粗车刀应磨出 5°～15°的径向前角，而精车时为保证牙型角的正确，径向前角应为 0°～5°。

(4)刃磨两侧副后刀面时，由于受螺纹升角的影响，车刀进给方向的后角应为 $(3°\sim5°)+\psi$(ψ 为螺纹升角)，背离进给方向的后角应为 $(3°\sim5°)-\psi$。

(5)切削刃要光滑、平直、无裂口，两侧切削刃必须对称，刀体不歪斜。

(6)用油石研磨，磨去各刀刃的毛刺。

2. 梯形螺纹车刀刃磨步骤

梯形螺纹车刀刃磨步骤见表 2-6-2。

表 2-6-2　梯形螺纹车刀刃磨步骤

序号	工序名称	工序内容
1	粗磨刀刃 两侧后面	(1)先磨进给方向侧刃(控制刀尖半角 $\varepsilon_r/2$ 及后角 $\alpha_o+\Psi$) (2)磨背进给方向侧刃(控制刀尖半角 $\varepsilon_r/2$ 及后角 $\alpha_o-\Psi$) (3)形成两刃夹角。刀尖角初步形成
2	粗、精磨前刀面 或径向前角	(1)磨出卷屑槽 (2)形成前角
3	精磨刀刃 两侧后角	(1)形成两侧后角 (2)走刀方向后角应大于背离走刀方向后角 (3)刀尖角用样板修正
4	修正刀尖后角	(1)刀尖角用螺纹车刀样板来测量 (2)车刀两侧必须是直线，无崩刃 (3)刀尖角平分线应平分刀体中线 (4)刀尖横刃宽度应小于槽底宽度
5	研磨	(1)油石研磨刀刃处的前后面 (2)保持刃口锋利

三、注意事项

(1)刃磨两侧后角时，要注意螺纹的左右旋向，然后根据螺纹升角的大小决定两侧后角的数值。

(2)内螺纹车刀的刀尖角平分线应与刀柄垂直。

(3)刃磨高速钢车刀时，应随时放入水中冷却，以防退火。

专业对话

一、巩固训练

参照图 2-6-4 刃磨高速钢螺纹车刀一把，刃磨角度应符合要求。

二、 知识探究

1. 常见的高速钢车刀识别

(1)高速钢梯形螺纹粗车刀：刀具具有较大的背前角，便于排屑；刀具两侧后角小，有一定的刚性，适用于粗车丝杠及螺距不大的梯形螺纹。高速钢梯形螺纹粗车刀为了便于左右切削并留有精车余量，刀头宽度应小于牙槽底宽 M，如图 2-6-4 所示。

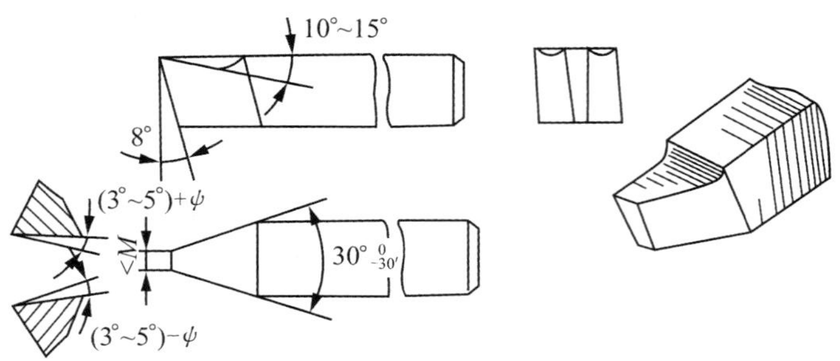

图 **2-6-4**　高速钢螺纹粗车刀

(2)高速钢梯形螺纹精车刀：车刀前面沿两侧切削刃磨有 $R_2=3$ mm 的分屑槽，并磨有较大的前角，使切屑排出顺利。

车刀纵向前角 $\gamma_p=0°$，两侧切削刃之间的夹角等于牙型角。为了保证两侧切削刃切削顺利，都磨有较大前角($\gamma_o=10°\sim20°$)的卷屑槽。使用时必须注意，车刀前端切削刃不能参与切削，如图 2-6-5 所示。

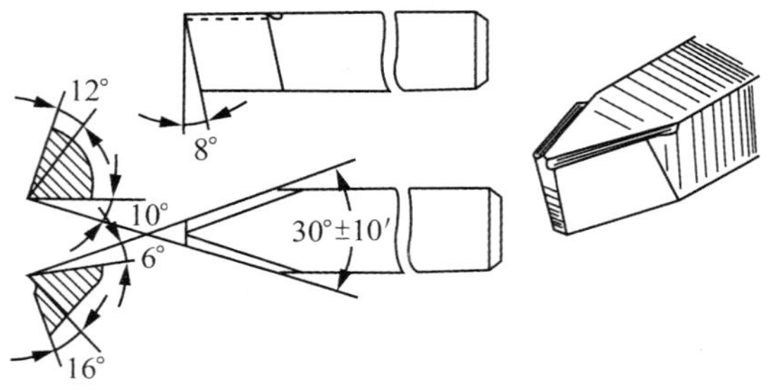

图 **2-6-5**　高速钢螺纹精车刀

高速钢梯形螺纹车刀能车削出精度较高和表面粗糙度较小的螺纹，但生产效率较低。

任务评价

考核标准见表2-6-3。

表2-6-3 考核标准

项目	技术要求	配分	评分标准	扣分	得分
1	刃磨时的站位	10分	正确		
2	粗磨刀刃两侧后面	10分	正确		
3	粗、精磨前刀面或径向前角	20分	正确		
4	精磨刀刃两侧后角	20分	正确		
5	修正刀尖后角	20分	正确		
6	两主切削刃平直	10分	正确		
7	刃磨梯形螺纹车刀时的安全意识	10分	遵守安全操作规程		

拓展训练

一、选择题

1. 刃磨高速钢梯形螺纹精车刀后，用油石加机油研磨前、后刀面至刃口平直，刀面光洁(　　)为止。

A. 平滑　　B. 无划伤　　C. 缺口　　D. 不平直

2. 高速钢梯形螺纹精车刀的牙型角为(　　)。

A. $15°\pm10'$　　B. $30°\pm10'$　　C. $30°\pm20'$　　D. $29°\pm10'$

3. 螺纹加工中加工精度主要由车床精度保证的几何参数为(　　)。

A. 大径　　B. 中径　　C. 小径　　D. 导程

4. 车螺纹时，产生扎刀的原因是(　　)。

A. 车刀径向前角太大　　B. 车床丝杠窜动或挂轮挂错了

C. 车刀径向前角太小　　D. 丝杠窜动

5. 标准梯形螺纹的牙型角为(　　)。

A. 20°　　B. 30°　　C. 40°　　D. 60°

6. 内梯形螺纹的小径用字母(　　)表示。

A. D1　　B. D3　　C. d　　D. d2

7. 梯形螺纹的代号用“Tr”及公称直径和(　　)表示。

A. 牙顶宽　　B. 导程　　C. 角度　　D. 螺距

8. 已知米制梯形螺纹的公称直径为36 mm，螺距为6 mm，则中径为(　　)mm。

A. 30　　B. 32.103　　C. 33　　D. 36

9. 用硬质合金螺纹车刀高速车梯形螺纹时，刀尖角应为(　　)。

A. 30°　　B. 29°　　C. 29°30′　　D. 30°30′

10. 梯形螺纹车刀的主切削刃必须(　　)工件轴线。

A. 略高于　　B. 等高于　　C. 略低于　　D. 垂直于

二、判断题

1. 梯形内螺纹大径的上偏差是正值，下偏差是零。(　　)

2. 对于精度要求较高的梯形螺纹，一般采用高速钢车刀低速切削法。(　　)

任务7 蜗杆车刀

任务目标

(1)根据蜗杆实物分析蜗杆的各个几何角度。

(2)会正确刃磨蜗杆车刀，并检查角度是否正确。

学习活动

蜗杆加工是车工加工难度较大的技术之一。图2-7-1为一个蜗杆零件图。蜗杆的齿形与梯形螺纹相似，其轴向剖面为梯形，其齿形角有40°的(米制)也有29°的(英制)，一般蜗杆齿型分为轴向直廓(阿基米德螺旋线)蜗杆和法向直廓(延长渐开线)蜗杆两种。

图2-7-1　蜗杆零件图

下面请同学们刃磨图2-7-2所示的蜗杆车刀，规格为10 mm×10 mm×100 mm，要求刀尖角为40°，径向前角为10°～15°，主后角为6°～8°，刀尖宽度为2.0 mm，两侧后角为(3°～5°)±γ，切削刃要光滑、平直、无裂口，两侧切削刃必须对称。图2-7-2为已经刃磨好的蜗杆车刀。

图 **2-7-2** 刃磨好的蜗杆车刀

本任务中，将认识车削蜗杆的刀具——蜗杆车刀，了解它的作用，学习如何刃磨蜗杆车刀，掌握它的刃磨角度和刃磨方法，并检查磨出的几何角度是否符合标准。

实践活动

一、 实践条件

实践条件见表2-7-1。

表 **2-7-1** 实践条件

类别	名称
设备	砂轮机
量具	游标卡尺、钢直尺
工具	氧化铝砂轮(白色)、碳化硅砂轮(绿色)
刀具	未刃磨的蜗杆车刀
其他	工作帽、防护眼镜、冷却水

二、 实践步骤

在刃磨蜗杆车刀时，应选择氧化铝砂轮进行刃磨，刃磨时应及时用水冷却，以防退火，精磨时应选80＃以上的砂轮刃磨，用力要轻，移动要均匀，保证刃口平直光滑，如开卷屑槽必须用金钢笔修整砂轮圆角，小心开槽，以防开塌。

蜗杆车刀刃磨步骤见表2-7-2。

表 2-7-2 蜗杆车刀刃磨步骤

序号	工序名称	工序内容
1	粗磨主后刀面	磨出蜗杆车刀的主后角 6°～8°
2	粗磨两侧副后刀面	磨出蜗杆车刀的刀尖角 39°30′和两侧后角(3°～5°)±γ，且刀头宽度小于齿根槽宽 0.2～0.3 mm
3	粗磨前刀面	磨出径向前角 10°～15°
4	精磨前刀面	使径向前角达到 10°～15°
5	精磨两侧副后刀面	使刀尖角为 40°，两侧后角为(3°～5°)±γ
6	精磨前端后面	使主后角为 6°～8°
7	研磨	用油石研磨蜗杆车刀各刀面、刀尖和切削刃

三、 注意事项

(1)工作服袖口应扎紧，并佩戴防护眼镜。

(2)因蜗杆切削刃较长，刃磨刀面时，双手应稍做左右移动。

(3)刃磨中，应对刀具及时进行冷却，以防止刀具退火。

(4)蜗杆车刀的刀尖角必须刃磨正确，对于具有径向前角的蜗杆车刀，可用一种较厚的对刀样板来测量刀尖角，测量时样板水平放置，用透光法检验，这样测量出的角度近似等于牙型角。

(5)精磨时，应保证两切削刃对称、平直光洁，刀头不歪斜。

巩固训练

参照图 2-7-3 刃磨高速钢蜗杆车刀一把，刃磨角度应符合要求。

知识探究

1. 刀具角度选择原则

(1)蜗杆粗车刀的几何角度。

(2)车刀两侧切削刃之间的夹角应略小于 2 倍齿形角。

(3)为便于左右借刀，车刀刀头宽度应小于齿根槽宽 0.2～0.3 mm。

(4)车刀应磨出径向前角，一般为 10°～15°。

(5)车刀进给方向后角为(3°～5°)+γ；而背离进给方向一侧后角则为(3°～5°)−γ。

(6)径向后角一般为 6°～8°。

2. 蜗杆精车刀的几何角度

(1)车刀两侧切削刃之间的夹角应等于2倍齿形角。

(2)车刀切削刃要平直、光洁且两侧切削刃对称，刀头不能歪斜。

(3)为了保证车出的蜗杆齿型正确，径向前角一般为0°。

(4)为保证左、右切削刃切削顺利，两切削刃都磨有较大前角($\gamma_o=15°\sim20°$)的断屑槽。

3. 确定粗、精车刀后角的角度与车刀刀尖的宽度

刃磨蜗杆车刀必须确定粗、精车刀后角的角度与车刀刀尖的宽度。车刀后角与螺纹升角ψ有关，先计算出ψ就可得出刃磨后角，而刀头宽度应小于螺纹齿根槽宽，因此计算出齿根槽宽W。

例　模数$m=3$ mm，分度圆直径$d_1=51$ mm，头数$Z=4$，螺纹升角(导程角)的计算：

$$\tan\psi=\frac{L}{\pi d_1}=\frac{\pi mZ}{\pi d_1}=\frac{3.14\times3\times4}{3.14\times51}\approx0.2353。$$

计算得出$\psi\approx13°14'$。

因此，车刀两侧刃磨后角为

右侧后角$\alpha_{oR}=(3°\sim5°)-\psi=-10°\sim-8°$，

左侧后角$\alpha_{oL}=(3°\sim5°)+\psi=16°\sim18°$。

齿根槽宽$W=0.697\times3$ mm$=2.091$ mm。一般粗车时槽两侧均留0.3 mm精车余量，因此粗车刀刀头宽度为1.4～1.5 mm。为使粗车刀两刃前角一致，在前刀面倾斜一个螺旋升角，精车刀为一把时，担负精车槽底与齿侧任务，为防止三面切削而扎刀，一般刀头宽度可刃磨成1.2～1.5 mm。

代入具体角度，则蜗杆粗车刀的几何角度如图2-7-3所示。

蜗杆精车刀具体要求如下：

(1)左右切削刃夹角要准确、对称，直线度好，表面粗糙度小。

(2)为保证齿型角正确，一般径向前角小于4°。

(3)如表面粗糙度Ra不理想，可在两侧刃开卷屑槽($R=2\sim3$ mm)，前角$r_o=15°\sim20°$，右侧前角可开深些$(15°\sim20°)+\psi$。

(4)为达到较好的表面粗糙度，应用400＃～800＃油石研磨至$Ra0.4$，并保证刀具刃口平直、光滑、锋利。

蜗杆精车刀的几何角度如图2-7-4所示。

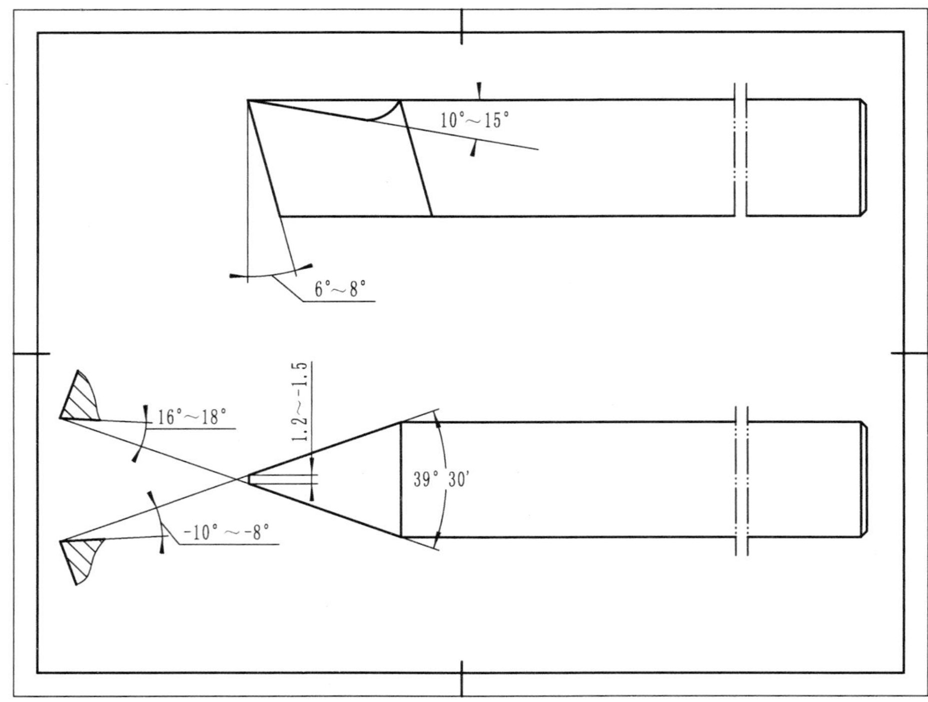

图 2-7-3 蜗杆粗车刀的几何角度

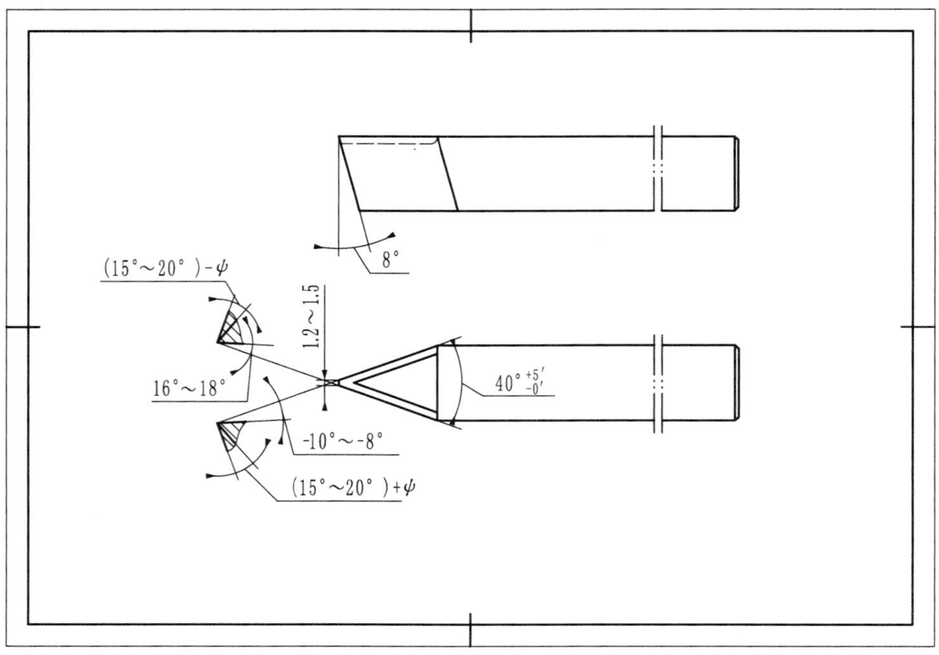

图 2-7-4 蜗杆精车刀的几何角度

任务评价

考核标准见表 2-7-3。

表 2-7-3　考核标准

项目	技术要求	配分	评分标准	扣分	得分
1	刃磨时的站位	10 分	正确		
2	粗磨主后刀面	10 分	正确		
3	粗磨两侧副后刀面	10 分	正确		
4	粗磨前刀面	10 分	正确		
5	精磨前刀面	10 分	正确		
6	精磨两侧副后刀面	10 分	正确		
7	精磨前端后面	10 分	正确		
8	研磨	10 分	正确		
9	两主切削刃平直	10 分	正确		
10	刃磨梯形螺纹车刀时的安全意识	10 分	遵守安全操作规程		

拓展训练

一、选择题

1. 我国一般常用蜗杆的牙型角为(　　)。

A. 29°　　B. 30°　　C. 40°　　D. 55°

2. 蜗杆的传动特点是传动平稳，(　　)。

A. 噪声大　　B. 噪声小　　C. 转速高　　D. 承载能力小

3. 米制蜗杆的齿型是指蜗杆(　　)。

A. 齿廓形状　　B. 牙型形状　　C. 螺距形状　　D. 轴向齿厚

4. 蜗杆传动是由交错轴斜齿轮传动(　　)而成。

A. 演变　　B. 转换　　C. 改为　　D. 交错

5. 用齿轮卡尺测量蜗杆的法向齿厚时，应把齿高卡尺的度数调整到(　　)尺寸。

A. 齿根高　　B. 全齿高　　C. 齿厚　　D. 齿顶高

6. 用厚度较厚的螺纹样板测具有纵向前角的车刀的刀尖角时，样板应(　　)放置。

A. 水平　　B. 平行于车刀切削刀

C. 平行于工件轴线　　　　　　　　D. 平行于车刀底平面

7. 砂轮的硬度是指磨粒的(　　)。

A. 粗细程度　　　　　　　　　　　B. 硬度

C. 综合力学性能　　　　　　　　　D. 脱落的难易程度

8. 车多线螺纹时，应按(　　)来计算挂轮。

A. 螺距　　　　B. 导程　　　　C. 升角　　　　D. 线数

二、判断题

1. 蜗杆刀具材料主要是高锰钢。(　　)

2. 用轴向分线法车蜗杆时，在车好一条螺旋槽之后，应把车刀沿蜗杆轴线方向移动一个导程，再车第二条槽。(　　)

3. 刀具的 K_r 和 K_r' 较小时，工件表面粗糙度小。(　　)

项目 3

轴类零件的加工

项目导航

轴是机械产品中的重要零件之一，一般由圆柱面、台阶、端面和沟槽构成。按照轴的轴线形状不同，轴可以分为曲轴和直轴两大类。直轴按其外形不同，分为光轴和阶台轴两种。轴类零件是机械产品中最常见、应用最广泛的零件。本项目主要介绍轴类零件(阶台轴)的手动进给和机动进给两种车削加工工艺方法、工件及刀具的安装、车削用量的选择及常用量具的使用。

学习要点

(1)切削用量三要素的含义。

(2)车削阶台轴安全文明生产注意事项。

(3)轴类工件的车削方法及加工工艺。

(4)游标卡尺、千分尺的使用及读数方法。

任务 1 手动进给车削阶台轴

任务目标

(1)掌握车削中切削用量的基本知识，并能正确选择切削用量。

(2)掌握简单阶台轴的加工工艺，并能独立完成手动进给加工。

(3)使用游标卡尺测量阶台轴的尺寸。

学习活动

一、 车削运动和切削用量的基本概念

1. 车削运动

车削工件时，必须使工件和刀具做相对运动。根据运动的性质和作用，车削运动主要分为工件的旋转运动(主运动)和车刀的直线(或曲线)运动(进给运动)。

(1)主运动：直接切除工件上的切削层，并使之变成切屑以形成工件新表面的运动称为主运动。例如，车削时工件的旋转运动就是主运动。

(2)进给运动：使工件上多余材料不断被去除的运动称为进给运动。依车刀切除金属层时移动的方向不同，进给运动又可分为纵向进给运动和横向进给运动。例如，车外圆时车刀的运动是纵向进给运动，车端面、切断、车槽时车刀的运动是横向进给运动。

2. 车削时工件上形成的表面

(1)已加工表面：已切除多余金属层而形成的新表面。

(2)过渡表面：车刀切削刃在工件上形成的表面。它将在工件的下一转里被切除。

(3)待加工表面：工件上有待切除多余金属层的表面。它可能是毛坯表面或加工过的表面。

车削时的切削运动和工件上形成的表面，如图 3-1-1 所示。

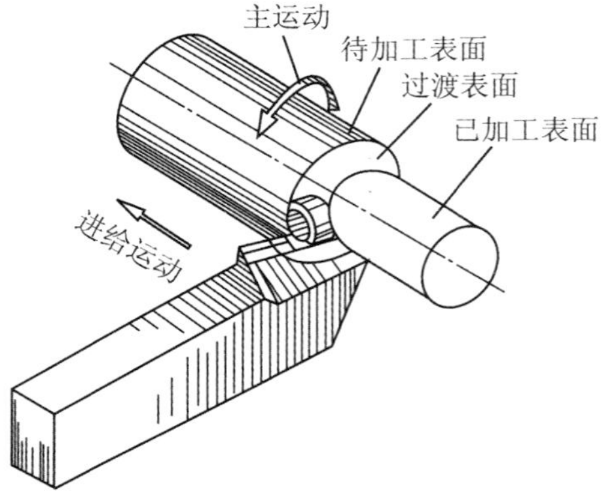

图 3-1-1 车削运动和工件上形成的表面

3. 切削用量的基本概念及计算

切削用量是度量主运动及进给运动大小的参数，包括切削深度、进给量和切削速度。

(1)切削深度 a_p：工件上已加工表面和待加工表面之间的垂直距离(图 3-1-2)，也就是每次进给时车刀切入工件的深度(单位：mm)。

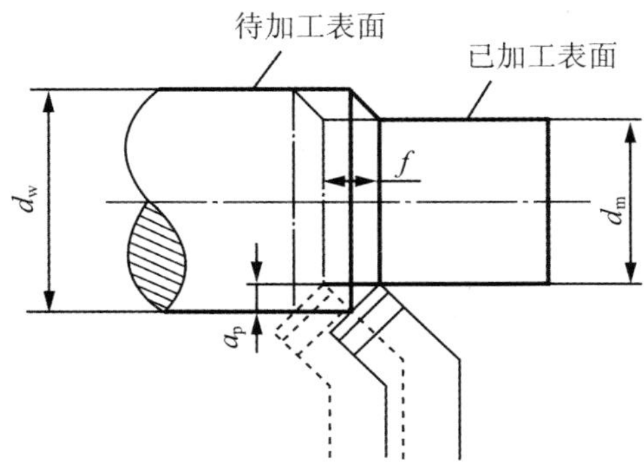

图 3-1-2　切削深度和进给量

车外圆时切削深度可按下式计算：

$$a_p=\frac{d_w-d_m}{2}。$$

式中，a_p——切削深度，mm；

d_w——待加工表面直径；

d_m——已加工表面直径。

(2)进给量 f：工件每转一周，车刀沿进给方向移动的距离(图 3-1-2)。它是衡量进给运动大小的参数(单位：mm/r)。

进给量又分纵进给量和横进给量两种。

纵进给量：沿车床床身导轨方向的进给量。

横进给量：垂直于车床床身导轨方向的进给量。

(3)切削速度 V_c：在进行切削加工时，刀具切削刃上的某一点相对于待加工表面在主运动方向上的瞬时速度，它是衡量主运动大小的参数，其单位为 m/min。切削速度还可理解为车刀在 1 min 内车削工件表面的理论展开直线长度(假设切屑没有变形或收缩)。

切削速度的计算公式为

$$V_c = \frac{\pi d n}{1000}。$$

式中，V_c——切削速度，m/min；

d——工件待加工表面直径，mm；

n——车床主轴转速，r/min。

二、粗、精车的概念

车削工件，一般分为粗车和精车。

1. 粗车

在车床动力条件允许的情况下，通常采用进刀深、进给量大、低转速的做法，以合理的时间尽快地把工件的余量去掉。粗车对切削表面没有严格的要求，不要求工件达到图样要求的尺寸精度和表面粗糙度，只需留出一定的精车余量即可。由于粗车切削力较大，工件必须装夹牢靠。另外，粗车可以及时地发现毛坯材料内部的缺陷，如夹渣、砂眼、裂纹等，也能消除毛坯工件内部残存的应力和防止热变形。

2. 精车

精车是车削的末道工序，为了使工件达到图样或工艺上规定的尺寸精度、形位精度和表面粗糙度。操作者在精车时，通常把车刀修磨得锋利些，车床的转速高一些，进给量选得小一些。

三、工件装夹找正

找正工件就是将工件安装在卡盘上，使工件的中心与车床主轴的旋转中心取得一致，这一过程称为找正工件。常用的方法有以下三种。

1. 目测法

工件夹在卡盘上使工件旋转，观察工件跳动情况，找出最高点，用重物敲击最高点，再旋转工件，观察工件跳动情况，再敲击最高点，直至工件找正为止。最后把工件夹紧，其基本程序如下：工件旋转—观察工件跳动，找出最高点—找正—夹紧。一般要求最高点和最低点之间的距离以 1～2 mm 为宜。

2. 使用划针盘找正

车削余量较小的工件可以利用划针盘找正(图 3-1-3)。方法如下：找正工件外圆时，先使划针尖靠近工件外圆表面，用手转动卡盘，观察工件表面与划针尖之间的间隙大小，然后根据间隙大小，调整相对卡爪的位置，其调整量为间隙值的$\frac{1}{2}$[图 3-1-3(a)]。找正工件平面时，先使划针尖靠近工件平面边缘处，用手转动卡盘观察划针与工件表面之间的间隙。调整时可用铜锤或铜棒敲正，调整量等于间隙差值[图 3-1-3(b)]。

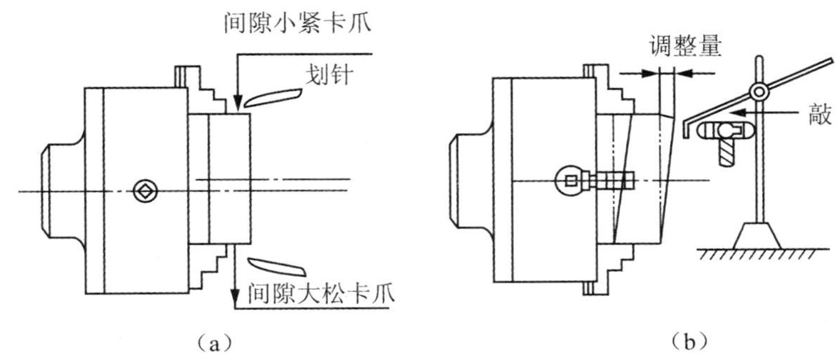

图 3-1-3　找正工件示意图

3. 开车找正法

在刀台上装夹一个刀杆(或硬木块)，将工件装夹在卡盘上(不可用力夹紧)。开车使工件旋转，刀杆向工件靠近，直至把工件靠正，然后夹紧。此方法较为简单、快捷，但必须注意工件夹紧程度，不可太紧也不可太松。

四、 刻度盘的计算和应用

在车削工件时，为了正确和迅速地掌握进刀深度，通常利用中滑板或小滑板上的刻度盘进行操作。

中滑板的刻度盘装在横向进给的丝杠上，当摇动横向进给丝杠转一圈时，刻度盘也转了一周，这时固定在中滑板上的螺母就带动中滑板车刀移动一个导程。如果横向进给丝杠导程为 5 mm，刻度盘分 100 格，当摇动进给丝杠转动一周时，中滑板就移动 5 mm，当刻度盘转过一格时，中滑板移动量为 5 mm÷100＝0.05 mm。

小滑板的刻度盘可以用来控制车刀短距离的纵向移动，其刻线原理与中滑板的刻度盘相同。

转动中滑板丝杠时，由于丝杠与螺母之间的配合存在间隙，滑板会产生空行程

（丝杠带动刻度盘已转动，而滑板并未立即移动）。所以使用刻度盘时要反向转动适当角度，消除配合间隙，然后再慢慢转动刻度盘到所需的格数，如图 3-1-4(a)所示；如果多转动了几格，绝不能简单地退回，如图 3-1-4(b)所示，而必须向相反方向退回全部空行程，再转到所需要的刻度位置，如图 3-1-4(c)所示。

由于工件是旋转的，用中滑板刻度盘指示的切削深度，实现横向进刀后，直径上被切除的金属层是切削深度的 2 倍。因此，当已知工件外圆还剩余加工余量时，中滑板刻度控制的切削深度不能超过此时加工余量的 $\frac{1}{2}$；而小滑板刻度盘的刻度值，则直接表示工件长度方向的切除量。

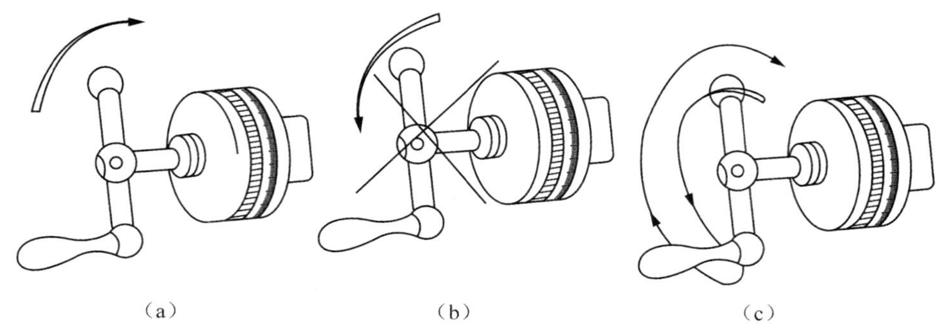

图 **3-1-4**　消除刻度盘空行程的方法

五、 游标卡尺

1. 游标卡尺的结构

游标卡尺是一种应用最多的通用量具，可直接测量工件的外径、内径、长度、宽度和深度等尺寸。按用途不同，游标卡尺可分为普通游标卡尺、游标深度尺、游标高度尺等几种。游标卡尺常用的测量精度有 0.02 mm 或 0.05 mm 两个等级，测量范围有 0～150 mm，0～200 mm，0～300 mm 等。图 3-1-5 为一普通游标卡尺，主要由尺身和游标组成。

2. 游标卡尺的刻线原理

游标卡尺的读数精度是利用尺身和游标刻线间距离之差来确定的。如图 3-1-6 所示为 0.02 mm 精度游标卡尺，尺身每一小格为 1 mm，游标刻线总长为 49 mm 并等分为 50 格，因此每格为 49 mm/50＝0.98 mm，则尺身和游标相对一格之差为 1 mm－0.98 mm＝0.02 mm，所以它的测量精度为 0.02 mm。

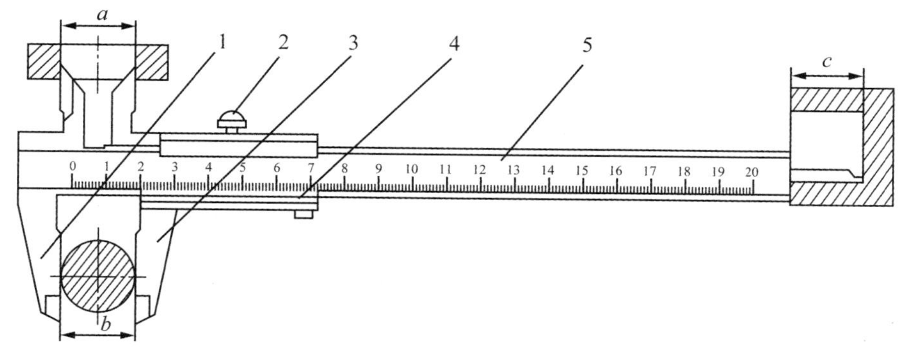

图 3-1-5　游标卡尺

1—固定量爪；2—紧定螺钉；3—活动量爪；4—游标；5—尺身

a—测量内尺寸；b—测量外表面尺寸；c—测量深度尺寸

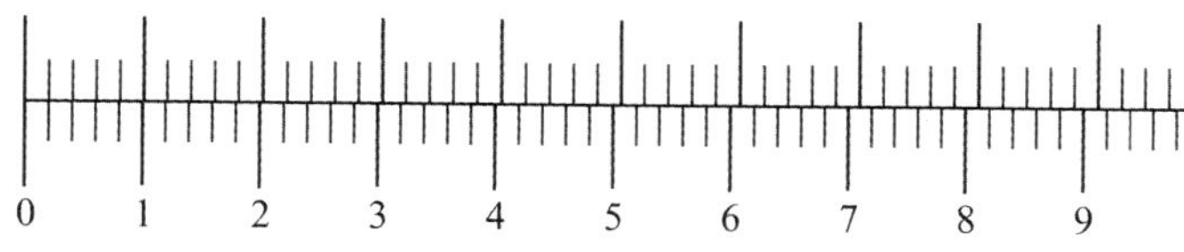

图 3-1-6　0.02 mm 游标卡尺的刻线原理

3. 游标卡尺的读数方法

读数前应明确所用游标卡尺的测量精度。读数时，先读出游标零线左边在尺身上的整数毫米值；接着在游标尺上找到与尺身刻线对齐的刻线，在游标的刻度尺上读出小数毫米值；然后再将上面两项读数加起来，即为被测表面的实际尺寸。如图 3-1-7 所示，游标卡尺的读数值为 23＋0.24＝23.24(mm)。

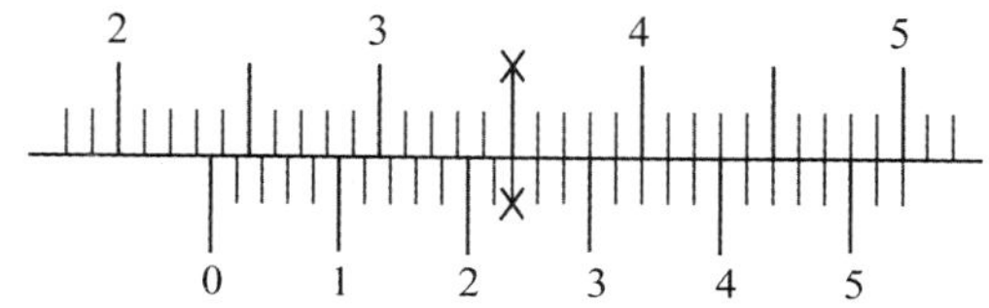

图 3-1-7　0.02 mm 游标卡尺的读数方法

实践操作

本任务主要学习简单阶台轴的手动进给加工方法。在加工过程中要掌握装夹工件、装夹刀具的基本知识。掌握游标卡尺的使用方法，利用游标卡尺准确测量阶台轴的各个尺寸。对加工完的工件能检测其质量是否符合标准。

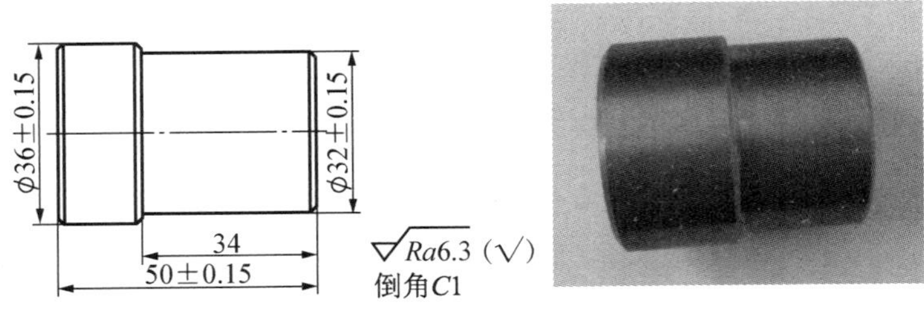

图 3-1-8　手动进给车阶台轴

一、 工艺分析

1. 零件结构分析

要车削的阶台轴由两个圆柱组成，大端圆柱的直径为 φ36 mm±0.15 mm，小端圆柱的直径为 φ32 mm±0.15 mm、长为 34 mm，工件全长为 50 mm±0.15 mm，选用毛坯尺寸为 φ40 mm×52 mm，材料为 45 钢。采用手动进给的方法车削加工。

2. 刀具分析

(1)90°硬质合金车刀，用于车削外圆及阶台。

(2)45°硬质合金车刀，用于车削端面和倒角。

3. 加工步骤

手动进给车削阶台轴的加工步骤见表 3-1-1。

表 3-1-1　手动进给车削阶台轴的加工步骤

序号	工艺名称	工艺内容
1	装夹找正	用三爪自定心卡盘夹住工件外圆长 15 mm 左右，并找正夹紧
2	对刀	将 45°，90°外圆车刀装于刀架上，并对准工件中心。利用后顶尖对刀方法装刀，试车后端面没有小凸台，证明刀具装夹合格
3	车端面	开动车床，匀速摇动中滑板手柄横向进给车平面

续表

序号	工艺名称	工艺内容
4	粗、精车外圆	用 90°车刀粗、精车 ϕ36 mm±0.15 mm 外圆，保证尺寸精度，长度 20 mm 左右
5	倒角	用 45°车刀倒角，长度尺寸为 1 mm
6	掉头装夹	掉头夹住 ϕ36 mm 处，夹持长度约为 14 mm，并找正工件
7	车平面	粗、精车平面，控制总长 50 mm±0.15 mm 至尺寸要求
8	粗车外圆	粗车外圆尺寸至 ϕ33 mm，粗车 ϕ32 mm±0.15 mm 阶台长度至 33.5 mm
9	精车外圆	精车外圆尺寸至 ϕ32 mm±0.15 mm，同时保证 ϕ32 mm±0.15 mm 处长度尺寸为 34 mm
10	倒角	用 45°车刀倒角，长度尺寸为 1 mm
11	检查	检查尺寸合格，卸下工件

二、安装工件

将毛坯放入卡盘内 15 mm 左右，目测找正，用卡盘扳手拧紧卡盘，夹紧工件。如图 3-1-9 所示。

图 **3-1-9**　装夹工件

三、安装车刀

车刀安装正确与否，直接影响车削的顺利进行和工件的加工质量。

(1)将车削加工用的车刀装夹在方刀架上。车刀刀尖应与工件中心等高，车刀刀尖高于工件轴线会使车刀的实际后角减小，车刀后面与工件之间摩擦增大。车刀刀尖低于工件轴线会使车刀的实际前角减小，切削阻力增大。刀尖不对中心，在车至端面中心时会留有凸头。使用硬质合金车刀时，若忽视此点，车到中心处会使刀尖崩碎，如图 3-1-10 所示。

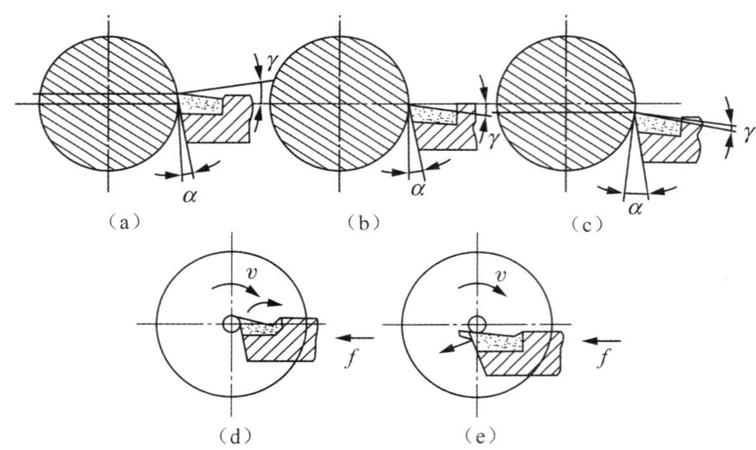

图 3-1-10 车刀刀尖与工件中心的位置

(2)为使车刀刀尖对准工件中心，通常采用下列几种方法。

①根据车床的主轴中心高，用钢直尺测量装刀(图 3-1-11)。

②根据车床尾座顶尖的高低装刀(图 3-1-13)。

③将车刀靠近工件端面，目测估计车刀的高低，然后夹紧车刀，试车端面，再根据端面的中心来调整车刀(图 3-1-12)。

图 3-1-11 钢直尺测量中心高

图 3-1-12 利用工件端面对刀

图 3-1-13　利用后顶尖对刀

四、 手动进给车阶台轴

扫一扫

1. 车平面

开动车床使工件旋转，移动小滑板或床鞍控制吃刀量，然后锁紧床鞍，摇动中滑板丝杠进给，由工件外向中心或由工件中心向外车削，如图 3-1-14 所示。

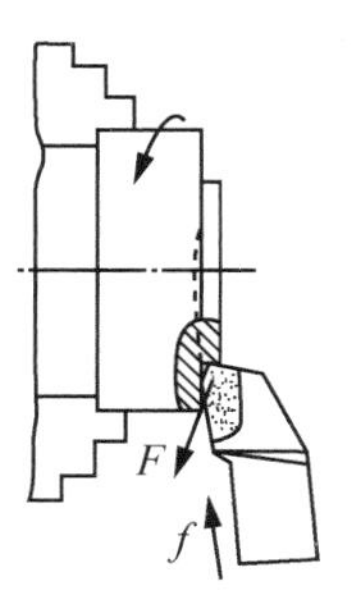

（a）由外端向中心车削

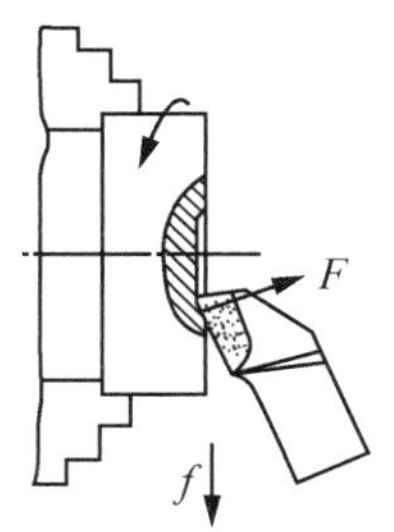

（b）由中心向外车削

图 3-1-14　横向移动车平面图

2. 车外圆

移动床鞍至工件右端，用中滑板控制吃刀量，摇动小滑板丝杠或床鞍做纵向移动车外圆，如图 3-1-15 所示。一次进给车削完毕，横向退出车刀，再纵向移动刀架滑板或床鞍至工件右端进行第二、第三次进给车削，直至符合图样要求为止。

(1)准备。根据图样检查工件的加工余量，做到车削前心中有数，大致确定纵向进给的次数。

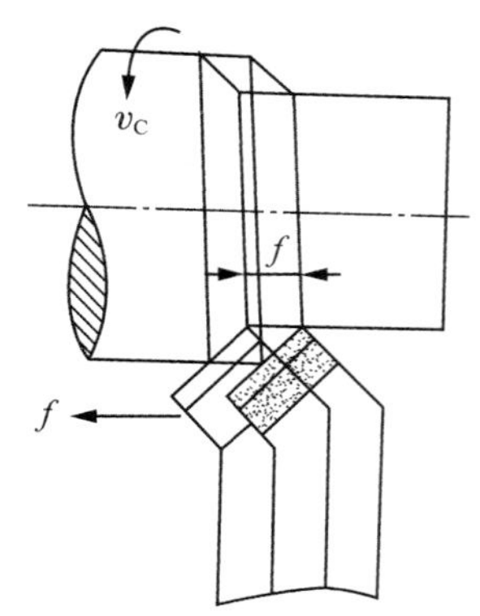

图 3-1-15 纵向移动车外圆

(2)对刀。启动车床使工件旋转。左手摇动床鞍手轮，右手摇动中滑板手柄，使车刀刀尖靠近并轻轻地接触工件待加工表面，依次作为确定切削深度的零点位置。反向摇动床鞍手轮(此时中滑板手柄不动)，使车刀向右离开工件 3～5 mm。

(3)进刀。摇动中滑板手柄，使车刀横向进给，其进给量为切削深度。

(4)试切削。车刀进刀后做纵向移动 2 mm 左右时，纵向快退，停车测量。若尺寸符合要求，就可继续切削；若尺寸还大，可加大切削深度；若尺寸过小，则应减小切削深度。

(5)正常切削。通过试切调节好切削深度便可正常车削。手动纵向进给，当车削到所需部位时，退出车刀，停车测量。如此多次进给，直到被加工表面达到图样要求为止。

3. 倒角

当平面、外圆车削完毕，移动刀架，使车刀的刀刃与工件外圆成 45°夹角(45°外圆刀已和外圆成 45°夹角)，再移动床鞍至工件外圆和平面相交处进行倒角。所谓 1×45°是指倒角在外圆上的轴向长度为 1 mm。

手动进给车阶台轴的方法与车削外圆基本相同，生产中常用试切试测法控制外圆尺寸，用刻线法[图 3-1-16(a)]、挡铁或用床鞍纵向进给刻度盘控制阶台长度[图 3-1-16(b)]。

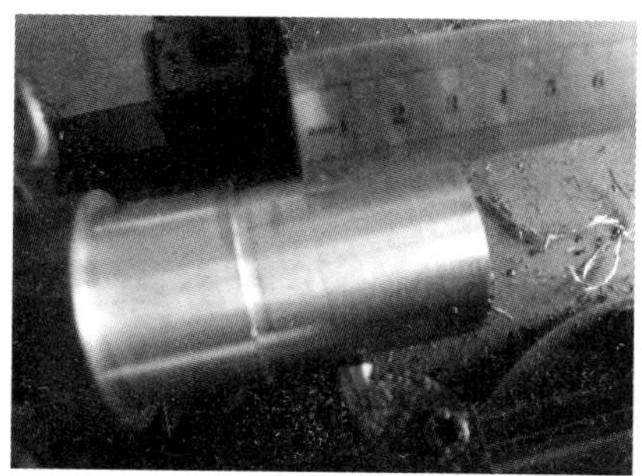

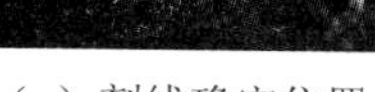

（a）刻线确定位置

（b）床鞍刻度盘控制

图 3-1-16　控制阶台长度的方法

任务评价

评分标准及检测记录见表 3-1-2。

表 3-1-2　评分标准及检测记录

序号	技术要求	配分	评分标准	检测手段	检测结果	扣分	得分
1	工件安装	4 分	安装规范得分，错误全扣	现场确认			
2	车刀安装	4 分	安装规范得分，错误全扣	现场确认			
3	游标卡尺的使用	10 分	使用规范得分，错误全扣	现场确认			
4	ϕ36 mm±0.15 mm	10 分	超差无分	游标卡尺			
5	ϕ32 mm±0.15 mm	10 分	超差无分	游标卡尺			
6	34 mm	8 分	超差无分	游标卡尺			
7	50 mm±0.1 mm	10 分	超差无分	游标卡尺			
8	*Ra*6.3 mm(4 处)	10 分	超差一处扣 2.5 分	样板目测			
9	1×45°(3 处)	9 分	超差一处扣 3 分	目测			
10	编制加工工艺	25 分	根据实际情况酌情减分				
11	正确使用设备工具、夹具、量具	扣	每违反一次规定扣 5 分，发生重大事故者，查找原因，接受处罚				
12	合计						
60 min		监考人					

巩固训练

读图 3-1-17，写出加工步骤，并手动进给车削完成，用游标卡尺测量实际尺寸。选用毛坯尺寸为 ϕ35 mm×52 mm，材料为 45 钢。加工时间为 30 min。

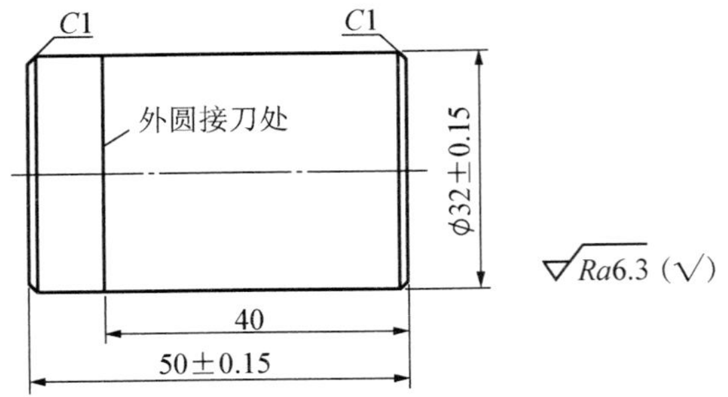

图 3-1-17　手动进给接刀车外圆

拓展训练

一、选择题

1. 加工台阶轴，车刀的主偏角应选(　　)。

A. 45°　　B. 60°　　C. 75°　　D. 大于或等于 90°

2. 钢件精加工车削一般用(　　)。

A. 乳化液　　B. 极压切削液　　C. 切削油

3. 对不易掉头装夹、车削的细长轴，可安装跟刀架或中心架进行车削，以增加工件的(　　)，抵消工件的切削力，减小工件变形。

A. 强度　　B. 硬度　　C. 刚度　　D. 韧性

4. 切削进给量增大，切屑(　　)。

A. 变形变小，切屑容易　　B. 变形增大，切屑容易

C. 变形变小，切屑不易　　D. 变形增大，切屑不易

5. 为了降低加工时的切削温度，零件粗加工时不宜选择(　　)。

A. 较大的背吃刀量　　B. 较大的进给量

C. 较高的切削速度　　D. 冷却润滑液

6. 切削平面是通过切削刃选定点与切削刃相切并垂直(　　)的平面。

A. 基面　　B. 正交平面　　C. 辅助平面　　D. 主剖面

7. 轴类零件加工顺序安排时应按照(　　)的原则。

A. 先精车后粗车　B. 基准后行　C. 基准先行　D. 先内后外

8. 切削时切削液可以冲去细小的切屑，可以防止加工表面(　　)。

A. 变形　B. 擦伤　C. 产生裂纹　D. 加工困难

9. 以下不符合安全生产一般常识的是(　　)。

A. 工具应放在专门地点　B. 不擅自使用不熟悉的车床和工具

C. 夹具放在工作台上　D. 按规定穿戴好防护用品

10. 主轴零件图中长度方向以(　　)为主要尺寸的标注基准。

A. 轴肩处　B. 台阶面　C. 轮廓线　D. 轴两端面

二、判断题

1. 粗车时，选择切削用量的顺序是切削速度、进给量、背吃刀量。(　　)

2. 实际尺寸越接近基本尺寸，表明加工越精确。(　　)

3. 图样中没有标注形位公差的加工面，表示该加工面无形状、位置公差要求。(　　)

4. 平行度、对称度同属于位置公差。(　　)

5. 车削加工钢质阶梯轴，若台阶直径相差很大时，宜选用锻件。(　　)

6. 测量高精度轴向尺寸时，注意将工件两端面擦净。(　　)

7. 高速切削要用活动顶尖支顶时，尾座套筒伸出长度一般不超过全长的1/2。(　　)

8. 游标卡尺的测量精度是0.01 mm。(　　)

9. 对于$\frac{L}{D}<4$的短轴类零件，采用三爪卡盘以工件或毛坯的外圆定位可限制工件的三个自由度。(　　)

10. 车床上用硬质合金车刀粗车时进给量一般取0.2～0.4 mm/r。(　　)

任务 2 机动进给车削阶台轴

任务目标

(1)掌握机动进给车削时切削用量的正确选择。

(2)掌握阶台轴的加工工艺制定，并能完成机动进给加工阶台轴。

(3)熟练使用游标卡尺、千分尺测量阶台轴的尺寸，控制加工质量。

学习活动

一、千分尺

千分尺是生产中最常用的精密量具之一，它的测量精度为 0.01 mm。

千分尺的种类很多，按用途可分为外径千分尺、内径千分尺、深度千分尺、内测千分尺、螺纹千分尺和壁厚千分尺等。

由于测微螺杆的长度受到制造上的限制，其移动量通常为 25 mm，所以常用的千分尺测量范围分别为 0～25 mm，25～50 mm，50～75 mm，75～100 mm 等，每隔 25 mm 为一挡规格。

1. 千分尺的结构形状

外径千分尺的外形和结构如图 3-2-1 所示。

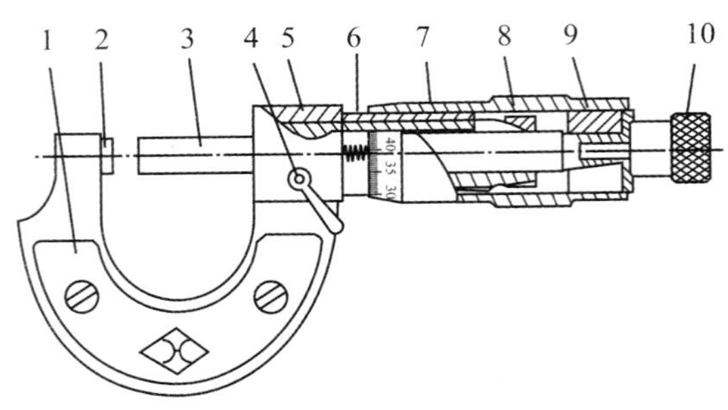

图 3-2-1 外径千分尺

1—尺架；2—砧座；3—测微螺杆；4—锁紧装置；5—螺纹轴套；6—固定套筒；7—微分筒；8—螺母；9—接头；10—棘轮

2. 千分尺的工作原理

千分尺测微螺杆的螺距为 0.5 mm，固定套筒上刻线距离，每格为 0.5 mm(分上下刻线)，当微分筒转一周时，测微螺杆就移动 0.5 mm，微分筒上的圆周上共刻 50 格，因此当微分筒转一格时($\frac{1}{50}$转)，测微螺杆移动$\frac{0.5\ \text{mm}}{50}=0.01\ \text{mm}$，所以常用的千分尺的测量精度为 0.01 mm。

3. 千分尺的读数方法

(1)先读出固定套筒上露出的刻线整数及半毫米值。

(2)找出微分筒上哪条刻线与固定套筒上的轴向基准线对准，读出尺寸的毫米小数值。

(3)把固定套筒上读出的毫米整数值与微分筒上读出的毫米小数值相加，即为测得的实际尺寸，如图 3-2-2 所示。

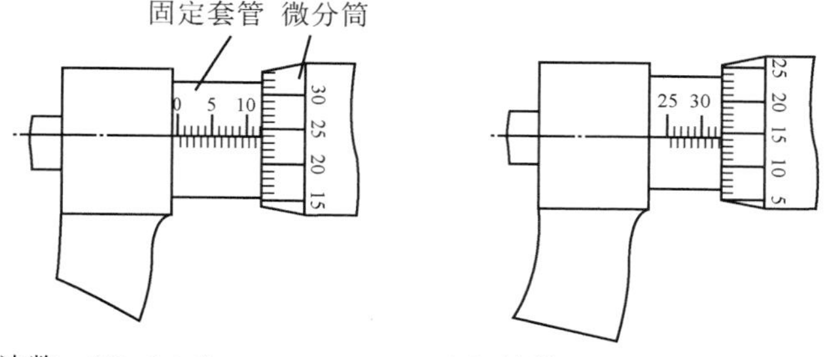

(a) 读数=(12+0.24)mm=12.24 mm　(b) 读数=(32.5+0.15)mm=32.65 mm

图 3-2-2　千分尺的刻线原理与读数方法

实践操作

由于手动进给车削工件时，进给不均匀，表面粗糙度值高，劳动强度大且效率低，因此实际工作中多采用机动进给车削。本任务采用机动进给车削阶台轴，如图 3-2-3 所示，主要学习阶台轴的机动进给车削方法，并且学会熟练使用千分尺测量工件尺寸，能解决在加工过程中出现的一些技术问题，对加工完的工件能够通过检测确定其质量。

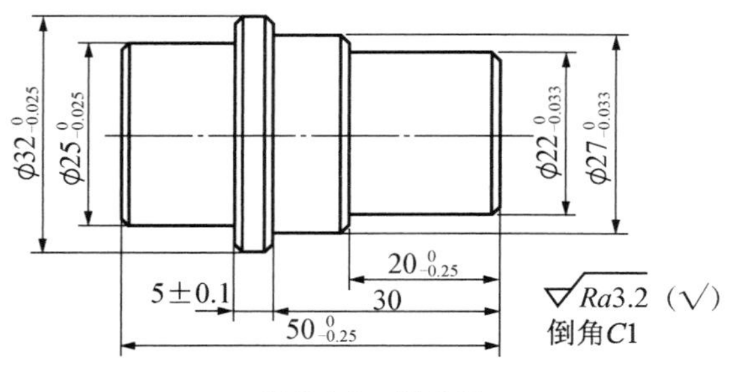

图 3-2-3　阶台轴

图 3-2-4　车削后的阶台轴

一、 工艺分析

1. 零件结构分析

要车削的阶台轴由四个圆柱组成，直径不相等且均有公差要求，长度尺寸三个有公差要求，表面粗糙度为 Ra3.2 μm，倒角为 1×45°，选用毛坯尺寸为 ϕ35 mm×52 mm，材料为 45 钢。采用机动进给的方法车削加工，需掉头装夹一次才能完成车削加工。图 3-2-4 为已经车削好的阶台轴。

2. 刀具分析

(1)90°硬质合金车刀，用于车削外圆及阶台。

(2)45°硬质合金车刀，用于车削端面和倒角。

3. 加工步骤

机动进给车削阶台轴的加工步骤见表 3-2-1。

表 3-2-1　机动进给加工阶台轴的加工步骤

序号	工艺名称	工艺内容
1	装夹找正	用三爪自定心卡盘夹住工件外圆长 15 mm 左右，并找正夹紧
2	对刀	装 45°，90°外圆车刀和切断刀，利用试车端面方法判断刀具中心是否与主轴等高，试车后端面没有小凸台，证明刀具装夹合格，但切断刀要稍高些
3	车端面	用 45°车刀车端面达到表面粗糙度 Ra3.2 μm

续表

序号	工艺名称	工艺内容
4	粗车外圆	用 90°车刀分别粗车外圆，尺寸分别为 $\phi33$ mm，$\phi28$ mm，$\phi23$ mm，长度尺寸分别为 35 mm，29 mm，19 mm
5	精车外圆	用 90°车刀分别精车外圆，尺寸分别为 $\phi32_{-0.025}^{0}$ mm，$\phi27_{-0.033}^{0}$ mm，$\phi22_{-0.033}^{0}$ mm，长度尺寸分别为 5 mm，30 mm，$20_{-0.25}^{0}$ mm
6	掉头装夹	掉头夹住 $\phi27$ mm(垫铜皮)处，并找正工件
7	车平面	粗、精车平面，控制总长 $50_{-0.25}^{0}$ mm 至尺寸要求
8	粗车外圆	粗车外圆尺寸至 $\phi26$ mm，同时保证 $\phi32_{-0.025}^{0}$ mm 处长度尺寸为 6 mm
9	精车外圆	精车外圆尺寸至 $\phi25_{-0.025}^{0}$ mm，同时保证 $\phi32_{-0.025}^{0}$ mm 处长度尺寸为 5 mm±0.1 mm
10	倒角	用 45°车刀倒角，长度尺寸为 1 mm
11	检查	检查尺寸合格，卸下工件

扫一扫

二、 机动进给车阶台轴操作过程

机动进给相比手动进给有很多优点，如操作省力，进给均匀，加工后工件表面粗糙度值低等。但机动进给是机械传动，操作者对车床手柄位置必须相当熟悉，否则在紧急情况下容易损坏工件或车床。使用机动进给的过程如下。

1. 纵向车外圆过程

启动车床工件旋转→试切削→机动进给→纵向车外圆→车至接近需要长度时停止进给→改用手动进给→车至长度尺寸→退刀→停车。

2. 横向车平面过程

启动车床工件旋转→试切削→机动进给→横向车平面→车至接近工件中心时停止进给→改用手动进给→车至工件中心→退刀→停车。

三、 注意事项

(1)装夹工件时，要用加力套管用力夹紧，夹紧后卡盘扳手要随手取下。

(2)装刀时，车刀刀尖一定要对准工件中心。夹紧时不需要用加力套管，只需用紧刀扳手夹紧即可。

(3)机动车削阶台轴时，车刀快到阶台时，要提前停下自动进给，手动进行清根。

(4)为保证加工的尺寸精度，加工工件时一定要采用试切试测的车削方法。

(5)在加工结束时要牢记先退刀后停车。

(6)在加工过程中，要变换主轴箱转速时，切记要先停车后变换主轴箱手柄位置。

任务评价

评分标准及检测记录见表 3-2-2。

表 3-2-2 阶台轴车削技能评分标准及检测记录

序号	技术要求	配分	评分标准	检测手段	检测结果	扣分	得分
1	千分尺的使用	4 分	使用规范得分，错误全扣	现场确认			
2	游标卡尺的使用	4 分	使用规范得分，错误全扣	现场确认			
3	$\phi 25_{-0.025}^{0}$ mm	8 分	超差无分	千分尺			
4	$\phi 32_{-0.025}^{0}$ mm	8 分	超差无分	千分尺			
5	$\phi 22_{-0.033}^{0}$ mm	8 分	超差无分	千分尺			
6	$\phi 27_{-0.033}^{0}$ mm	8 分	超差无分	千分尺			
7	$50_{-0.25}^{0}$ mm	8 分	超差无分	千分尺			
8	30 mm	5 分	超差无分	游标卡尺			
9	$20_{-0.25}^{0}$ mm	8 分	超差无分	千分尺			
10	5 mm±0.1 mm	8 分	超差无分	游标卡尺			
11	*Ra*3.2 mm(6 处)	6 分	超差一处扣 1 分	样板目测			
12	1×45°	5 分	超差一处扣 1 分	目测			
13	编制加工工艺	20 分	根据实际情况酌情减分				
14	正确使用设备工具、夹具、量具	扣	每违反一次规定扣 5 分，发生重大事故者，查找原因，接受处罚				
15	合计						
60 min		监考人					

巩固训练

识读图3-2-5，写出加工步骤，并机动进给车削完成，用游标卡尺、千分尺测量实际尺寸。选用毛坯尺寸为 ϕ40 mm×72 mm，材料为45钢。加工时间为40 min。

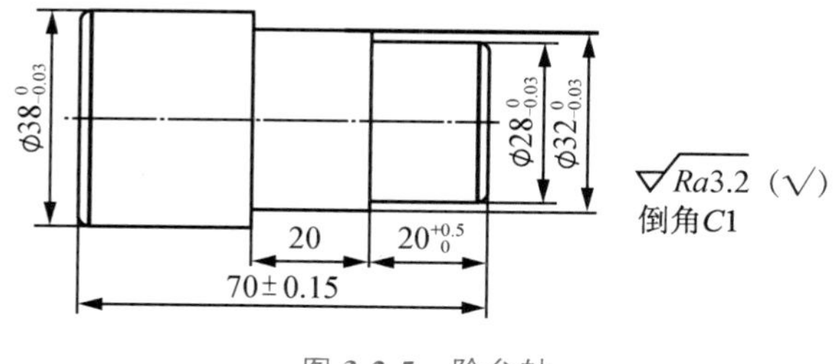

图 3-2-5 阶台轴

拓展训练

一、选择题

1. 千分尺微分筒转动一周，测微螺杆移动(　　)mm。

A. 0.1　　B. 0.01　　C. 1　　D. 0.5

2. 以下关于转换开关叙述不正确的是(　　)。

A. 倒顺开关常用于电源的引入开关　　B. 倒顺开关手柄有倒顺停3个位置

C. 组合开关结构较为紧凑　　D. 组合开关常用于车床控制线路中

3. 以下不符合安全生产一般常识的是(　　)。

A. 工具应放在专门地点　　B. 不擅自使用不熟悉的车床和工具

C. 夹具放在工作台上　　D. 按规定穿戴好防护用品

4. 夹紧要牢固、可靠，并保证工件在加工中(　　)不变。

A. 尺寸　　B. 定位　　C. 位置　　D. 间隙

5. 刀具材料应具有足够的(　　)，以抵抗切削时的冲击力。

A. 耐热性、硬度　　B. 强度、耐热性

C. 强度、韧性　　D. 硬度、耐磨性

6. 进给运动是将主轴箱的运动经交换(　　)箱，再经过进给箱变速后由丝杠和光杠驱动溜板箱、床鞍、滑板、刀架，以实现车刀的进给运动。

A. 齿轮　　B. 进给　　C. 走刀　　D. 挂轮

7. 千分尺读数时(　　)。

A. 不能取下　　B. 必须取下

C. 最好不取下　　D. 先取下，再锁紧，然后读数

8. 两顶尖装夹的优点是安装时不用找正，(　　)精度较高。

A. 定位　　B. 加工　　C. 位移　　D. 回转

9. 在普通车床上以400 r/min的速度车一直径为40 mm、长为400 mm的轴，此时采用f=0.5 mm/r，a_p=4 mm，车刀主偏角45°，车一刀需(　　)min。

A. 2　　B. 2.02　　C. 2.04　　D. 1

10. 零件的加工精度包括(　　)。

A. 尺寸精度、几何形状精度和相互位置精度

B. 尺寸精度

C. 尺寸精度、形位精度和表面粗糙度

D. 几何形状精度和相互位置精度

二、判断题

1. 主轴的正转、反转是由变向机构控制的。(　　)

2. 使用死顶尖应在中心孔里加黄油。(　　)

3. 生产场地应有足够的照明，每台车床有适宜的局部照明。(　　)

4. 对于工件中间不需要加工的细长轴，可采用辅助套筒的方法安装中心架。(　　)

5. 车床的一级保养以操作工人为主，在维修工人的配合下进行。(　　)

6. CA6140型卧式车床摩擦离合器的接合与脱开是由手柄操作。(　　)

7. 加工脆性材料或硬度较高的材料时应选择较小的前角。(　　)

8. 中滑板丝杠与螺母间隙调整合适后，应把螺钉松开。(　　)

9. 车刀的角度中对切削力影响最大的因素是前角。(　　)

10. 千分尺测微螺杆的移动量一般为25 mm。(　　)

项目 4

套类零件的加工

项目导航

很多机器零件如齿轮、轴套、带轮等，不仅有外圆柱面，还有内圆柱面。这些带孔的套类零件，不管是通孔还是盲孔，都可以由普通车床车削完成。本项目将主要学习普通车床如何加工孔，如何测量孔的直径。

学习要点

(1)识别内孔车刀的种类以及内孔车刀的安装。

(2)掌握麻花钻钻孔知识。

(3)掌握镗孔合适的切削用量选择。

(4)学会内径百分表的使用及读数。

任务 1 车削通孔

任务目标

(1)能指出不同中心孔需要的中心钻的类型。

(2)能根据孔的尺寸选用合适的麻花钻。

(3)能根据孔的尺寸选用合适范围的内径百分表。

(4)通过图样能编制出合适的加工工艺。

学习活动

镗孔后的精度一般可达到 IT7～IT8，表面粗糙度可达 Ra1.6～3.2 μm，精车可达到 Ra0.8 μm。

一、 钻中心孔

1. 中心钻的种类

根据中心孔的形状分 A，B，C，R 型四种类型中心钻，如图 4-1-1 所示。

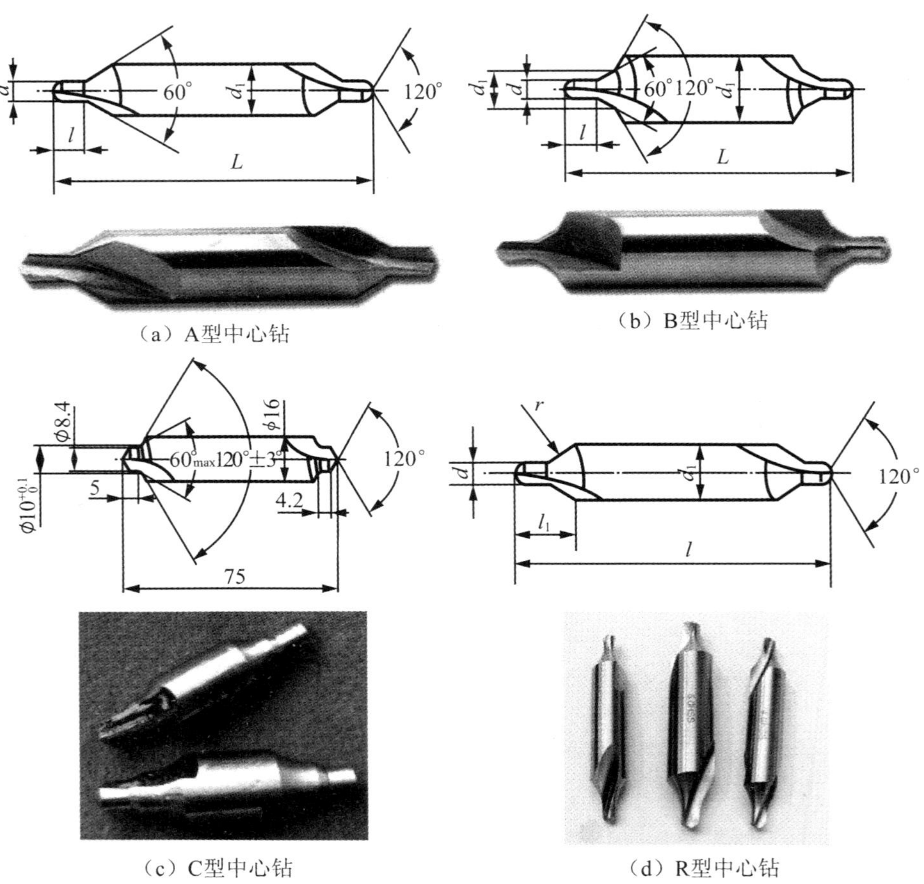

（a）A型中心钻　（b）B型中心钻

（c）C型中心钻　（d）R型中心钻

图 4-1-1　中心钻的种类

2. 中心孔的形状(图 4-1-2)

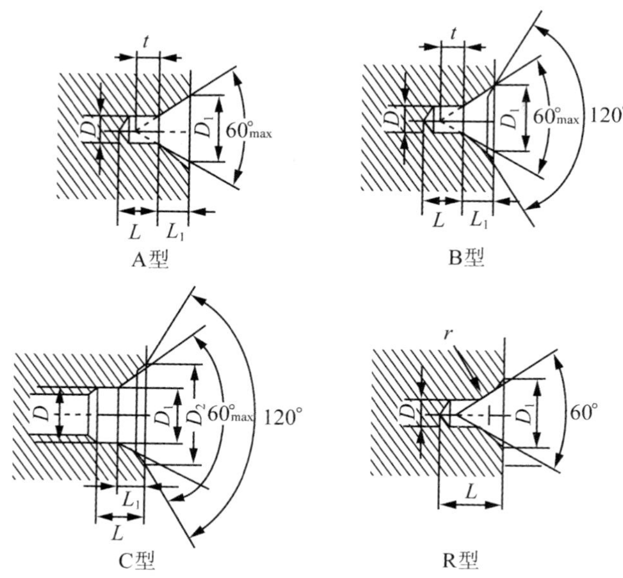

图 **4-1-2**　中心孔的形状

A 型中心孔由圆锥孔和圆柱孔两部分组成。圆锥孔的圆锥角一般为 60°，它与顶尖锥面配合，起定心作用并承受工件的重力和切削力。圆柱孔用来储存润滑油，并可防止顶尖头触及工件。A 型中心孔适用于精度要求不高的工件。

B 型中心钻是在 A 型中心孔的端部多一个 120°的圆锥孔，目的是保护 60°锥孔，不使其损伤，一般用于多次装夹的零件。

C 型中心钻是在 B 型中心孔里端有一个比圆柱孔还要小的内螺纹，它用于工件之间的紧固连接或将零件倒挂放置。

R 型中心钻是在 A 型中心孔的基础上，将圆锥母线改为圆弧形，减小中心孔和顶尖的接触面积，减小摩擦力，提高定位精度。

3. 中心钻的安装(图 4-1-3)

首先，根据加工需要选择合适的中心钻，根据车床尾座套筒锥度选择带莫氏锥柄的钻夹头。

其次，用钻夹头钥匙逆向旋转夹头外套，三爪张开，装中心钻于三爪之间，伸出长度为中心钻长度的$\frac{1}{3}$，然后用钻夹头钥匙顺时针方向转动钻夹头外套，三爪夹紧中心钻。

图 **4-1-3**　中心钻的安装

最后，擦净钻夹头柄部和尾座锥孔，沿尾座套筒轴线方向将钻夹头锥柄部分稍用力插入尾座套筒锥孔中(注意扁尾方向)。

4. 中心孔的钻削方法

(1)根据图样的要求选择不同种类和不同规格的中心钻。中心孔的深度一般要求，A 型中心孔可钻出 60°锥度的$\frac{1}{3}$～$\frac{2}{3}$，B 型中心孔必须要将 120°的保护锥钻出，但不能超过保护锥的长度。

(2)工件端面必须车平，不允许出现小凸头。尾座校正，以保证中心钻和轴线同轴，如图 4-1-4(a)所示。

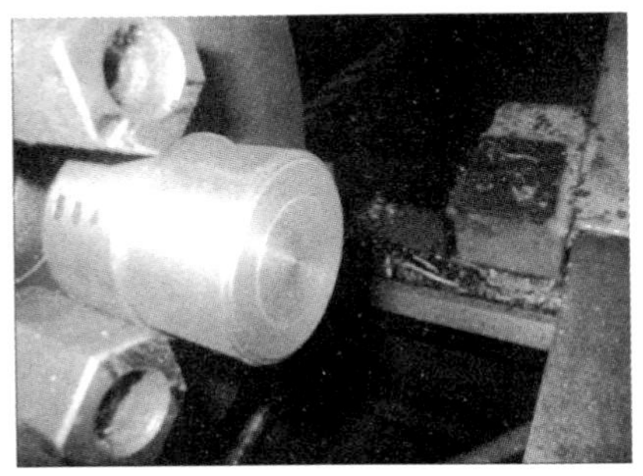

(a) 车平端面

(b) 钻中心孔

图 **4-1-4**　中心孔的钻削

(3)钻中心孔时，由于在工件轴心线上钻削，钻削线速度低，必须选用较高的转速，控制在 500～1000 r/min，进给量要小。

(4)中心钻起钻时，进给速度要慢，钻入工件时要加注切削液并及时退屑冷却，使钻削顺畅。钻毕时应停留中心钻在中心孔中 2～3 s，然后退出，使中心孔光、圆、准确，如图 4-1-4(b)所示。

二、 钻孔基本知识

用钻头在实体材料上加工孔的方法叫钻孔。钻孔属于粗加工，其尺寸精度一般可达 IT11～IT12，表面粗糙度为 $Ra\,12.5\sim25\ \mu m$。麻花钻是钻孔最常用的刀具，其钻头一般用高速钢制成。由于高速切削的发展，镶硬质合金的钻头也得到了广泛应用。

1. 钻孔时切削用量的选用

(1)切削深度(a_p)：钻孔时的切削深度是钻头直径的$\frac{1}{2}$，扩孔、铰孔时的切削深度为

$$a_p=\frac{D-d}{2}。$$

(2)切削速度(V_c)：钻孔时的切削速度是指麻花钻主切削刃外圆处的线速度，即

$$V_c=\frac{\pi Dn}{1000}。$$

式中，V_c——切削速度，m/min；

D——钻头的直径，mm；

n——主轴转速，r/min。

用高速钢麻花钻钻钢料时，切削速度一般选 $V_c=15\sim30$ m/min；钻铸铁时，$V_c=75\sim90$ m/min；扩孔时，切削速度可略高些。

(3)进给量(f)：在车床上钻孔时，工件转一周，钻头沿轴向移动的距离为进给量。在车床上是用手慢慢转动尾座手轮来实现进给运动的。进给量大会使钻头折断，用直径为 12～25 mm 的麻花钻钻钢料时，$f=0.15\sim0.35$ min/r；钻铸铁时，进给量略大些，$f=0.15\sim0.4$ mm/r。

2. 麻花钻的选用

对于精度要求不高的内孔，可用麻花钻直接钻出；对于精度要求较高的内孔，钻孔后还要经过车削或扩孔、铰孔才能完成。在选用麻花钻时应留下下道工序的加工余

量。选用麻花钻长度时，一般应使麻花钻螺旋槽部分略长于孔深。麻花钻过长则刚性差，麻花钻过短则排屑困难，也不易钻孔。

3. 麻花钻的安装

一般情况下，直柄麻花钻用钻夹头装夹，再将钻夹头的锥柄插入尾座锥孔中；锥柄麻花钻可直接或用莫氏过渡锥套插入尾座锥孔中，或用专用工具安装，如图 4-1-5 所示。

图 **4-1-5** 麻花钻的安装

4. 钻孔的步骤

(1)钻孔前先将工件端面车平，中心处不允许留有凸台，以利于钻头正确定心。

(2)找正尾座，使钻头中心对准工件旋转中心，否则可能会使孔径扩大，钻偏甚至折断钻头。

(3)用细长麻花钻钻孔时，为了防止钻头晃动，可在刀架上夹一挡铁，支撑钻头头部，帮助钻头定心。即先用钻头尖部少量钻进工件平面，然后慢慢摇动中滑板，移动挡铁逐渐接近钻头前端，以使钻头的中心稳定在工件的回转中心位置上，但挡铁不能将钻头支顶过工件回转中心，否则容易折断钻头，当钻头已正确定心时，挡铁即可退出。

另外，还可以先用直径小于 5 mm 的麻花钻钻孔，钻孔前先在端面钻出中心孔，这样便于定心且钻出的孔同轴度好。

(4)在实体材料上钻孔，小孔径可以一次钻出，若孔径超过 30 mm，则不宜用钻头一次钻出。因为钻头直径大，其横刃亦长，轴向切削力亦大，钻削时费力，此时可分为两次钻出。即先用一支小钻头钻出底孔，再用大钻头钻出所要求的尺寸，一般情况下，第一支钻头的直径为第二支钻头的直径的 0.5～0.7。

三、 内径百分表的校对和使用

内径百分表是间接测量量具，采用比较测量方法，需要与标准尺寸量具校对后才能测量尺寸，如图 4-1-6 所示。

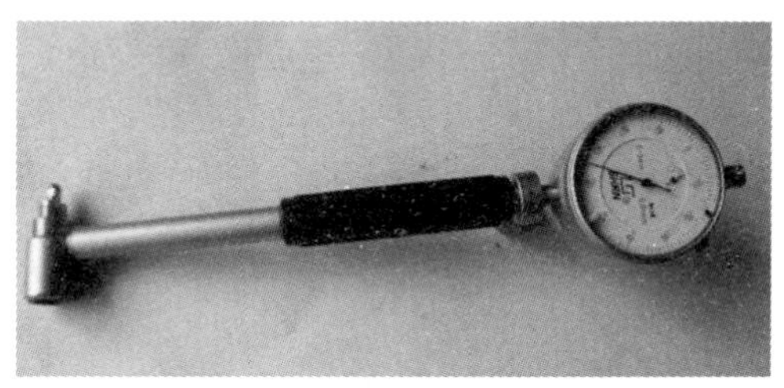

图 **4-1-6**　内径百分表

1. 安装与校对

在内径测量杆上安装表头时，内径百分表的测量头和测量杆的接触量一般为 0.5 mm 左右；安装测量杆上的固定测量头时，其伸出长度可以调节，一般比测量孔径大 0.2 mm 左右(可以用卡尺测量)。安装完毕后，用百分尺来校正零位，如图 4-1-7、图 4-1-8 所示。

图 **4-1-7**　内径百分表的安装校正

图 **4-1-8**　内径百分表的校正

2. 使用与测量方法

(1)内径百分表和百分尺一样是比较精密的量具，因此测量时先用卡尺控制孔径尺寸，在余量 0.3～0.5 mm 时再使用内径百分表，否则余量太大，易损坏内径百分表。

(2)测量中，要注意内径百分表的读法。长指针逆时针过零为孔小，不过零为孔大。测量中，内径百分表上下摆动取最小值，如图 4-1-9、图 4-1-10 所示。

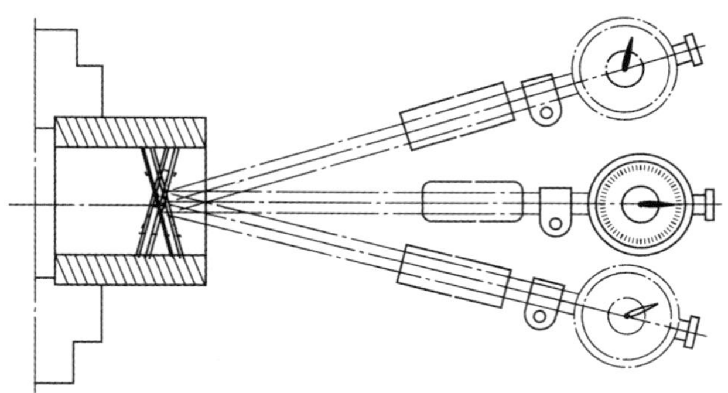

图 **4-1-9** 内径百分表的使用

图 **4-1-10** 内径百分表的使用

实践操作

本任务主要学习圆柱通孔工件的加工方法。在加工过程中进一步掌握装夹工件、装夹刀具的技术。学习利用车床钻孔的方法。利用内径百分表准确测量内孔的尺寸，检测完成的工件质量是否符合标准。

现有毛坯尺寸为 ϕ45 mm×70 mm，数量为 10 件，外圆、内孔都需要加工。试确定所需刀具、量具，并制定合理的加工步骤。具体尺寸如图 4-1-11 所示。图 4-1-12 是已经加工好的套。

一、 工艺分析

1. 零件结构分析

图 4-1-11 为一个有直孔的套类零件。材料 45 钢，毛坯 ϕ45 mm×70 mm。需要加

工的部位有端面、外圆、内孔，毛坯余量大。其工艺特点是内外圆都需要加工，尺寸精度要求均较高，因此，在确定加工步骤时应特别注意。因为是小批量生产，可以在一次装夹中完成全部或大部分加工。

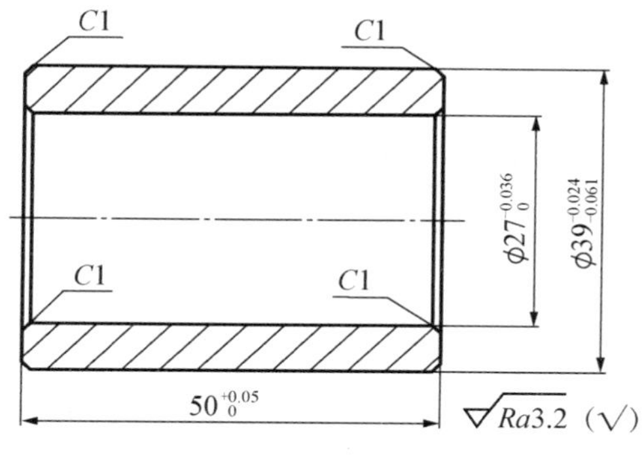

图 **4-1-11**　套

图 **4-1-12**　加工好的套

2. 刀具分析

(1)90°硬质合金车刀，用于车削外圆。

(2)45°硬质合金车刀，用于车削端面和倒角。

(3)75°通孔车刀，用于车削内孔及内孔倒角。

(4)ϕ24 mm 麻花钻，用于钻孔。

3. 加工步骤

车削通孔的加工步骤见表 4-1-1。

表 **4-1-1**　车削通孔的加工步骤

序号	工序名称	工序内容
1	粗、精车端面	(1)三爪自定心卡盘夹持，工件伸出长度为 60 mm，找正夹紧，各车刀对准中心，装夹牢靠 (2)粗、精车端面，用端面车刀将端面车平，转速 400 r/min，表面粗糙度应达到要求
2	粗车外圆	粗车 ϕ39.5 mm，长度为 55 mm

续表

序号	工序名称	工序内容
3	钻孔	(1)找正尾座，使中心钻中心对准工件旋转中心，否则可能会折断钻头 (2)选用 ϕ3 mm 中心钻钻出定位孔 (3)再选用 ϕ24 mm 麻花钻钻通孔 (4)钻头的装夹，若钻头锥柄小而尾座锥孔大时，可使用过渡套筒安装 (5)钻孔时，应加冷却液，防止因钻头发热而退火 (6)选择主轴转速为 250 r/min (7)双手摇动手轮，进给应缓慢均匀，f 选 0.15～0.35 mm/r (8)必须经常退出排屑，否则会因铁屑堵塞而使钻头“咬死”或折断
4	粗车内孔	粗车至 ϕ26.5 mm，长度为全长
5	精车内孔	精车 $\phi27^{+0.036}_{0}$ mm 孔至尺寸，长度为全长，倒角为 1×45°
6	精车外圆	(1)精车外圆至 $\phi39^{-0.024}_{-0.061}$ mm 尺寸，长度为 55 mm (2)倒角倒钝去毛刺
7	切断	切断并保证长度为 51 mm
8	掉头	(1)轻夹工件外圆或垫铜皮，伸出约 5 mm 车端面，保证总长 (2)倒角倒钝去毛刺
9	检查	检查合格后取下工件

二、 车削内孔注意事项

(1)增加内孔车刀的刚性。尽量增加刀柄的截面积；尽可能缩短刀柄的伸出长度。

(2)注意解决好排屑问题。解决排屑的关键是控制好切屑的流出方向。精车时要求切屑流向待加工表面(前排屑)。为此，采用正刃倾角的内孔车刀；加工盲孔时，应采用负刃倾角，使切屑从孔口排出。

三、 内孔车刀安装

(1)内孔车刀安装时，刀尖应对准工件中心或略高一些，这样可以避免车刀受到切削压力下弯产生扎刀现象，从而把孔镗大。

(2)车刀的刀杆应与工件轴心平行，否则车到一定深度后，刀杆后半部分会与工件孔壁相碰。

(3)为了增加车刀刚性，防止振动，刀杆伸出长度应尽可能短一些，一般比工件孔深长 5～10 mm。

(4)为了确保镗孔安全，通常在镗孔前把车刀在孔内试走一遍，这样才能保证镗孔顺利进行。

四、 车削通孔的方法要点

车削通孔的加工方法基本与车削外圆相似，只是进刀方向相反。粗、精车都要进行试切和试测，也就是根据余量的一半横向进给，当镗刀纵向切削至 2 mm 左右时，纵向退出车刀(横向不动)，然后停车试测。反复进行，直至符合孔径精度要求为止。

任务评价

评分标准及检测记录见表 4-1-2。

表 4-1-2　评分标准及检测记录

序号	技术要求	配分	评分标准	检测手段	检测结果	扣分	得分
1	中心钻的安装	10 分	正确得分，错误不得分	现场确认			
2	内径百分表正确校对	10 分	正确得分，错误不得分	现场确认			
3	内径百分表准确测量孔径	10 分	正确得分，错误不得分	现场确认			
4	$\phi27^{+0.036}_{0}$ mm	20 分	超差无分	内径量表			
5	$\phi39^{-0.024}_{-0.061}$ mm	20 分	超差无分	千分尺			
6	$50^{+0.050}_{0}$ mm	10 分	超差无分	深度尺			
7	1×45°(4 处)	10 分	超差一处扣 5 分	目测			
8	*Ra*3.2 mm	10 分	超差一处扣 5 分	目测			
9	安全文明操作	扣	每违反一次规定扣 5 分，发生重大事故者，查找原因，接受处罚				
10	正确使用设备工具、夹具、量具	扣					

续表

序号	技术要求	配分	评分标准	检测手段	检测结果	扣分	得分
11	合计						
60 min	监考人						

巩固训练

1. 练习打中心孔，每个学生练习五次。

2. 练习内径百分表的校对，分别练习 $\phi16^{+0.020}_{0}$ mm，$\phi18^{+0.05}_{+0.02}$ mm，$\phi250^{0}_{-0.02}$ mm，$\phi30^{-0.05}_{-0.08}$ mm 等内孔尺寸的校对。

3. 加工如图 4-1-13 所示的工件，毛坯尺寸为 $\phi50$ mm×35 mm，材料为 45 钢。要求自行制定加工步骤，独立加工合格工件，所有尺寸均用规定量具进行测量。加工时间为 60 min。

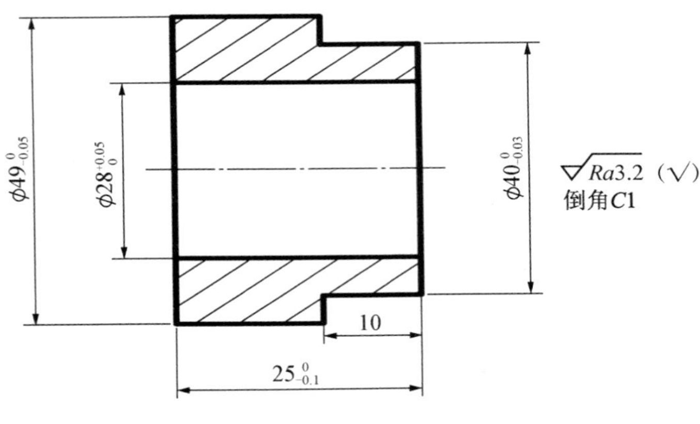

图 4-1-13 通套

拓展训练

一、选择题

1. 车削通孔时，内孔车刀刀尖应装得(　　)刀杆中心线。

A. 高于　　B. 低于　　C. 等高于　　D. 都可以

2. 在工件车削过程中，切削力的来源主要有(　　)和摩擦阻力两个方面。

A. 变形抗力　　B. 工件重力　　C. 向心力　　D. 离合力

3. 在四爪卡盘上加工偏心孔时，可通过用(　　)找正工件端面对主轴轴线垂直的方法来保证加工孔对工件端面的垂直度。

A. 百分表　　B. 游标卡尺　　C. 外径千分尺　　D. 卡钳

4. 加工套类零件时，为了获得较高的位置精度，常采用(　　)、反复加工的原则，以不断提高定位基准的定位精度。

A. 以内孔为基准　　B. 以外圆为基准

C. 以端面为基准　　D. 互为基准

5. 工件的精度和表面粗糙度在很大程度上取决于主轴部件的刚度和(　　)精度。

A. 测量　　B. 形状　　C. 位置　　D. 回转

6.(　　)由百分表和专用表架组成，用于测量孔的直径和孔的形状误差。

A. 外径百分表　　B. 杠杆百分表　　C. 内径百分表　　D. 杠杆千分尺

7. 麻花钻的导向部分有两条螺旋槽，其作用是形成切削刃和(　　)。

A. 排除气体　　B. 排除切屑　　C. 排除热量　　D. 减轻自重

8. 内径百分表是(　　)量具，采用比较测量方法，需要与标准尺寸量具校对后才能测量尺寸。

A. 间接测量　　B. 直接测量　　C. 通用测量　　D. 精密测量

二、判断题

1. 车刀的角度中对切削力影响最大的因素是前角。(　　)

2. 深孔加工的关键是如何解决深孔钻的几何形状、冷却和排屑问题。(　　)

3. 职业道德的特点是具有行业性、有限性和实用性。(　　)

4. 常用润滑油有机械油、齿轮油等。(　　)

5. 用七个支撑点定位一定是重复定位。(　　)

6. 积屑瘤能部分嵌入工件已加工表面，使工件表面形成硬点与毛刺。(　　)

7. 粗加工车非整圆孔工件时，用四爪单动卡盘装夹。(　　)

8. 扩孔是用扩孔钻对工件上已有的孔进行精加工。(　　)

9. 车削短小薄壁工件时，为了保证内、外圆轴线的同轴度，可用一次装夹来车削。(　　)

10. 内孔车刀安装时，刀尖应对准工件中心或略低一些，这样可以避免车刀受到切削压力下弯产生扎刀现象，从而把孔车大。(　　)

任务 2 车削盲孔

任务目标

(1)根据车刀安装的基本知识，正确安装盲孔车刀。

(2)在车削盲孔的过程中正确控制盲孔深度。

(3)在车削过程中正确进行内孔的测量，正确使用内径量表。

学习活动

一、 盲孔车刀的安装

车削盲孔时，其内孔车刀的刀尖必须与工件的旋转中心等高，否则不能将底孔车平。检验刀尖中心高的简便方法是车端面时进行对刀，若端面能车至中心，则盲孔底面也能车平。同时还必须保证盲孔车刀的刀尖至刀柄外侧的距离应小于内孔半径，否则切削时刀尖还未车至工件中心，刀柄外侧就已与孔壁上部相碰，如图 4-2-1 所示。

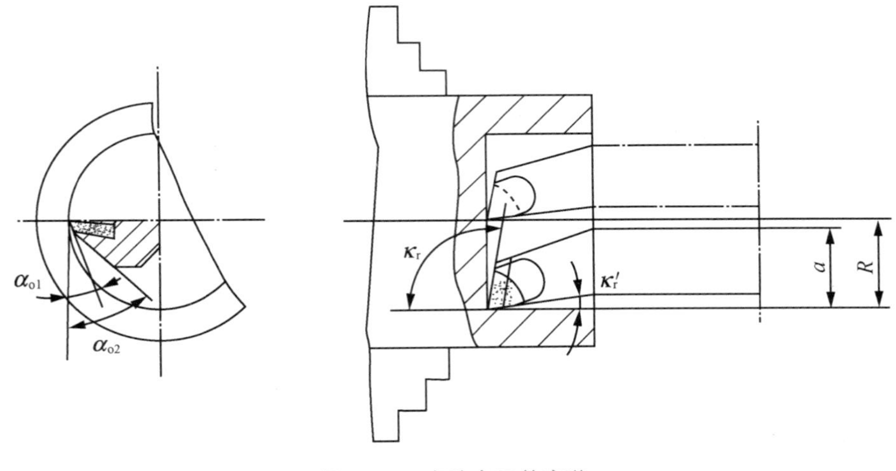

图 **4-2-1** 盲孔车刀的安装

二、 粗车盲孔

(1)车端面、钻中心孔。

(2)钻底孔。可选择比孔径小 1.5～2 mm 的钻头先钻出底孔。其钻孔深度从钻头顶尖量起，并在钻头上划线做记号，以控制钻孔深度，然后用相同直径的平头钻将孔底钻成平底。孔底平面留 0.5～1 mm 的余量。

(3)盲孔车刀靠近工件端面，移动小滑板，使车刀刀尖与端面轻微接触，将小滑板或床鞍刻度调至零位。

(4)将车刀伸入孔口内，移动中滑板，刀尖进给至孔口刚好接触时，车刀纵向退出，此时将中滑板刻度调至零位。

(5)用中滑板刻度指示控制切削深度(孔径留 0.3～0.4 mm 精车余量)，当床鞍刻度指示离孔底还有 2～3 mm 距离时应用手动进给，如孔大而浅，一般镗孔底面时能看清。如孔小而深，就很难观察到是否到孔底，此时通常要凭感觉来判断刀尖是否已到孔底。如切削声增大，表明刀尖已车到孔底。当中滑板横向进给镗孔底平面时，若切削声消失，控制横向进给手柄的手已明显感觉到切削抗力突然减小，则表明孔底平面已车出，应先将车刀横向退刀后再迅速纵向退出。

(6)如果孔底面余量较多需车第二刀时，纵向位置保持不变，向后移动中滑板，使刀尖退回至车削时的起始位置，然后用小滑板刻度控制纵向切削深度，第二刀的车削方法与第一刀相同。粗镗孔底面时，孔深留 0.2～0.3 mm 精车余量。

三、 精车盲孔

精车时用试切削的方法控制孔径尺寸。试切正确后可采用与粗车类似的进给方法，使孔径、孔深都达到图样要求。

四、 盲孔长度的控制方法

粗车时采用刀杆上刻线及使用床鞍刻度盘的刻线、挡块法[图 4-2-2(a)]、刻线法[图 4-2-2(b)]来控制等。精车时使用钢尺、深度尺配合小滑板刻度盘的刻线来控制。

(a) 挡块法

(b) 刻线法

图 **4-2-2**　盲孔长度的控制方法

五、 镗孔时注意事项

(1)加工过程中注意中滑板的退刀方向与车外圆时相反。

(2)用内径百分表测量前，应首先检查内径百分表的指针是否归零，再检查测量头有无松动、指针转动是否灵活。

(3)用内径百分表测量前，应先用卡尺测量孔径尺寸，当余量为 0.3～0.5 mm 时才能用内径百分表测量，否则易损坏内径百分表。

(4)孔的内端面要平直，孔壁与内端面相交处要清角，防止出现凹坑和小台阶。

(5)精车内孔时，应保持车刀锋利。

(6)车小盲孔时，应注意排屑，否则由于铁屑阻塞，会造成车刀损坏或扎刀，把孔车废。

(7)根据余量大小合理分配切削深度，力争快准。

实践操作

本任务中，将学习机械零件中不通孔——盲孔的加工、盲孔加工与通孔加工的方法的不同之处是，盲孔在加工过程中要控制孔的深度尺寸以及控制好排屑问题。

加工图 4-2-3 所示的工件。毛坯尺寸为 ϕ50 mm×50 mm，材料为 45 钢，数量为 10 件，试选择所用刀具、加工方案，并确定所用车床和夹具。图 4-2-4 为已经加工好的盲孔零件。

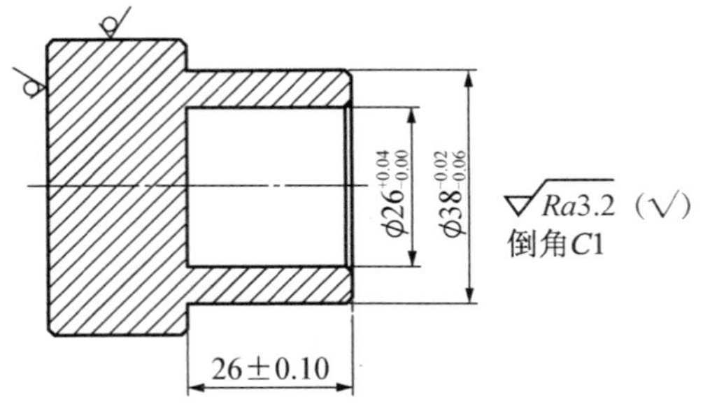

图 4-2-3　盲孔零件图

图 4-2-4　加工好的盲孔工件

一、 工艺分析

1. 零件结构分析

该零件由端面、外圆、倒角及盲孔组成。其工艺特点是尺寸精度和形位公差要求均较高，因此在确定加工步骤时应特别注意。

2. 刀具分析

(1)90°硬质合金车刀，用于车削外圆。

(2)45°硬质合金车刀，用于车削端面和倒角。

(3)90°盲孔车刀，用于车削内孔及阶台孔。

3. 加工步骤

车削盲孔的加工步骤见表 4-2-1。

表 4-2-1 车削盲孔的加工步骤

序号	工序名称	工序内容
1	粗、精车端面	(1)三爪自定心卡盘夹持，工件伸出长度 30 mm，找正夹紧，各车刀对准中心，装夹牢靠 (2)粗、精车端面，用端面车刀将端面车平，达到表面粗糙度要求
2	粗车外圆	粗车外圆至 ϕ39 mm，长度为 25.5 mm
3	钻孔	(1)选用麻花钻 ϕ22 mm，钻孔长度为 25 mm (2)钻头的装夹 (3)找正尾座，使钻头中心对准工件旋转中心，否则可能会扩大钻孔直径和折断钻头 (4)为保证钻孔深度，可采用刻痕法 (5)钻孔时，应加冷却液，防止因钻头发热而退火 (6)选择主轴转速为 250 r/min (7)双手摇动手轮，进给应缓慢均匀，f 选 0.15～0.35 mm/r (8)必须经常退出排屑，否则会因铁屑堵塞而使钻头“咬死”或折断
4	粗车内孔	粗镗孔至 ϕ25 mm
5	精车内孔	精车 $\phi 26^{+0.04}_{0}$ mm 孔至尺寸，长度为 26 mm±0.1 mm

续表

序号	工序名称	工序内容
6	精车外圆	(1)精车外圆至 $\phi38_{-0.061}^{-0.024}$ mm 尺寸，长度为 26 mm±0.1 mm (2)倒角倒钝去毛刺
7	倒角	倒角倒钝去毛刺
8	检查	检查合格后取下工件

任务评价

评分标准及检测记录见表 4-2-2。

表 4-2-2　评分标准及检测记录表

序号	技术要求	配分	评分标准	检测手段	检测结果	扣分	得分
1	盲孔车刀的正确安装	10 分	正确得分，错误不得分	现场确认			
2	内径百分表正确校对零位	10 分	正确得分，错误不得分	现场确认			
3	内径百分表准确测量孔径	10 分	正确得分，错误不得分	现场确认			
4	$\phi26_{0}^{+0.036}$ mm	20 分	超差无分	内径量表			
5	$\phi38_{-0.061}^{-0.024}$ mm	20 分	超差无分	千分尺			
6	26 mm±0.1 mm	10 分	超差无分	深度尺			
7	1×45°(3 处)	10 分	超差无分				
8	*Ra*3.2 mm(3 处)	10 分	超差无分				
9	安全文明操作	扣	每违反一次规定扣 5 分，发生重大事故者，查找原因，接受处罚				
10	正确使用设备工具、夹具、量具	扣					
60 min		监考人					

巩固训练

1. 根据盲孔深度的不同尺寸，正确控制盲孔深度。盲孔深度分别为 15 mm，18 mm，23 mm，27 mm，30 mm。并且要车到盲孔中心。

2. 加工图 4-2-5 所示的工件，毛坯尺寸为 ϕ40 mm×52 mm，材料为 45 钢。要求学生写出加工工艺，并自行准备工卡量具，独立加工合格工件。加工时间为 90 min。

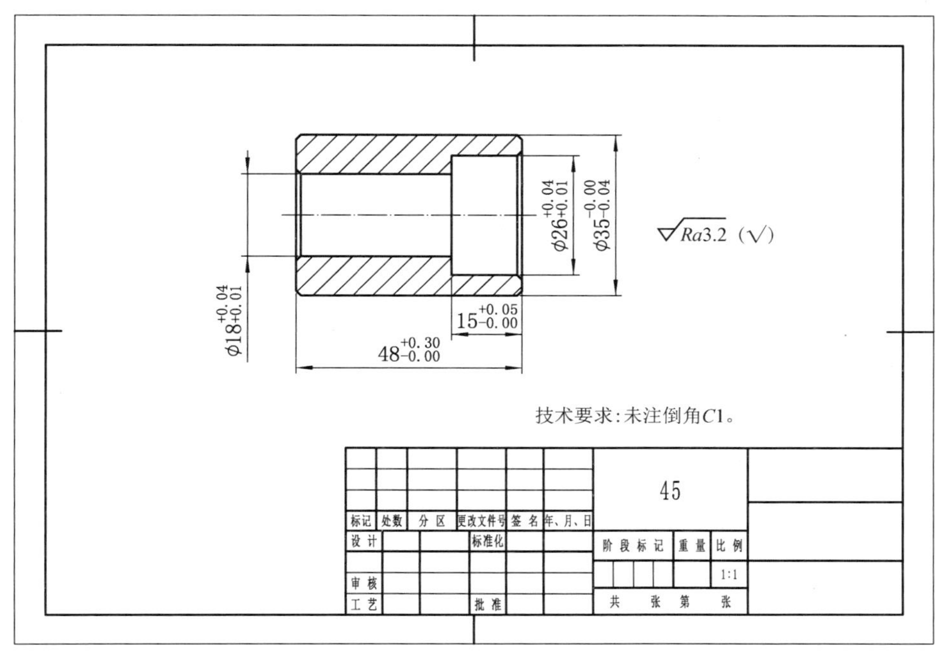

图 **4-2-5**　巩固训练

拓展训练

一、选择题

1. 盲孔车刀的主偏角为(　　)。

A. 5°～15°　　B. 35°～45°　　C. 60°～75°　　D. 90°～95°

2. 工件材料的(　　)越高，导热系数越小，则刀具磨损越快，刀具使用寿命越短。

A. 强度　　B. 硬度　　C. 强度、硬度　　D. 表面粗糙度

3. 精车时，为减少(　　)与工件的摩擦，保持刃口锋利，应选择较大的后角。

A. 基面　　B. 前刀面　　C. 后刀面　　D. 主截面

4. 通常将深度与(　　)之比大于 5 倍以上的孔，称为深孔。

A. 长度　　B. 半径　　C. 直径　　D. 角度

5. 盲孔车刀车削时，刀尖到刀杆外端的径向距离应(　　)孔半径。

A. 大于　　B. 小于　　C. 等于　　D. 都可以

6. 普通麻花钻的特点是(　　)。

A. 棱边磨损小　　B. 主切削刃长、切屑宽

C. 无横刃　　D. 前角无变化

7. 孔和外圆同轴度要求较高的较长的工件车削时，往往采用中心架来增强工件(　　)，以保证同轴度。

A. 强度　　B. 硬度　　C. 刚度　　D. 韧性

8. 精车钢制材料的薄壁工作时，内孔精车刀的刃倾角一般取(　　)

A. 0°　　B. 5°～6°　　C. −3°～−2°　　D. 2°～3°

9. 用塞规检验内孔尺寸时，如通端和止端均进入孔内，则孔径(　　)。

A. 大　　B. 小　　C. 合格

10. 车刀角度中，控制刀屑流向的是(　　)。

A. 前角　　B. 主偏角　　C. 刃倾角　　D. 后角

二、判断题

1. 车刀材料应具有良好的综合力学性能。(　　)

2. 车削短小薄壁工件时，为了保证内、外圆轴线的同轴度，可用一次装夹来车削。(　　)

3. 镗孔时的切削用量应选得比车外圆时要小。(　　)

4. 麻花钻刃磨时，只要两条主切削刃长度相等就行。(　　)

5. 车床前后顶尖不等高，会使加工的孔呈椭圆状。(　　)

6. 使用内径百分表不能直接测得工件的实际尺寸。(　　)

7. 中心孔钻得过深，会使中心孔磨损加快。(　　)

8. 选择零件表面加工方法时，除保证质量要求外，还要满足生产率和经济性等方面的要求。(　　)

9. 铰孔与攻螺纹的操作一样，退出刀具时，均用反转退出。(　　)

10. 加工盲孔时，要采用分级进给的方法，以防钻头折断。(　　)

项目 5

圆锥类零件的加工

项目导航

本项目主要学习圆锥的种类、车削圆锥体的方法，能正确、熟练进行锥体各部分的计算，了解用小滑板车削圆锥面的方法和步骤。能够正确、熟练、安全地使用万能角度尺、千分尺对圆锥的尺寸进行测量。

学习要点

(1)掌握外圆锥体的加工方法。

(2)掌握万能角度尺的正确使用方法。

(3)掌握正确使用量规、套规的方法。

(4)能够完成锥体配合件的加工。

(5)要有高度的安全自护意识，熟记安全操作规程，不得违章操作。

(6)刀具、量具要按规定摆放整齐，用完后放回规定位置。

任务1 普通外圆锥的加工

任务目标

(1)了解圆锥面的配合特点和技术要求。

(2)掌握圆锥各部分尺寸的计算方法。

(3)能够根据图样要求，正确计算圆锥各参数。

(4)能够准确地加工普通外圆锥零件。

学习活动

图5-1-1是车床主轴箱变换手柄。床头箱变换手柄的前端是锥形，在变换手柄时握着比较舒服，也较为美观。车床尾座锥孔与麻花钻锥柄的配合等也是圆锥面配合。在实际生活中有很多这样的零件，这些锥形的加工也是机械加工中最基本的技能。

图 **5-1-1** 主轴箱变换手柄

零件材料为45钢，毛坯为ϕ45 mm×190 mm。要求用普通车床转动小拖板方法加工零件。具体要求如图5-1-2所示。图5-1-3为已经加工好的圆锥零件。

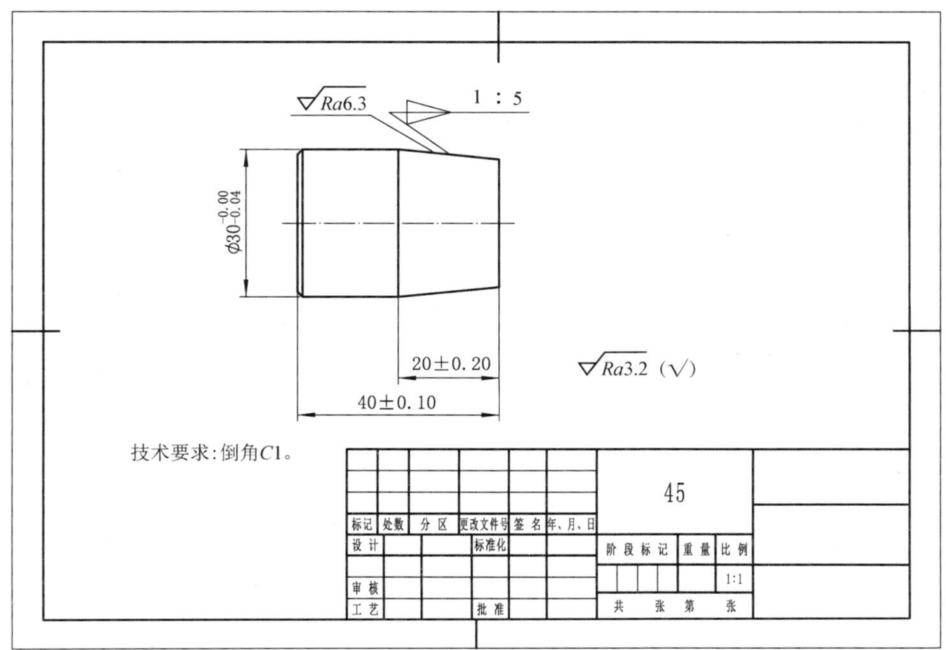

图 5-1-2　圆锥零件

图 5-1-3　加工好的圆锥零件

本任务中，要学会外圆锥的加工及圆锥各部分的基本计算，并能检测外圆锥体的质量。

相关的知识与技能点：

(1)圆锥的基本知识。

(2)普通外圆锥体的加工。

工作任务：

(1)能正确进行锥体各部分的计算。

(2)知道锥体的测量方法。

(3)会加工普通外圆锥面。

实践活动

一、零件图及尺寸公差分析

零件为圆锥轴类零件，结构简单，适用于普通车床初学者。零件有三个尺寸有公差，需要加工的尺寸有总长度 40±0.1 mm，需切断后再次找正装夹车端面来保证，外圆 $\phi30_{-0.039}^{0}$ mm，锥度 1∶5，经过计算后圆锥半角为 5°42′38″，长度为 20 mm±0.2 mm，1×45°倒角(2 处)，表面粗糙度 Ra6.3 mm 和 Ra3.2 mm，因为是手动进给车削圆锥，保证表面粗糙度 Ra6.3 mm 有一定的难度，要控制好进给速度。

二、刀具分析

(1)90°硬质合金车刀，用于车削外圆。

(2)45°硬质合金车刀，用于车削端面和倒角。

(3)切断刀，用于切断圆锥体。

三、加工步骤

圆锥的加工步骤见表 5-1-1。

表 5-1-1 圆锥的加工步骤

序号	工艺名称	工艺内容
1	装夹找正	三爪自定心卡盘夹持，工件伸出长度 55 mm，找正夹紧
2	对刀	装 45°，90°外圆车刀和切断刀，利用试车端面方法判断刀具中心是否与主轴等高，试车后端面没有小凸台，证明刀具合格，但切断刀要稍高些
3	车端面	用 45°车刀车端面达到表面粗糙度 Ra3.2 mm
4	划线	用 90°车刀划一条距端面长度为 45 mm 的刻线
5	检查	用游标卡尺检查刻线是否准确
6	粗车外圆	用 45°车刀分两次粗车至 ϕ31 mm±0.2 mm 长至刻线
7	精车外圆	(1)用 90°车刀对刀，确定切削深度 (2)试车长度 2 mm，移动大滑板退刀 (3)停车检查，判定尺寸是否合格，否则调整进刀量 (4)用自动进给车外圆，长至 45 mm

续表

序号	工艺名称	工艺内容
8	划线	用90°车刀划一条距端面长度为40.5 mm±0.2 mm和20 mm±0.2 mm的刻线
9	检查	用游标卡尺检查刻线是否准确
10	调整小滑板	(1)松开小滑板上的锁紧螺母 (2)小滑板逆时针转动5°42′
11	粗车外圆锥	(1)计算圆锥小端尺寸，根据 $C=\frac{D-d}{L}$，$d=26$ mm，单边余量为2 mm (2)用90°车刀利用外圆对刀，确定中滑板进刀的起点 (3)中滑板分两次进刀，每次0.5 mm，转动小滑板进给手柄车削 (4)停车，用游标万能角度尺检查锥半角是否正确，否则调整小滑板转动的角度 (5)粗车至小端尺寸为27 mm±0.1 mm
	精车外圆锥	精车外圆锥，保证长度20 mm±0.2 mm和表面粗糙度 Ra6.3 mm
12	倒角	(1)将小滑板调整至正常位置 (2)用45°车刀倒角，长度尺寸为1 mm
13	切断	用切断刀切断工件，保证长度40.5 mm±0.2 mm
14	车端面	(1)掉头，夹 ϕ30 mm外圆伸出5 mm，用铜皮包裹防止夹伤，找正跳动量在0.1 mm内 (2)用45°车刀车端面，保证总长为40 mm±0.1 mm

巩固训练

1. 有一外圆锥，大端直径为 ϕ100 mm，小端直径为 ϕ80 mm，圆锥长度为200 mm。

(1)试计算锥度。

(2)用近似法计算工件的圆锥半角。

2. 加工如图5-1-4所示的工件，毛坯尺寸为 ϕ60 mm×100 mm，材料为45钢，要求写出加工工艺，并自行准备工具、卡具、量具，独立加工合格工件。加工时间为120 min。

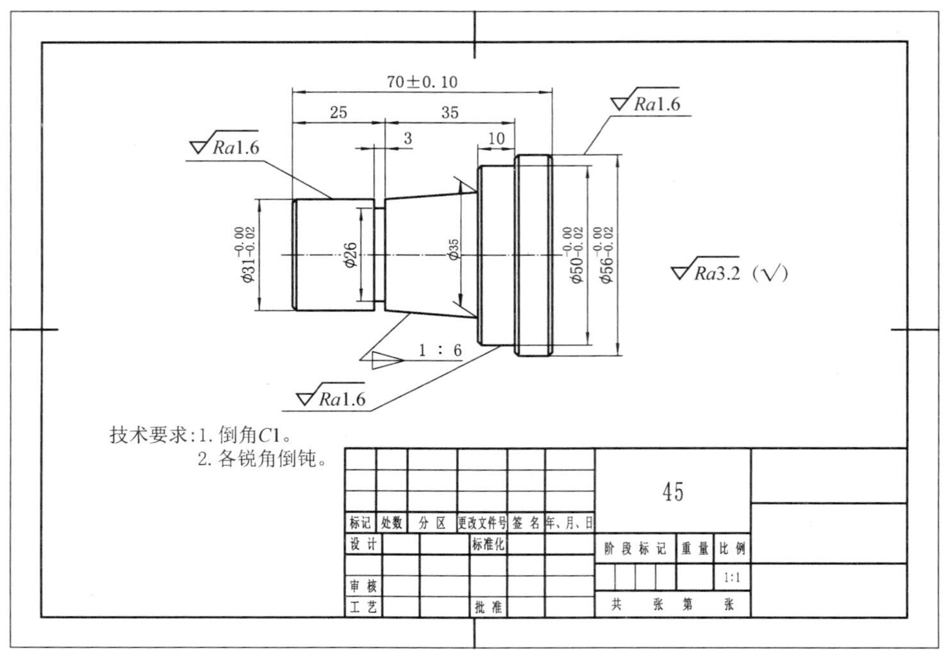

图 **5-1-4** 巩固训练

知识探究

一、圆锥的各部分及尺寸计算

(1)圆锥表面。由与轴线成一定角度且一端交于轴线的一条直线(母线),绕该轴线旋转一周所形成的表面。

(2)圆锥。由圆锥表面和一定轴向尺寸、径向尺寸所限定的几何体,称为圆锥。圆锥分外圆锥和内圆锥。

(3)圆锥的各部分尺寸如图 5-1-5 所示。

①圆锥半角$\frac{\alpha}{2}$。圆锥角 α 是在通过圆锥轴线的截面内,两条素线间的夹角。圆锥半角$\frac{\alpha}{2}$是圆锥角 α 的一半,在车削时经常用到。

②最大圆锥直径 D。最大圆锥直径简称大端直径。

③最小圆锥直径 d。最小圆锥直径简称小端直径。

④圆锥长度 L。最大圆锥直径处与最小圆锥直径处的轴向距离。

⑤锥度 C。圆锥大、小端直径之差与长度之比,$C=\frac{D-d}{L}$。

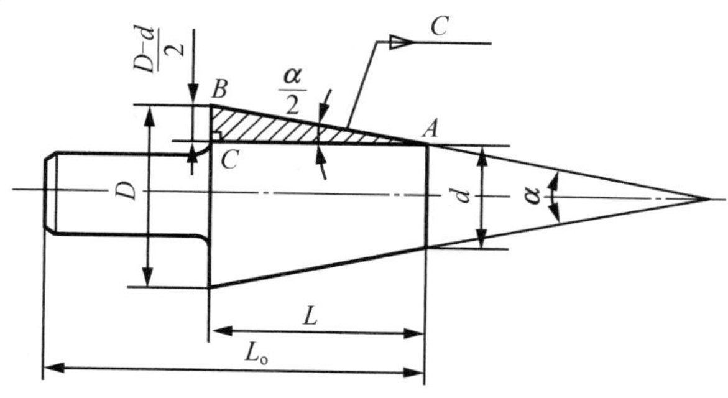

图 5-1-5 圆锥的各部分尺寸

⑥圆锥的各部分计算。圆锥半角与其他三个参数存有一定的关系。图样上一般常标注 D，d，L。车削时常用圆锥半角 $\frac{\alpha}{2}$ 表示。

$$\frac{\tan\alpha}{2}=D-\frac{d}{2L},$$

$$D=d+\frac{2L\tan\alpha}{2},$$

$$d=D-\frac{2L\tan\alpha}{2},$$

$$L=D-\frac{d}{\frac{2\tan\alpha}{2}}。$$

当 $\frac{\alpha}{2}<6°$ 时，可用近似公式

$$\frac{\alpha}{2}\approx 28.7°\times\frac{D-d}{L}\approx 28.7°\times C。$$

二、 圆锥角度和锥度的检测

1. 用游标万能角度尺检测

(1)结构。

如图 5-1-6 所示，游标万能角度尺由主尺、游标、制动器、基尺、直尺和卡块等组成。

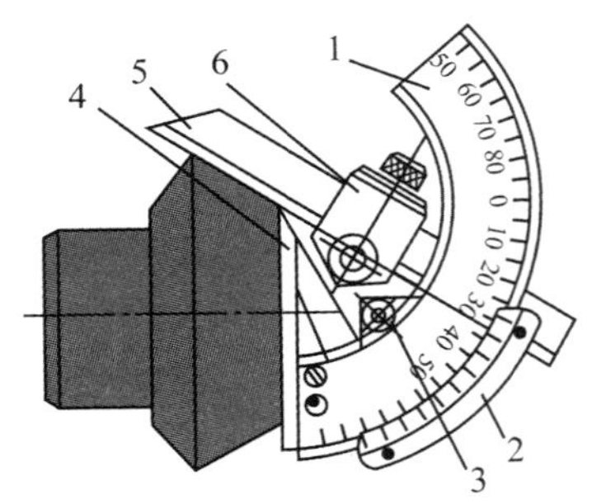

图 5-1-6 用游标万能角度尺检测工件

1—主尺；2—游标；3—制动器；4—基尺；5—直尺；6—卡块

(2)示值为 2′的读数原理。

主尺刻度每格为 1°，游标上总角度为 29°，并等分 30 格，每格对应的角度为 $\frac{29^\circ}{30^\circ}=\frac{60\times29}{30}=58'$，主尺与游标相差 $1^\circ-58'=2'$。

(3)读数。

先从主尺上读出游标零线前面的整度数，然后在游标上读出分的数值，两者相加就是被测件的角度数值。

(4)使用方法。

根据工件角度调整量角器的安装，量角器基尺与工件端面通过中心靠平，直尺与圆锥母线接触，利用透光法检查，人的视线与检测线等高，在检测线后方衬一张白纸以增加透视效果，若合格即为一条均匀的白色光线。当检测线从小端到大端逐渐增宽，即锥度小，反之则大，需要调整小滑板角度，如图 5-1-7 所示。

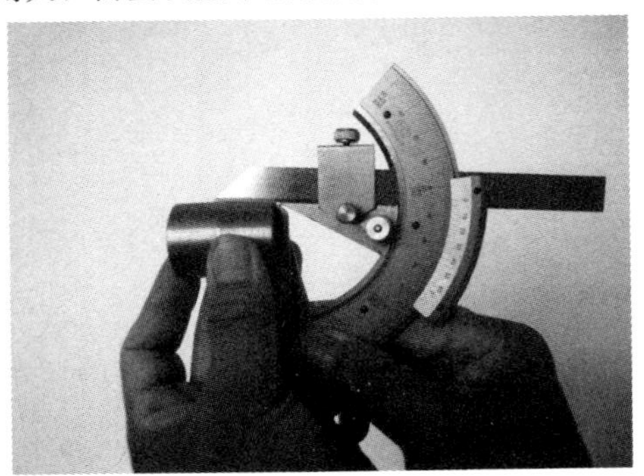

图 5-1-7 锥度角度检测

2. 圆锥长度尺寸的检测

(1)用卡钳和游标卡尺检测。

(2)圆锥套规检测。根据工件的直径尺寸和公差，在套规小端处开有轴向距离为 m 的缺口，表示过端和止端。测量外圆锥时，如果锥体的小端平面在缺口之间，说明小端尺寸合格。

三、 圆锥加工方法

1. 转动小滑板法

转动小滑板法是把刀架小滑板按工件的圆锥半角$\frac{\alpha}{2}$要求转动一个相应角度，使车刀的运动轨迹与所要加工的圆锥素线平行。它适用于单体、小批量生产，特别适用于工件长度较短、圆锥角较大的圆锥，如图 5-1-8 所示。

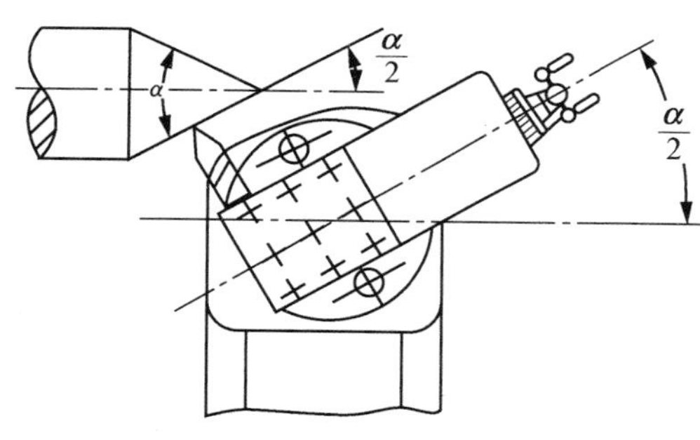

图 **5-1-8**　转动小滑板法

转动小滑板法车外圆锥面的方法和步骤：

(1)装夹工件和车刀工件旋转中心必须与主轴旋转中心重合，车刀刀尖必须严格对准工件的旋转中心。

(2)确定小滑板转动角度。根据工件图样选择相应的公式计算出圆锥半角$\frac{\alpha}{2}$，即为小滑板应转动角度。

(3)转动小滑板。用扳手将小滑板下面的转盘螺母松开，把转盘转至需要的圆锥半角$\frac{\alpha}{2}$，当刻度与基准零线对齐后将转盘螺母锁紧。小滑板转动的角度值可以大于计算值 $10'$～$20'$，但不能小于计算值，角度偏小会使圆锥素线车长而难以修正圆锥长度尺寸。

(4)粗车外圆锥面。先按圆锥大端直径和圆锥面长度车成圆柱，然后再车圆锥面。

(5)找正圆锥角度。用万能角度尺检测，如大端有间隙，说明圆锥角小了；如小端有间隙，说明圆锥角大了。

(6)精车外圆锥面。主要提高工件的表面质量，控制圆锥面尺寸精度。

2. 偏移尾座法

这种方法适用于加工锥度小、锥形部分较长的工件。采用偏移尾座法车外圆锥，须将工件装夹在两顶尖间，把尾座上滑板向里(用于车正外圆锥面)或者向外(用于车倒外圆锥面)横向移动一段距离 S 后，使工件回转轴线与车床主轴轴线相交一个角度，并使其大小等于圆锥半角 $\frac{\alpha}{2}$，由于床鞍进给是沿平行于主轴轴线移动的，当尾座横向移动一段距离 S 后，工件就车成了一个圆锥体，如图 5-1-9 所示。

$$S=L_{\circ}\times\frac{D-d}{2L}\text{或}S=C\times\frac{L_{\circ}}{2}。$$

式中，$L_{\circ}$——工件全长；

L——圆锥长度。

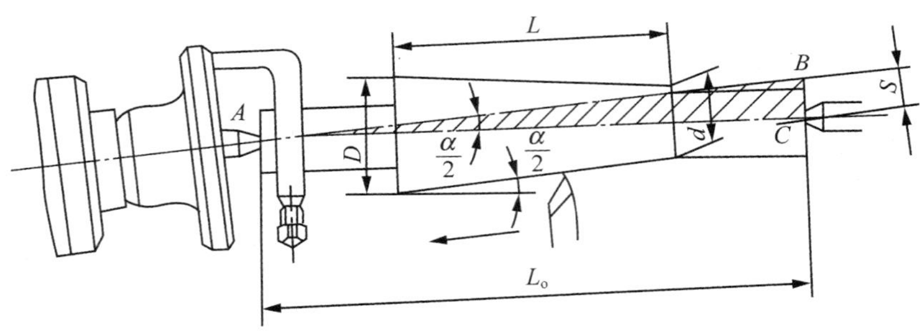

图 **5-1-9**　偏移尾座法

3. 仿形法

仿形法车外圆锥是刀具按照仿形装置(靠模)进给对工件进行加工的方法。该装置使车刀做纵向进给的同时，又做横向进给。仿形法适用于加工长度较长、精度较高、批量较大的圆锥面工件。

4. 宽刃刀车削法

宽刃刀车削法是用成型刀具对工件进行加工，适用于短外圆锥面的精车工序，如图 5-1-10 所示。

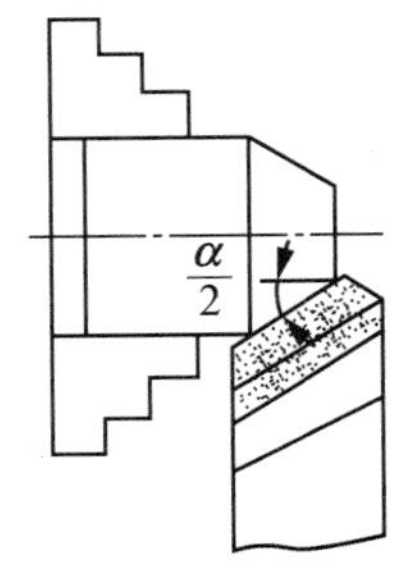

图 **5-1-10**　宽刃刀车削法

二、注意事项

圆锥加工注意事项见表 5-1-2。

表 5-1-2　圆锥加工注意事项

易出现问题	产生原因	预防措施
锥度不正确	(1)小滑板转动角度计算差错或角度调整不当 (2)车刀没有紧固 (3)小滑板移动时紧时松不均	(1)仔细计算角度，反复试车校正 (2)调紧车刀 (3)调整镶条间隙
大小端尺寸不正确	(1)未经常测量大小端直径 (2)控制刀具进给错误	(1)经常测量大小端直径 (2)及时测量，控制 a_p
双曲线误差	车刀刀尖未对准工件轴线	车刀刀尖必须严格对准工件的轴线
表面粗糙度达不到要求	(1)切削用量不当 (2)手动进给忽快忽慢	(1)选择合适的切削用量 (2)手动进给要均匀

专业对话

1. 如何准确检查刀具中心高与工件轴线等高？

2. 转动小滑板法车圆锥面有哪些特点？

3. 车圆锥的方法有哪几种？各适用于什么情况？

4. 用万能角度尺检测锥度半角时如何判断角度的大小？

5. 检测角度和锥度有哪些方法？

任务评价

评分标准及检测记录见表 5-1-3。

表 5-1-3　评分标准及检测记录

序号	技术要求	配分	评分标准	检测手段	检测结果	扣分	得分
1	$\phi30_{-0.039}^{0}$ mm	20	超差无分	千分尺			
2	20 mm±0.2 mm	20 分	超差 0.1 内扣 4 分	游标卡尺			
3	40 mm±0.1 mm	20 分	超差无分	游标卡尺			

续表

序号	技术要求	配分	评分标准	检测手段	检测结果	扣分	得分
4	锥度 1∶5	10 分	超差无分	万能角度尺			
5	Ra1.6 mm	10 分	超差无分	检测仪、目测			
6	Ra3.2 mm(3 处)	10 分	超差无分	检测仪、目测			
7	1×45°(2 处)	10 分	超差无分	游标卡尺、目测			
8	安全文明操作	扣	每违反一次规定扣 5 分，发生重大事故者，查找原因，接受处罚				
9	正确使用设备工具、夹具、量具	扣					
10	合计						
60 min		监考人					

拓展训练

1. 如图 5-1-11 所示的磨床主轴圆锥，已知锥度 $C=1:5$，最大圆锥直径 $D=65$ mm，圆锥长度 $L=70$ mm，求最小圆锥直径 d。

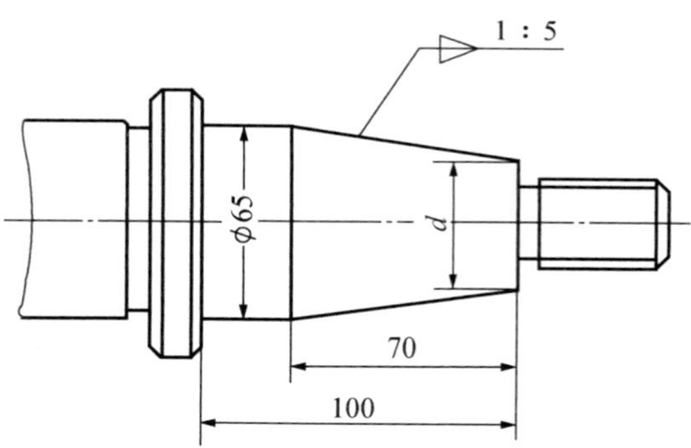

图 5-1-11 磨床主轴圆锥零件图

2. 车削一圆锥面，已知圆锥半角 $\frac{\alpha}{2}=3°15'$，最小圆锥直径 $d=12$ mm，圆锥长度 $L=30$ mm，求最大圆锥直径 D。

任务2 内圆锥的加工

任务目标

(1)掌握车削内圆锥面的方法。

(2)掌握转动小滑板法车削内圆锥面的角度计算和间隙调整的方法以及车削步骤。

(3)能够根据图纸要求，选择合理的方法车削内圆锥表面。

学习活动

本任务主要训练内孔锥度的车削。毛坯尺寸为 ϕ50 mm×45 mm。具体尺寸如图5-2-1所示，要求学生能够根据所学的知识，独立制定本工件的加工工艺，独立准备工具、卡具、量具及刀具，独立加工出合格工件。图5-2-2为已经加工好的锥孔零件。

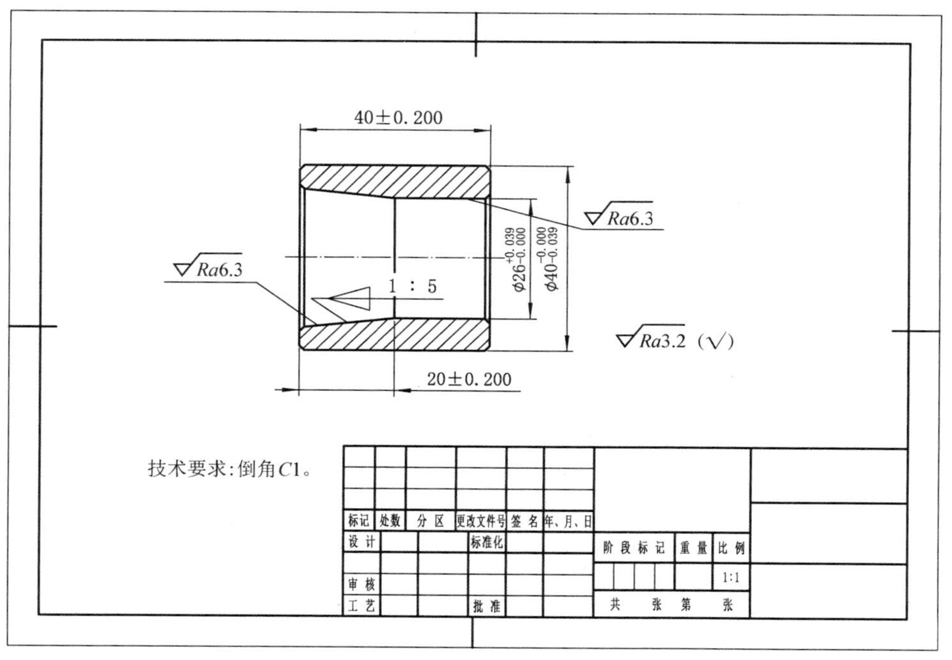

图 5-2-1 锥孔零件

图 **5-2-2** 加工好的锥孔零件

本任务中主要学习内圆锥的加工及其如何检测内圆锥的质量。

一、 相关知识与技能点

(1)内圆锥的特点及车削方法。

(2)普通内圆锥体的加工。

二、 工作任务

(1)能正确装夹车刀。

(2)比较内圆锥的各部分尺寸计算与外圆锥有何不同。

(3)会进行切削用量的选择。

(4)会内圆锥的检测。

实践操作

一、 零件图及尺寸公差分析

车圆锥孔比圆锥体困难，因为车削工作在孔内进行，不易观察，所以要特别小心。为了便于测量，装夹工件时应使锥孔大端直径的位置在外端。

本工件内孔锥度为1∶5，长度为20 mm±0.2 mm，内孔尺寸为 $\phi26^{+0.039}_{0}$ mm，外圆直径为 $\phi4^{0}_{-0.039}$ mm，总长度为40 mm±0.2 mm。与上模块外圆锥配合。内孔与内锥的表面粗糙度值均为 $Ra6.3$ mm，其余表面粗糙度值均为 $Ra3.2$ mm。

二、 刀具分析

(1)45°硬质合金车刀，用于车削零件端面，倒角。

(2)90°硬质合金外圆车刀，用于加工零件外圆。

(3)直径 ϕ20 mm 的内孔车刀，用于加工内孔及内孔倒角。

(4)内锥车刀，用于车削内孔锥度。

三、加工步骤

内圆锥面的加工步骤见表 5-2-1。

表 5-2-1　内圆锥面的加工步骤

序号	工艺名称	工艺内容
1	装夹找正	三爪自定心卡盘夹持，工件伸出长度为 42 mm，找正夹紧
2	对刀	装 45°，90°外圆车刀、内孔车刀和内圆锥车刀，利用试车端面方法判断刀具中心是否与主轴等高，试车后端面没有小凸台，证明刀具合格，内圆锥车刀必须对准中心
3	车端面	用 45°车刀车端面达到表面粗糙度 $Ra3.2$ mm
4	粗车外圆	用 90°车刀分两次粗车至 ϕ42 mm 长至刻线
5	钻孔	(1)将中心钻安装在钻夹上，将钻夹安装在后尾座上 (2)采用 500 r/min 的转速钻中心孔 (3)卸下钻夹，在后尾座安装 ϕ25 mm 钻头 (4)采用 320 r/min 的转速钻孔
6	精车	(1)装夹内孔车刀，要求与主轴等高或高于工件中心 (2)采用 500 r/min 转速，最后一刀精车余量为 0.25～0.30 mm (3)精车 $\phi26^{+0.039}_{0}$ mm 内孔并保证尺寸
7	调整小滑板	(1)松开小滑板上的锁紧螺母 (2)小滑板顺时针转动 5°42′
8	粗车外圆锥	(1)计算圆锥大端尺寸，根据 $C=\frac{D-d}{L}$，$D=30$ mm，单边余量为 2 mm (2)安装内锥车刀，要求主切削刃必须对准工件中心，然后确定中滑板进刀的起点 (3)中滑板分两次进刀，每次 0.5 mm，转动小滑板进给手柄车削 (4)停车，用已加工好的外圆锥塞规检查锥半角是否正确，否则调整小滑板转动角度 (5)粗车至大端尺寸为 29 mm
9	精车外圆锥	(1)采用 500 r/min 转速，最后一刀精车余量为 0.25～0.30 mm (2)精车内圆锥，保证长度为 20 mm±0.2 mm，表面粗糙度为 $Ra6.3$ mm

续表

序号	工艺名称	工艺内容
10	倒角	(1)将小滑板调整至正常位置 (2)用内孔车刀倒角 45°，长度尺寸为 1 mm
11	精车外圆	(1)用 90°车刀精车外圆至 $\phi 4_{-0.039}^{0}$ mm，最后一刀精车余量为 0.25～0.30 mm (2)用 45°车刀倒角，倒角为 1×45°
12	车端面	(1)调头，夹 $\phi 40_{-0.039}^{0}$ mm 外圆，用铜皮包裹防止夹伤，找正跳动量在 0.1 mm 内 (2)用 45°车刀车端面，保证总长为 40 mm±0.2 mm，倒角为1×45°
13	检查	

巩固训练

1. 练习内锥角度的调整，并进行检测。

2. 加工如图 5-2-3 所示的工件，毛坯尺寸为 ϕ50 mm×40 mm，材料为 45 钢，要求写出加工工艺，并自行准备工具、卡具、量具，独立加工合格工件。加工时间为 120 min。

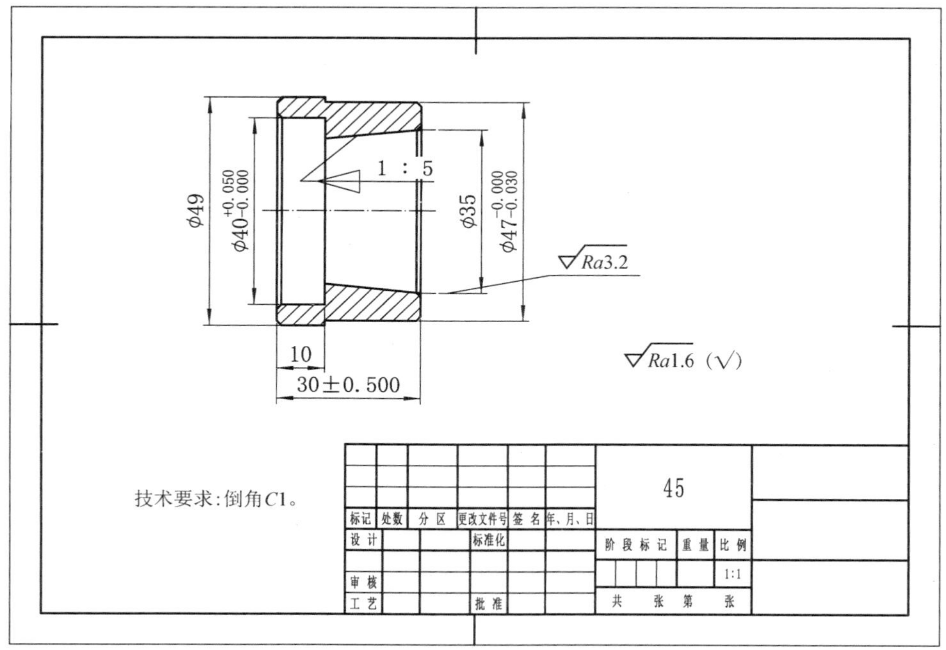

图 5-2-3　巩固训练

知识探究

一、转动小滑板车内圆锥

(1)先用直径小于锥孔小端直径1～2 mm的钻头钻孔，即直径为25 mm的麻花钻。

(2)内圆锥车刀的选择及装夹。由于圆锥孔车刀刀柄尺寸受圆锥孔小端直径的限制，为了增大刀柄刚度，应选用圆锥形刀柄，且使刀尖与刀柄中心对称平面等高。装刀时，可以用车平面的方法调整车刀，使刀尖严格对准工件中心，刀柄伸出长度应保证其切削行程，刀柄与工件锥孔周围应留有一定空隙。车刀装夹好后还须停车在孔内摇动床鞍至终点，检查刀柄是否会产生碰撞。

(3)转动小滑板，调整小滑板镶条松紧及行程距离。根据公式计算出圆锥半角$\frac{\alpha}{2}$，小滑板逆时针方向转动一个圆锥半角$\frac{\alpha}{2}$。

(4)粗车内圆锥面。与转动小滑板车外圆锥面一样。加工时，车刀应从外面开始切削。当锥形塞规能塞进孔约$\frac{1}{2}$长时用涂色法检查，并找正锥度。本工件不是标准的内圆锥，因此采用涂色法检查时没有标准塞规，只能采用上一任务加工好的外圆锥作为塞规来进行检测。

(5)找正圆锥角。用涂色法检测圆锥孔角度，根据擦痕情况调整小滑板转动角度。经几次试切和检查后逐步将角度找正。

(6)精车内圆锥面。精车内圆锥面控制尺寸的方法与精车外圆锥面控制尺寸的方法相同，也可以采用计算法或移动床鞍法确定a_p值。

二、反装刀法和主轴反转法车圆锥孔

(1)先把外圆锥车好。

(2)不要变动小滑板角度，反装车刀(主轴正转)或用左镗孔刀(主轴反转)进行车削，如图5-2-4所示。

(3)用左镗孔刀进行车削时，车床主轴应反转，如图5-2-5所示。

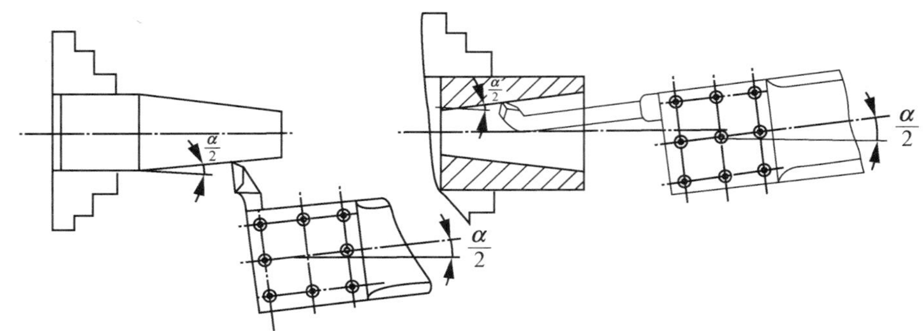

图 **5-2-4**　车配套圆锥的方法

图 **5-2-5**　左镗孔刀车削图片

三、 切削用量的选择

(1)切削速度比车外圆锥时低 10%～20%。

(2)手动进给量要始终保持均匀，不能有停顿与快慢现象。最后一刀的切削深度一般硬质合金取 0.3 mm，高速钢取 0.05～0.1 mm，并加注切削液。

(3)精车钢件时，可以加注切削液或植物油，以减小表面粗糙度 Ra 值，提高表面质量。

四、 圆锥孔的检查

1. 角度或锥度的检测

检测内圆锥面的角度或锥度主要是使用圆锥塞规。

圆锥塞规即为上一任务已加工好的外圆锥。圆锥塞规检测内圆锥时，也采用涂色法，其具体要求与用圆锥套规检测外圆锥相同，只要将显示剂涂在塞规表面，与判断圆锥角大小的方法正好相反，即若小端擦着，大端未擦着，说明圆锥角大了；若大端擦着，小端未擦着，说明圆锥角小了。

2. 圆锥尺寸的检测

内圆锥尺寸的检测主要是使用圆锥塞规，在圆锥角度正确的情况下，当外圆锥与内圆锥的端面平齐时，说明圆锥的长度尺寸和大小端尺寸是合格的。

注意事项：

(1)尽量选用刚度大的内圆锥车刀，车刀必须对准工件中心。

(2)粗车时不宜进刀过深，应先找正锥度(检查塞规与工件是否有间隙)。

(3)用塞规涂色检查时，必须注意孔内清洁，转动量在半圈之内。

(4)取出塞规时注意安全，不能敲击，以防工件移位。车削内外锥配合的工件时，注意最后一刀的计算要准确。

(5)精车锥孔时要以圆锥塞规上的刻线来控制锥孔尺寸。

专业对话

1. 用转动小滑板法车圆锥，锥度不正确的原因有哪些?

2. 车内圆锥的方法有哪几种？各适用于什么情况?

3. 用涂色法检测锥度时如何判断锥度大小?

4. 怎样检验内圆锥大端直径的正确性?

任务评价

内圆锥技能评价见表5-2-2。

表 5-2-2 评分标准及检测记录

准考证号				考件号码			
序号	技术要求	配分	评分标准	检测手段	检测结果	扣分	得分
1	$\phi26^{+0.039}_{0}$ mm	20分	超差无分	千分尺			
2	$\phi40^{0}_{-0.039}$ mm	20分	超差无分	千分尺			
3	20 mm±0.2 mm	10分	超差无分	游标卡尺			
4	40 mm±0.2 mm	10分	超差无分	游标卡尺			

续表

准考证号				考件号码			
5	锥度 1∶5	10 分	超差无分	万能角度尺			
6	Ra1.6 mm	10 分	增值无分	检测仪、目测			
7	Ra3.2 mm(3 处)	10 分	超差无分	检测仪、目测			
8	1×15°(4 处)	10 分	超差无分	游标卡尺、目测			
9	安全文明操作	扣	每违反一次规定扣 5 分，发生重大事故者，查找原因，接受处罚				
10	正确使用设备工具、夹具、量具	扣					
11	合计						
60 min	监考人						

拓展训练

一、选择题

1. 常用的工具圆锥有(　　)种。

A. 1　　B. 2　　C. 3　　D. 4

2. 莫氏圆锥最小的是(　　)号。

A. 1　　B. 2　　C. 0　　D. 6

3. 圆锥半角的计算公式是(　　)。

A. $\tan\frac{\alpha}{2}=\frac{D-d}{L}$　　B. $\tan\frac{\alpha}{2}=\frac{D+d}{L}$

C. $\tan\frac{\alpha}{2}=\frac{D\times d}{L}$　　D. $\tan\frac{\alpha}{2}=\frac{D-d}{2L}$

4. 圆锥半角$\left(\frac{\alpha}{2}\right)$与锥度 C 的关系是(　　)。

A. $\tan\frac{\alpha}{2}=C$　　B. $\tan\frac{\alpha}{2}=\frac{C}{2}$

C. $\tan\frac{\alpha}{2}=2C$　　D. $\tan\frac{\alpha}{2}=\frac{C}{4}$

5. 米制圆锥锥度 C=(　　)。

A. 1∶20　　B. 1∶10　　C. 1∶30　　D. 1∶40

6. 锥度的计算公式是(　　)。

A. $C=\frac{D-d}{L}$　　B. $L=\frac{D-d}{C}$

C. $D=d+CL$　　D. $d=D-CL$

7. 已知主轴圆锥锥度 $C=1:5$，大端直径 $D=45$ mm，圆锥长度 $L=50$ mm，则小端直径 d 为(　　)。

A. 35　　B. 55　　C. 40　　D. 50

8. 当圆锥角(　　)时，可以用近似公式计算圆锥半角。

A. $\alpha<6°$　　B. $\alpha<3°$　　C. $\alpha<12°$　　D. $\alpha<8°$

9. 当圆锥半角(　　)时，可传递很大的扭矩。

A. $\frac{\alpha}{2}<3°$　　B. $\frac{\alpha}{2}<1.5°$　　C. $\frac{\alpha}{2}<6°$　　D. $\frac{\alpha}{2}<8°$

10. 200号米制圆锥的大端直径是(　　)。

A. 100 mm　　B. 120 mm　　C. 160 mm　　D. 200 mm

二、判断题

1. 用涂色法检验内圆锥时，若塞规大端显示剂被擦去，说明工件圆锥角小了。(　　)

2. 内圆锥双曲线误差是中间凸出的。(　　)

3. 铰内圆锥，常用的方法是钻孔 L 后直接铰锥孔。(　　)

4. 车锥度时，若车刀装高会产生双曲线误差，而车刀装低就不会产生双曲线误差了。(　　)

任务3 工具圆锥配合件的加工

任务目标

(1)掌握莫氏圆锥与米制圆锥的基本知识。

(2)会莫氏圆锥锥棒与锥孔的加工。

(3)正确使用圆锥套规与塞规检测莫氏圆锥。

(4)会一夹一顶加工工件。

学习活动

本工件由锥套和锥棒两部分组成，毛坯尺寸分别为 ϕ50 mm×110 mm，ϕ50 mm×120 mm，具体尺寸要求如图 5-3-1 所示。要求内外锥体单独检测时其接触面达 70%以上，配合后其接触面也达 70%以上。本任务主要考查工具圆锥内外锥体的加工及配合情况。图 5-3-2 为已经加工好的锥体配合件。

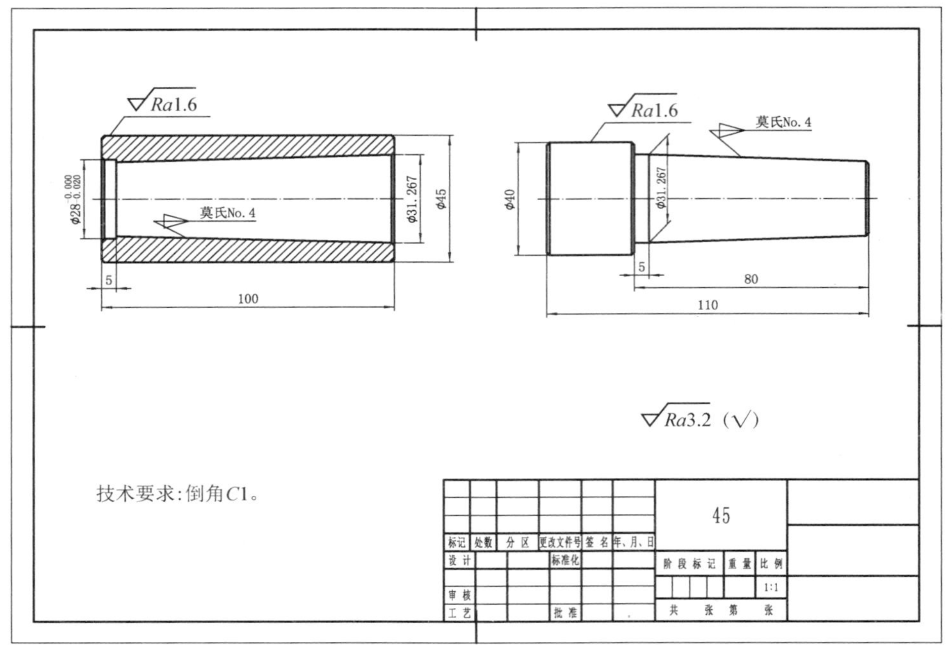

图 5-3-1 锥体配合件

图 5-3-2 加工后的锥体配合件

通过前面任务的学习，在本任务中引进标准工具圆锥的加工，让学生了解它的用途，学会工具圆锥的加工与检测，同时掌握圆锥配合件的加工技巧。

一、 相关知识与技能点

(1)莫氏圆锥与米制圆锥的基本知识。

(2)莫氏圆锥的加工。

(3)圆锥套规与塞规的正确使用。

二、 工作任务

(1)分析零件图，准备工卡量具。

(2)会莫氏圆锥锥棒与锥孔的加工。

(3)会一夹一顶加工工件。

(4)会工具圆锥的检测。

实践操作

一、 零件图分析

该零件为配合件，结构比较简单，锥体部分为莫氏圆锥，锥套部分的尺寸主要有 ϕ45 mm 的外圆直径，ϕ31.267 mm 的锥孔，$\phi 28_{-0.02}^{0}$ mm 长度为 5 mm 的直孔。整个锥套长度为 100 mm。锥棒部分的尺寸主要有大端直径为 ϕ31.267 mm、长度为 80 mm 的莫氏 4 号锥体，ϕ40 mm 的大径，锥棒的总长度为 110 mm。加工时要先加工锥棒，再加工锥套。

二、 刀具分析

(1)45°硬质合金车刀，用于车削零件端面、倒角。

(2)90°硬质合金外圆车刀，用于加工零件外圆、外圆锥体。

(3)盲孔车刀，车削 $\phi 28_{-0.02}^{0}$ mm 直孔。

(4)刀体长约为 100 mm 的硬质合金内孔车刀粗车内锥面。

(5)刀体长约为 100 mm 的高速钢内孔车刀精车内锥面。

三、 加工步骤

(1)锥体的加工步骤见表 5-3-1。

表 5-3-1 锥体的加工步骤

序号	工艺名称	工艺内容
1	装夹找正	三爪自定心卡盘夹持，工件伸出长度为 40 mm，找正夹紧
2	对刀	装 45°，90°外圆车刀。利用试车端面方法判断刀具中心是否与主轴等高，试车后端面没有小凸台，证明刀具合格
3	车端面	(1)45°车刀车端面达到表面粗糙度 Ra3.2 mm (2)打中心孔
4	保总长	(1)调头装夹，工件伸出长度约为 60 mm (2)车端面，保证总长为 110 mm
5	粗、精车外圆	(1)用 90°车刀分两次粗车至 ϕ42 mm，长度约为 50 mm (2)精车外圆尺寸至 ϕ40 mm
6	车锥体外圆	(1)调头装夹，夹持 ϕ40 mm 外圆，采用一夹一顶装夹 (2)粗、精车 ϕ31.267 mm 外圆尺寸，保证长度为 80 mm
7	调整小滑板	(1)松开小滑板上的锁紧螺母 (2)小滑板逆时针转动 1°29′12″，调好刻度后，紧固螺母
8	车锥体	(1)粗车莫氏 4 号锥体 (2)精车莫氏 4 号锥体，倒角
9	倒角	倒角倒钝去毛刺
10	检查	检查、卸件

2. 锥孔的加工步骤见表 5-3-2。

表 5-3-2 锥孔的加工步骤

序号	工艺名称	工艺内容
1	装夹找正	三爪自定心卡盘夹持，工件伸出长度为 40 mm，找正夹紧
2	对刀	装 45°，90°外圆车刀。利用试车端面方法判断刀具中心是否与主轴等高，试车后端面没有小凸台，证明刀具合格
3	车端面	(1)45°车刀车端面达到表面粗糙度 Ra3.2 mm (2)打中心孔
4	车工艺夹头	(1)调头装夹，工件伸出长度约为 60 mm (2)车工艺夹头尺寸为 ϕ46 mm×8 mm

续表

序号	工艺名称	工艺内容
5	粗、精车外圆	用 90°车刀粗车、精车至 ϕ45 mm，长度为 100 mm，倒角
6	车总长	调头装夹，夹持 ϕ45 mm 处，车端面，保证总长为 100 mm，倒角
7	车锥体内孔	(1)用 ϕ24 mm 钻头钻孔 (2)粗、精车内孔尺寸至 ϕ26.2 mm
8	调整小滑板	(1)松开小滑板上的锁紧螺母 (2)小滑板逆时针转动 1°29′12″，调好刻度后，紧固螺母
9	车内锥体	(1)粗车莫氏 4 号内锥体 (2)精车莫氏 4 号内锥体，倒角
10	车内孔	调头装夹，车削 $\phi 28_{-0.02}^{\ 0}$ mm，保证长度尺寸为 5 mm，倒角
11	倒角	倒角倒钝去毛刺
12	检查	检查、卸件

巩固训练

加工如图 5-3-3 所示工件，毛坯尺寸为 ϕ60 mm×100 mm，材料为 45 钢，要求写出加工工艺，并自行准备工具、卡具、量具，独立加工合格工件。加工时间为 120 min。

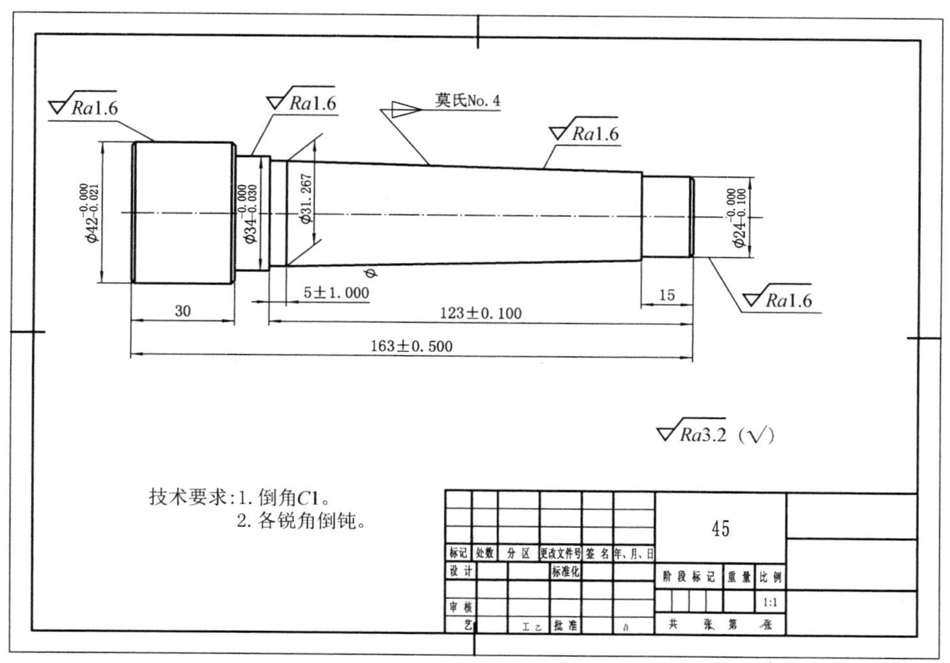

图 5-3-3 圆锥轴巩固训练

知识探究

一、 标准工具圆锥

为了制造和使用方便，降低成本，常用的工具、刀具上的圆锥都已标准化，即圆锥的各部分尺寸都符合几个号码的规定，使用时，只要号码相同，则能互换。标准工具的圆锥已在国际上通用。常用标准工具圆锥有下面两种。

1. 莫氏圆锥

莫氏圆锥是机器制造业中应用最广泛的一种，例如，车床主轴锥孔、顶尖、钻头柄、绞刀柄等都是用莫氏圆锥。莫氏圆锥分成七个号码，即0号、1号、2号、3号、4号、5号、6号，最小的是0号，最大的是6号。莫氏圆锥是从英制换算来的。当号数不同时，圆锥角和尺寸都不相同。莫氏圆锥的各部分尺寸可以查表5-3-3得出。

表 5-3-3 莫氏圆锥的锥度

号数	锥度	圆锥锥角 α	圆锥半角 $\frac{\alpha}{2}$	基本尺寸 D/mm
0	1∶19.212=0.05205	2°58′46″	1°29′23″	9.045
1	1∶20.048=0.04988	2°51′20″	1°25′40″	12.065
2	1∶20.020=0.04995	2°51′32″	1°25′46″	17.780
3	1∶19.922=0.050196	2°52′25″	1°26′12″	23.825
4	1∶19.254=0.051937	2°58′24″	1°29′12″	31.267
5	1∶19.002=0.052626	3°0′45″	1°30′22″	44.399
6	1∶19.180=0.052138	2°59′4″	1°29′32″	63.348

(1)因要求内外锥体单独用量规检测时其接触面达70%以上，配合后其接触面也达70%以上。在检测时，首先在工件表面顺着圆锥素线薄而均匀地涂上轴向均等的三条显示剂(红丹粉)，稍加轴向推力，并将套规转动半圈，观察工件表面显示剂擦去情况。剩余的接触面积≥70%。

(2)车锥体时，车刀刀刃必须对准工件中心，否则车出的圆锥素线将是双曲线。

(3)车削直径为$\phi28_{-0.02}^{\ 0}$ mm、长度为5 mm的内孔时，因为长度较短，用内径百分表无法测量。可以采用内径千分尺进行测量。

2. 米制圆锥

米制圆锥分4号、6号、80号、100号、120号、140号、160号和200号八种，其中140号较少采用，它们的号码表示的是大端直径，锥度固定不变，即 $C=1:20$。米制圆锥的优点是锥度不变，方便记忆。

二、注意事项

(1)在进行一夹一顶时，注意顶尖与中心孔不要留有间隙，否则会出现工件转动而顶尖不转动的现象，从而发生危险。

(2)在夹紧过程中，要注意先顶后夹，否则工件容易出现夹不正的现象。

(3)在加工之前，一定要确认后尾座是否紧固。确认紧固以后才能开始加工工件。

专业对话

1. 莫氏圆锥分成几个号码？各有什么不同？

2. 车削数量较少的配套圆锥，用什么方法可以获得比较理想的配合精度？为什么？

任务评价

评价标准及检测记录见表5-3-4和表5-3-5。

表5-3-4 评分标准及检测记录

序号	技术要求	配分	评分标准	检测手段	检测结果	扣分	得分
1	ϕ40 mm	20分	超差无分	游标卡尺			
2	ϕ31.267 mm	20分	超差无分	千分尺			
3	80 mm	10分	超差无分	千分尺			
4	100 mm	5分	超差无分	游标卡尺			
5	2 mm	10分	超差无分	游标卡尺			
6	莫氏 No.4	20分	增值无分	套规			
7	Ra3.2 mm(2处)	10分	超差无分	检测仪、目测			
8	1×45°(2处)	5分	超差无分	游标卡尺、目测			
9	安全文明操作	扣	每违反一次规定扣5分，发生重大事故者，查找原因，接受处罚				
10	正确使用设备工具、夹具、量具	扣					
11	合计						
60 min		监考人					

表 5-3-5 锥套检测评分标准及检测记录

序号	技术要求	配分	评分标准	检测手段	检测结果	扣分	得分
1	ϕ40 mm	20 分	超差无分	游标卡尺			
2	ϕ31.267 mm	20 分	超差无分	千分尺			
3	80 mm	10 分	超差无分	游标卡尺			
4	100 mm	5 分	超差无分	游标卡尺			
5	2 mm	10 分	超差无分	游标卡尺			
6	莫氏 No. 4	20 分	增值无分	塞规			
7	Ra 3.2 mm(2 处)	10 分	超差无分	检测仪、目测			
8	1×45°(2 处)	5 分	超差无分	游标卡尺、目测			
9	安全文明操作	扣	每违反一次规定扣 5 分，发生重大事故者，查找原因，接受处罚				
10	正确使用设备工具、夹具、量具	扣					
11	合计						
60 min		监考人					

拓展训练 

一、选择题

1. 圆锥配合同轴度高，能做到(　　)配合。

A. 过渡　　B. 间隙很小的　　C. 过盈　　D. 无间隙

2. 莫氏圆锥的号码不同，圆锥角(　　)。

A. 不同　　B. 相同　　C. 任意　　D. 相似

3. 钻头、铰刀的锥柄是(　　)的。

A. 莫氏　　B. 米制　　C. 标准　　D. 布氏

4. 当一个工件上有多个圆锥时，最好采用(　　)法切削。

A. 宽刃刀　　B. 转动小滑板　　C. 仿形　　D. 偏移尾座

5. 圆锥素线与车床主轴轴线的夹角就是(　　)应转过的角度。

A. 工件　　B. 刀架　　C. 小滑板　　D. 尾座

6. 偏移尾座法可加工(　　)的圆锥。

A. 长度较长、锥度较小　　B. 内、外

C. 有多个圆锥面　　D. 长度较长、任意锥度

7. 长度较长、锥度较小、表面粗糙度要求较小的工件，最好采用(　　)法加工。

A. 转动小滑板　B. 铰圆锥　C. 偏移尾座　D. 宽刃刀

8. 有一外圆锥，$D=75$ mm，$d=70$ mm，$L=100$ mm，$L_0=120$ mm，则尾座偏移量为(　　)mm，应向(　　)方向调整。

A. 3，操作者　　B. 3，远离操作者

C. 6，操作者　　D. 6，远离操作者

9. 有一外圆锥工件，$D=40$ mm，$C=1:20$，$L=70$ mm，$L_0=100$ mm，则尾座偏移量为(　　)mm，应向(　　)。

A. 2.5，操作者　　B. 2.5，远离操作者

C. 5，远离操作者　　D. 10，操作者

10. 外圆锥双曲线误差是中间(　　)，内圆锥双曲线误差是中间(　　)。

A. 凸出，凹进　B. 凹进，凸出　C. 凸出，凸出　D. 凹进，凹进

二、判断题

1. 米制圆锥各号码的锥度均相等。(　　)

2. 莫氏圆锥的号码越大，锥度越大。(　　)

3. 工件的圆锥角为60°，车削时小滑板也应转60°。(　　)

4. 用移动小滑板法车圆锥，小滑板转过角度就是$\frac{\alpha}{2}$。(　　)

5. 偏移尾座法可加工内、外圆锥。(　　)

6. 用偏移尾座法车圆锥时，尾座偏移量与圆锥长度L有关，与工件总长L_0无关。(　　)

7. 圆锥配合同轴度高，能做到无间隙配合。(　　)

8. 0～6号莫氏圆锥尺寸不同，但锥度相同。(　　)

9. 有一外圆锥工件，$D=75$ mm，$d=70$ mm，$L=100$ mm，$L_0=120$ mm，则尾座偏移量为6 mm。(　　)

项目 6

车削螺纹及蜗杆

项目导航

本项目主要内容有螺纹及蜗杆的分类、专业术语及螺纹各部分尺寸的计算方法。熟悉车削螺纹和蜗杆车刀的选择方法；了解螺纹及蜗杆对车刀的要求并熟悉刀具的刃磨方法；掌握螺纹、蜗杆的加工方法和加工过程，熟悉车螺纹的安全规程。

学习要点

(1)掌握螺纹、蜗杆的相关术语和定义。

(2)掌握螺纹、蜗杆刀具几何形状的特征和刀具的刃磨技能。

(3)熟悉车削螺纹、蜗杆的进刀方法和动作要领。

(4)掌握螺纹和蜗杆的检测技能。

(5)掌握车削螺纹和蜗杆的技能。

任务 1 车削普通三角形螺纹

任务目标

(1)掌握三角形螺纹的相关术语和定义。

(2)掌握三角形螺纹刀具几何形状的特征和刃磨要点；熟悉低速车削外三角形螺纹的进刀方法和动作要领。

(3)掌握车削外三角形螺纹的相关技能；能根据图样要求，加工出合格的三角形螺纹零件。

(4)根据螺纹样板正确装夹螺纹车刀。

(5)能够采用直进法车三角形螺纹。

学习活动

机器制造中很多零件都有螺纹。螺纹用途十分广泛，有作连接(或固定)的，也有作传递动力的。螺纹的加工方法有很多，大规模生产直径较小的三角形螺纹常采用滚丝或轧丝的方法，数量较少或批量不大的螺纹工件常采用车削的方法。如图 6-1-1 所示的螺纹压盖，就是这样一种零件。

本任务中，将了解车削三角形螺纹相关知识，学习车削三角形螺纹的方法，掌握直进法车三角形螺纹的步骤和技能，加工出合格三角形螺纹零件，并能检验普通三角形螺纹零件。

实践操作

一、 零件结构分析

图 6-1-1 为一螺纹压盖。有一 M42×1.5 mm 外螺纹，其精度要求不高，可用 M42×1.5 mm 环规进行检测，其毛坯尺寸为 ϕ60 mm×55 mm，材料为 45 钢。采用直进法车削加工，需调头装夹一次才能完成车削加工。

二、 刀具分析

(1)90°硬质合金车刀，用于车削外圆。

(2)45°硬质合金车刀，用于车削端面和倒角。

(3)切断刀，用于车削螺纹退刀槽。

(4)内孔车刀，用于车削 $\phi25^{+0.21}_{0}$ mm 内孔。

(5)外螺纹车刀，用于车削 M42×1.5 mm 外螺纹。

三、 加工步骤

螺纹压盖的加工步骤见表 6-1-1。

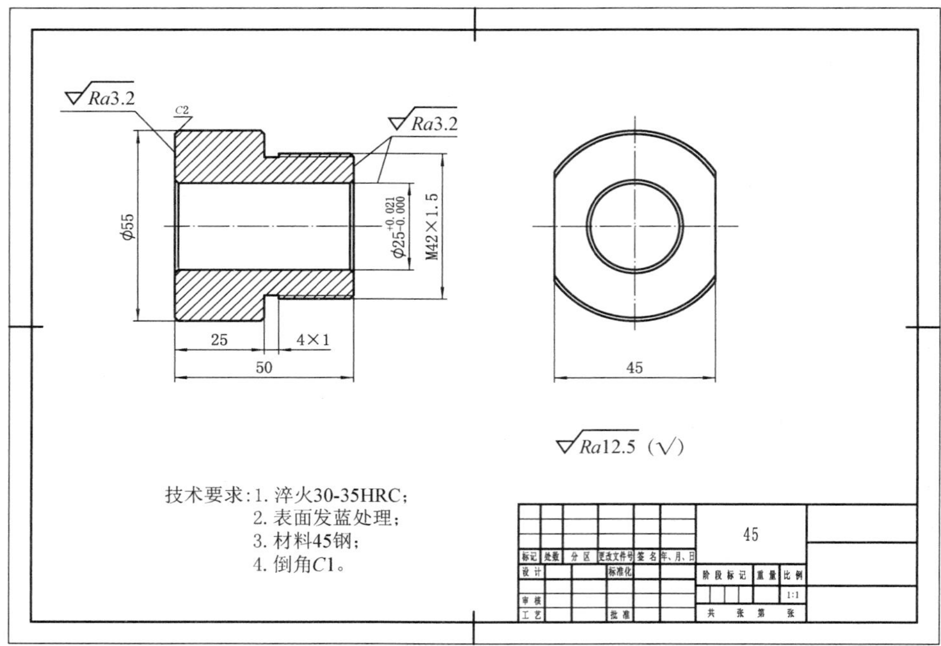

图 6-1-1 螺纹压盖

表 6-1-1 螺纹压盖的加工步骤

序号	工艺名称	工艺内容
1	装夹找正	用三爪自定心卡盘夹持工件一端，工件伸出长度≥30 mm，找正夹紧
2	对刀	装 45°，90°外圆车刀、内孔车刀，利用试车端面方法判断刀具中心是否与主轴等高，试车后端面没有小凸台，证明刀具合格，但切断刀要稍高些
3	车端面、钻通孔	用 45°车刀车端面，钻 $\phi23$ mm 通孔
4	粗、车外圆	粗、精车 $\phi55$ mm 外圆至图样尺寸要求，长度≥26 mm
5	粗、精车内孔	粗、精车 $\phi25^{+0.21}_{0}$ mm 至尺寸要求
6	车内、外倒角	车内、外倒角 $C1$，$C2$

续表

序号	工艺名称	工艺内容
7	调头装夹	调头夹持 ϕ55 mm 外圆(垫铜皮)，夹持长度≤20 mm，车端面至总长尺寸为 50 mm
8	对刀	卸下内孔车刀，装夹上切断刀和螺纹车刀，按要求调整好车刀刀尖高度
9	车削螺纹	(1)车削外圆至尺寸为 ϕ42 mm×25 mm (2)车外圆槽至 4 mm×1 mm (3)车削内、外倒角 $C1$ (4)粗、精车 M42×1.5 mm 螺纹(螺纹环规检测)
10	铣削平面	铣削两平面至尺寸为 45 mm
11	检查	检验各部分尺寸

四、 注意事项

(1)车螺纹前要检查组装交换齿轮的间隙是否适当。

(2)操作时精力要集中，切削速度要慢。

(3)开合螺母要调整到位。

(4)车削无退刀槽螺纹时，必须先退刀，后起开合螺母。

(5)车削螺纹时应防止螺纹小径不清、侧面不光、牙型不直等缺陷。

(6)使用环规检查时，不能用力过大或用扳手强拧，以免严重磨损环规或使工件发生移位。

巩固练习

(1)零件图。

图 6-1-2 为一螺纹轴图样。

(2)要求。

①时间为 3.5 h。

②利用直线车螺纹法车削该螺纹轴。

③独立确定一般工件的加工工艺。

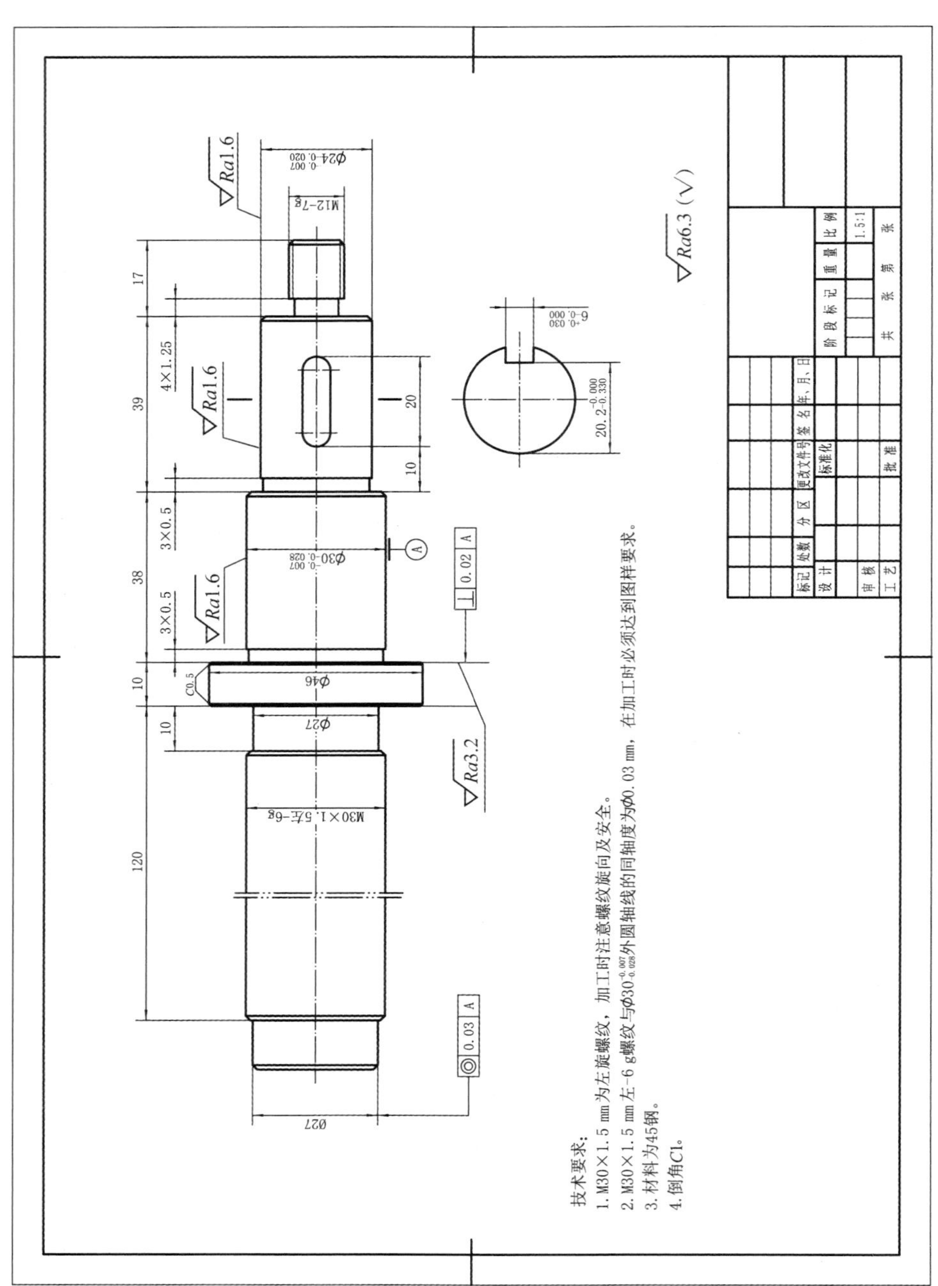
技术要求:
1. M30×1.5 mm为左旋螺纹，加工时注意螺纹旋向及安全。
2. M30×1.5 mm左-6 g螺纹与φ30$^{-0.007}_{-0.028}$外圆轴线的同轴度为φ0.03 mm，在加工时必须达到图样要求。
3. 材料为45钢。
4. 倒角C1。
M12-7g
φ24$^{-0.007}_{-0.020}$
φ30$^{-0.007}_{-0.028}$
φ46
φ27
M30×1.5左-6g
Ra1.6
Ra3.2
Ra6.3 (√)
0.02 A
0.03 A
C0.5
4×1.25
3×0.5
20.2$^{0.000}_{-0.330}$
6$^{+0.030}_{0.000}$
17
39
38
10
120
20
标记
处数
分区
更改文件号
签名
年、月、日
设计
标准化
审核
工艺
批准
阶段标记
重量
比例
1.5:1
共 张
第 张

图 6-1-2 螺纹轴

知识探究

扫一扫

一、 车削普通三角形螺纹

1. 普通螺纹尺寸的计算

普通螺纹是我国应用最广泛的一种三角形螺纹，牙型角为60°。普通螺纹分粗牙普通螺纹和细牙普通螺纹。

粗牙普通螺纹代号用字母“M”及公称直径表示，如M16，M18等。细牙普通螺纹代号用字母“M”及公称直径×螺距表示，如M20×1.5，M10×1等。细牙普通螺纹与粗牙普通螺纹的不同点是，当公称直径相同时，细牙普通螺纹螺距比较小。

左旋螺纹在代号末尾加注“左”字或者加注“LH”，如M6左，M16×1.5左或者M6LH，M16×1.5LH等，未注明的为右旋螺纹。

普通螺纹也可分为内螺纹和外螺纹，如图6-1-3和图6-1-4所示。该牙型具有螺纹的基本尺寸，各尺寸的计算如下。

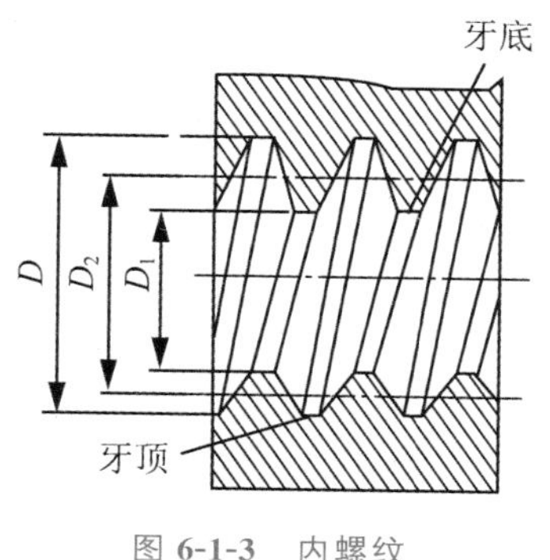

图6-1-3 内螺纹

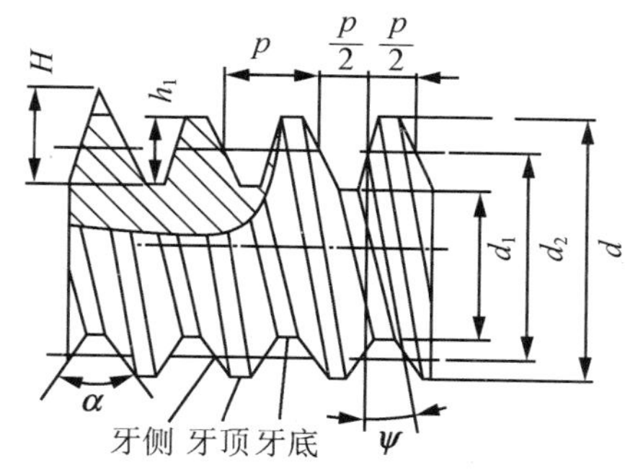

图6-1-4 外螺纹

(1)螺纹大径 $d=D$（d—外螺纹大径；D—内螺纹大径）。

(2)中径 $d_2=D_2=d-0.6495p$。

(3)牙型高度 $h_1=0.5413p$。

(4)螺纹小径 $d_1=D_1=d-1.3p$。

2. 内外三角形螺纹车刀的刃磨

要车好螺纹，必须正确刃磨螺纹车刀。螺纹车刀按加工性质属于成型刀具，其切削部分的形状应当和螺纹牙型的轴向剖面形状相符合，即车刀的刀尖角应该等于牙型角。

(1)三角形螺纹车刀的几何角度。

①刀尖角应该等于牙型角。车普通螺纹时为 60°，车英制螺纹为 55°。

②前角一般为 0°～10°。因为螺纹车刀的纵向前角对牙型角有很大影响，所以精车时或精度要求高的螺纹，径向前角取得小一些，为 0°～5°。

③后角一般为 5°～10°。因受螺纹升角的影响，进刀方向一面的后角应磨得稍大一些，但对于大直径、小螺距的三角形螺纹，这种影响可忽略不计。

(2)三角形螺纹车刀的刃磨。

刃磨要求：

①根据粗、精车的要求，刃磨出合理的前、后角。粗车刀前角大、后角小，精车刀则相反。

②车刀的左右刀刃必须是直线的，无崩刃。

③刀头不歪斜，牙型半角相等。

④内螺纹车刀刀尖角平分线必须与刀杆垂直。

⑤内螺纹车刀后角应适当大些，一般磨有两个后角。

刀尖角的刃磨和检查：

由于螺纹车刀刀尖角要求高、刀头体积小，因此刃磨起来比一般车刀困难。在刃磨高速钢螺纹车刀时，若感到发热烫手，必须及时用水冷却，否则容易引起刀尖退火；在刃磨硬质合金车刀时，应注意刃磨顺序，一般是先将刀头后面适当粗磨，随后再刃磨两侧面，以免产生刀尖崩裂。在精磨时，应注意防止压力过大而震碎刀片，同时要防止刀具在刃磨时骤冷而损坏刀具。

为了保证磨出准确的刀尖角，在刃磨时可用螺纹角度样板测量。测量时把刀尖角与样板贴合，对准光源，仔细观察两边贴合的间隙，并进行修磨。

对于具有纵向前角的螺纹车刀可以用一种较厚的特制螺纹样板来测量刀尖角，如图 6-1-5 所示。测量时样板应与车刀底面平行，用透光法检查，这样量出的角度近似等于牙型角。

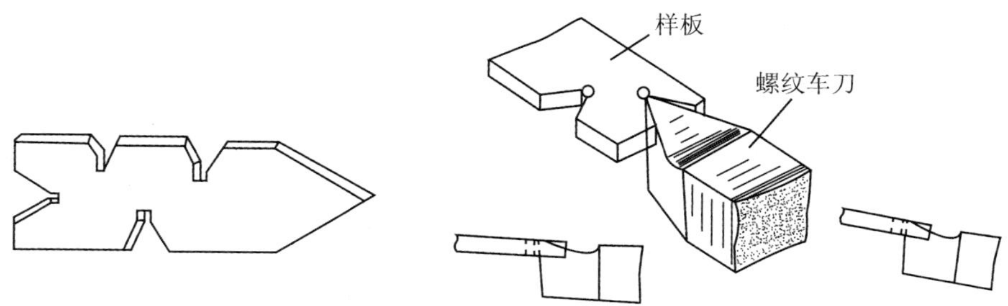

图 6-1-5　车刀角度的测量

3. 车螺纹时车床的调整

(1)变换手柄位置：一般按工件螺距在进给箱铭牌上找到交换齿轮的齿数和手柄位置，并把手柄拨到所需的位置上。

(2)调整滑板间隙：调整中滑板、小滑板与镶条的间隙时，不能太紧，也不能太松。太紧，摇动滑板费力，操作不灵活；太松，车螺纹时容易产生“扎刀”。顺时针方向旋转小滑板手柄，消除小滑板丝杠与螺母的间隙。

4. 三角形螺纹的加工方法

三角形螺纹有正扣(右旋)及反扣(左旋)，即当主轴正转时，由尾座向卡盘方向走刀，加工出来的螺纹为正扣(右旋)，当主轴还是正转的情况下，由卡盘向尾座方向走刀，加工出来的螺纹为反扣(左旋)，如图 6-1-6 所示。

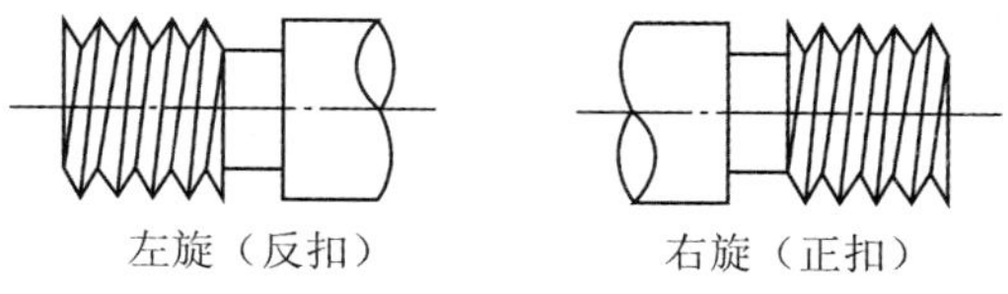

图 6-1-6　三角形螺纹的旋向

此外，还有直进法、斜进法、左右进刀法，如图 6-1-7 所示。

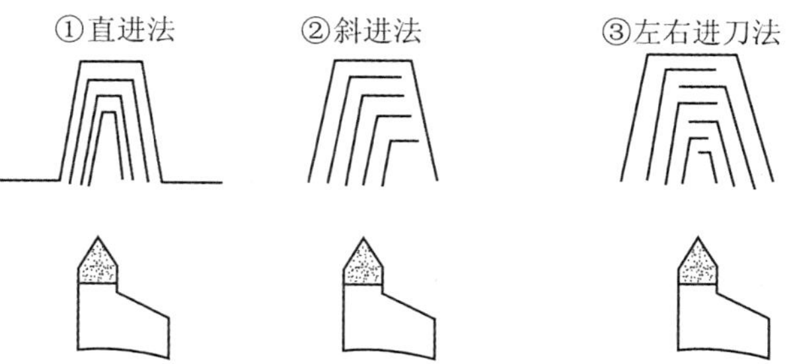

图 6-1-7　车制三角形螺纹的方法

5. 车螺纹时的动作练习

(1)选择主轴转速为200 r/min左右，开动车床，将主轴倒、顺转数次，然后合上开合螺母，检查丝杠与开合螺母的工作是否正常，若有跳动和自动抬闸现象，必须消除。

(2)空刀练习车螺纹的动作，选螺距为2 mm，长度为25 mm，转速为165～200 r/min。开车练习开合螺母的分合动作，先退刀，后提开开合螺母，动作协调。

(3)试切螺纹。在外圆上根据螺纹长度，用刀尖对准，开车并径向进给，使车刀与工件轻微接触，车一条刻线作为螺纹终止退刀标记，如图6-1-8所示，记住中滑板刻度盘读数后退刀。将床鞍摇至离端面8～10牙处，径向进给0.05 mm左右，调整刻度盘"0"位(以便车螺纹时掌握切削深度)，合上开合螺母，在工件上车一条有痕螺旋线，到螺纹终止线时迅速退刀，提起开合螺母，用钢直尺或螺距规检查螺距，如图6-1-8所示。

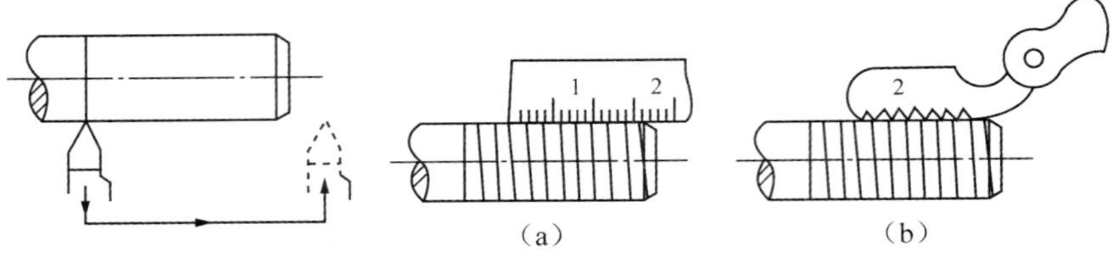

图6-1-8 试切螺纹

6. 螺纹的测量

(1)大径的测量。螺纹大径的公差较大，一般可用游标卡尺或千分尺测量。

(2)螺距的测量。螺距一般用钢板尺测量。普通螺纹的螺距较小，在测量时，根据螺距的大小，最好量2～10个螺距的长度，然后除以2～10，就得出一个螺距的尺寸。如果螺距太小，则用螺距规测量，测量时把螺距规平行于工件轴线方向嵌入牙中，如果完全符合，螺距就是正确的。

(3)中径的测量。精度较高的三角形螺纹可用螺纹千分尺测量，所测得的千分尺读数就是该螺纹的中径实际尺寸。

(4)综合测量。用螺纹环规综合检查三角形外螺纹。首先应对螺纹的直径、螺距、牙型和粗糙度进行检查，再用螺纹环规测量外螺纹的尺寸精度。如果环规通端拧进去，而止端拧不进，就说明螺纹精度合格。对精度要求不高的螺纹也可用标准螺母检查，以拧上工件时是否顺利和松动的感觉来确定。检查有退刀槽的螺纹时，环规应通过退刀槽与台阶平面靠平。

7. 注意事项

(1)车螺纹前要检查主轴手柄位置，用手旋转主轴(正、反)，观察是否过重或空转量过大。

(2)由于初学者操作不熟练，宜采用较低的切削速度，在练习时注意力要集中。

(3)车螺纹时，开合螺母必须闸到位。如感到未闸好，应立即起闸，重新进行。

(4)车螺纹时，应注意不能用手去摸正在旋转的工件，更不能用棉纱去擦正在旋转的工件。

(5)车完螺纹后，应提起开合螺母，并把手柄拨到纵向进刀位置，以免再开车时撞车。

(6)车螺纹应保持刀刃锋利。如中途换刀或磨刀后，必须重新对刀，并重新调整中滑板刻度。

(7)粗车螺纹时，要留适当的精车余量。

(8)精车时，应先用最少的赶刀量车光一个侧面，把余量留给另一侧面。

二、 车削加工普通三角形内螺纹

三角形内螺纹工件形状常见的有三种，即通孔、不通孔和台阶孔，其中通孔内螺纹容易加工。在加工内螺纹时，由于车削的方法和工件形状的不同，因此所选用的螺纹车刀也不相同。

工厂中常见的内螺纹车刀如图 6-1-9 所示。

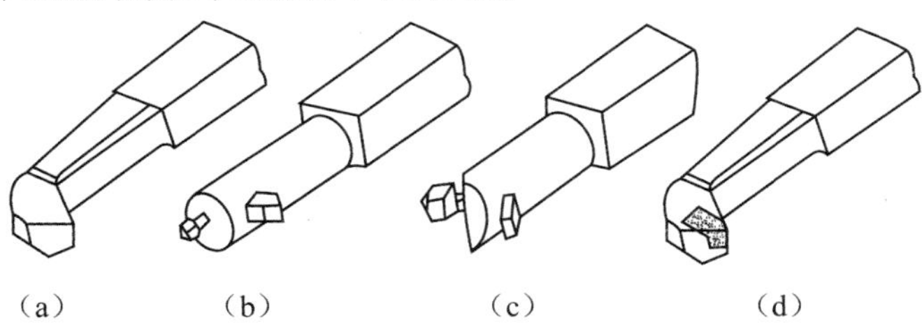

图 **6-1-9**　常见的内螺纹车刀

1. 内螺纹车刀的选择和装夹

(1)内螺纹车刀的选择。内螺纹车刀是根据其车削方法和工件材料及形状来选择的。它的尺寸大小受到螺纹孔径尺寸限制，一般内螺纹车刀的刀头径向长度应比孔径小3～5 mm，否则退刀时要碰伤牙顶，甚至不能车削。刀杆的大小在保证排屑的前提下，要粗壮些。

(2)车刀的刃磨和装夹。内螺纹车刀的刃磨方法和外螺纹车刀基本相同。但是刃磨刀尖时要注意它的平分线必须与刀杆垂直，否则车内螺纹时会出现刀杆碰伤内孔的现象。刀尖宽度应符合要求，一般为0.1倍螺距，如图6-1-10所示。

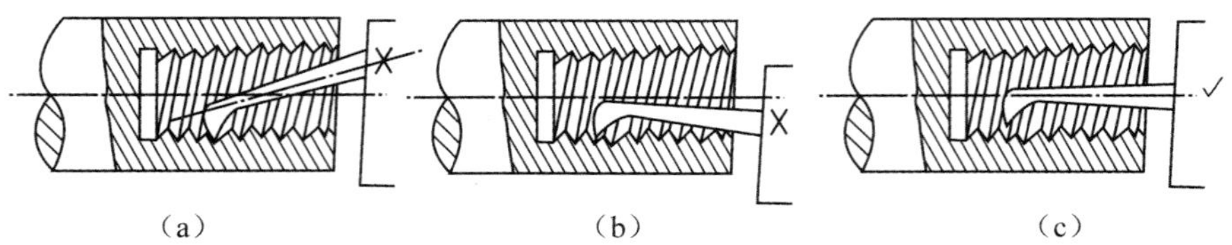

(a)　　(b)　　(c)

图 **6-1-10**　车刀的刃磨和装夹

在装刀时，必须严格按样板找正刀尖，否则车削后会出现倒牙现象。刀装好后，应在孔内摇动床鞍至终点检查是否碰撞，如图6-1-11所示。

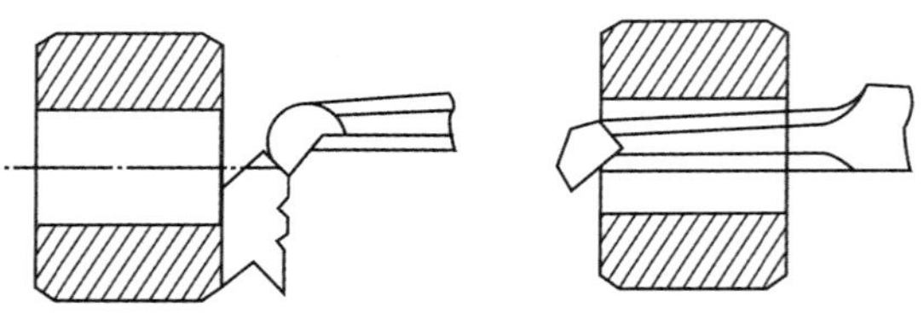

图 **6-1-11**　检查是否碰撞

2. 三角形内螺纹孔径的确定

在车内螺纹时，首先要钻孔或扩孔，孔径公式一般可采用下面公式计算：

$$D_{孔} \approx d - 1.05p。$$

3. 车通孔内螺纹的方法

(1)车内螺纹前，先把工件的内孔、平面及倒角车好。

(2)开车空刀练习进刀、退刀动作，车内螺纹时的进刀和退刀方向与车外螺纹时相反，按图6-1-12所示的练习。练习时，需在中滑板刻度圈上做好退刀和进刀。

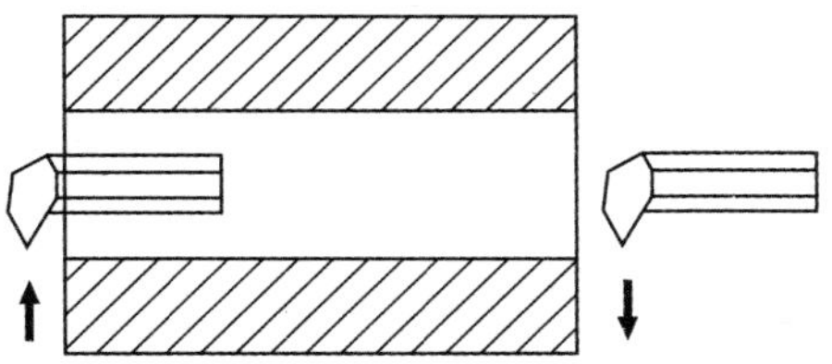

图 6-1-12　车内螺纹时的进退刀方向

(3)进刀切削方式和外螺纹相同，螺距小于 1.5 mm 或铸铁螺纹采用直进法；螺距大于 2 mm 采用左右切削法。为了改善刀杆受切削力的变形，其大部分余量应先在尾座方向上切削掉，后车另一面，最后车螺纹大径。车内螺纹时目测困难，一般根据排屑情况进行左右赶刀切削，并判断螺纹表面的粗糙度。

4. 车盲孔或台阶孔内螺纹

(1)车退刀槽，其直径应大于内螺纹大径，槽宽为 2～3 个螺距，并与台阶平面切平。

(2)选择盲孔车刀。

(3)根据螺纹长度加上$\frac{1}{2}$槽宽在刀杆上做好记号，作为退刀、开合螺母起闸之用。

(4)车削时，中滑板手柄的退刀和开合螺母起闸，动作要迅速、准确、协调，保证刀尖在槽中退刀。

(5)切削用量和切削液的选择与车外三角形螺纹时相同。

5. 注意事项

(1)内螺纹车刀的两刃口要刃磨平直，否则会使车出的螺纹牙型侧面不直，影响螺纹精度。

(2)车刀的刀头不能太窄，否则螺纹已车到规定深度，但是中径尚未达到要求尺寸。

(3)车刀刃磨不正确或装刀歪斜，会使车出的内螺纹一面正好能用塞规拧进，另一面却拧不进或配合过松。

(4)车刀刀尖要对准工件中心，如车刀装得高，车削时会引起振动，使工件表面产生鱼鳞斑现象；车刀装得低，刀头下部会和工件发生摩擦，车刀切不进去。

(5)内螺纹车刀刀杆不能选择得太细，否则由于切削力的作用，会引起振颤和变形，出现“扎刀”“啃刀”“让刀”，发出不正常的声音和震纹等现象。

(6)小滑板宜调整得紧一些，以防车削时车刀移位产生乱扣。

(7)加工盲孔内螺纹，可以在刀杆上做记号或用薄铁皮做标记，也可用床鞍刻度的刻线等来控制退刀，避免车刀碰撞工件而报废。

(8)赶刀量不宜过多，以防精车时没有余量。

(9)车内螺纹时，如发现车刀有碰撞现象，应及时对刀，以防车刀移位而损坏牙型。

(10)螺纹车刀要保持锋利，否则容易产生“让刀”。

(11)因“让刀”现象产生的螺纹锥形误差(检查时，只能在进口处拧进几扣)，不能盲目地加大切削深度，这时必须采用趟刀的方法，使车刀在原来的切刀深度位置反复车削，直至全部拧进。

(12)用螺纹塞规检查，应使通端全部拧进，感觉松紧适当；止端拧不进。检查不通孔螺纹，通端拧进的长度应达到图样要求的长度。

(13)车内螺纹过程中，当工件在旋转时，不可用手摸，更不可用棉纱去擦，以免造成事故。

三、 高速车削三角形外螺纹

工厂中普遍采用硬质合金螺纹车刀进行高速车削钢件螺纹，其切削速度比高速钢车刀高 15～20 倍，进刀次数可减少$\frac{2}{3}$以上，生产效率可大大提高。

1. 车刀的选择与装夹

(1)车刀的选择。通常选用镶有 YT15 刀片的硬质合金螺纹车刀，其刀尖角应小于螺纹牙型角 0°～1°，后角一般为 3°～6°，车刀前面和后面要经过精细研磨。

(2)车刀的装夹。除了符合螺纹车刀的装夹要求外，为了防止振动和“扎刀”，刀尖应略高于工件中心，一般高 0.1～0.3 mm。

2. 车床的调整和动作练习

(1)调整床鞍和中滑板、小滑板，使之无松动现象，小滑板应紧一些。

(2)开合螺母要灵活。

(3)车床无显著振动；车削前作空刀练习，选择转速 200～500 r/min。要求进刀、退刀、提起开合螺母动作迅速、准确、协调。

3. 高速车螺纹

(1)进刀方式。车削时只能用直进法。

(2)切削用量的选择。切削速度一般取50～100 m/min，切削深度开始时大些(大部分余量在第一刀、第二刀车去)，以后逐步减少，但最后一刀应不少于0.1 mm。一般高速切削螺纹的螺距为1.5～3 mm，材料为中碳钢时，只需3～7次进刀即可完成。切削过程中一般不加切削液。

例：螺距为1.5 mm，2 mm，其切削深度分配如下。

p＝1.5 mm，总切削深度为0.65p＝0.975 mm。

第一刀切深＝0.5 mm；

第二刀切深＝0.35 mm；

第三刀切深＝0.1 mm。

p＝2 mm，总切削深度为0.65p＝1.3 mm。

第一刀切深＝0.6 mm；

第二刀切深＝0.4 mm；

第三刀切深＝0.2 mm；

第四刀切深＝0.1 mm。

用硬质合金车刀高速车削中碳钢或合金钢时，走刀次数可参考表6-1-2的数据。

表6-1-2　走刀次数

螺距/mm	1.5～2		3	4	5
走刀次数	粗车	2～3	3～4	4～5	5～6
	精车	1	2	2	2

专业对话

1. 高速钢螺纹车刀的特点有哪些？

2. 硬质合金螺纹车刀的特点是什么？

3. 按材料怎样选择螺纹车刀？

任务评价

评分标准及检测记录表见表6-1-3。

表 6-1-3 评分标准及检测记录表

序号	考核项目	考核内容及要求		评分标准	配分	检测结果	扣分	得分
		精度	*Ra*					
1	外尺寸	$\phi55$ mm	6.3 mm	超差全扣	11 分			
		25 mm		超差全扣	11 分			
		4 mm		超差全扣	11 分			
		50 mm		超差全扣	11 分			
2	螺纹	M42×1.5 mm	6.3 mm	超差全扣	15 分			
3	内孔	$\phi25^{+0.021}_{0}$ mm	3.2 mm	超差全扣	15 分			
4	倒角	$C2$		超差全扣	4 分			
		$C1$(3 处)		超差全扣	12 分			
5	安全文明生产	(1)车床安全操作规程 (2)工具、夹具、刃具、量具放置及使用规范 (3)车床维护保养 (4)工作场地清理			10 分			
6	按时完成工件	(1)超时 10 min，倒扣 5 分 (2)超时 20 min，倒扣 10 分 (3)超时 30 min，不得分						
7	合计							
工时定额		2 h		指导教师				

拓展训练

一、选择题

1. 影响梯形螺纹牙型角的主要因素是(　　)。

A. 主后角　　B. 径向前角　　C. 楔角　　D. 刀尖角

2. 高速车削螺纹时，一般选用(　　)车削。

A. 直进　　B. 左右切削　　C. 斜进　　D. 刀尖角

3. 梯形螺纹测量一般用三针测量法测量螺纹的(　　)。

A. 大径　　B. 中径　　C. 底径　　D. 小径

4. 测量梯形螺纹中径的最佳方法是(　　)。

A. 综合测量法　　B. 螺纹千分尺

C. 三针测量法　　　　　　D. 单针测量法

5. CA6140 型卧式车床上车削米制螺纹时，交换齿轮传动比应是(　　)。

A. 42∶100　　B. 63∶75　　C. 60∶97　　D. 50∶100

6. 车削右旋螺纹时，螺纹车刀右侧的工作后角(　　)。

A. 增大　　B. 减小　　C. 不变　　D. 突变

7. 多线螺纹车刀的几何角度与单线螺纹的几何角度的最大不同之处是(　　)。

A. 前角　　B. 主后角　　C. 副后角　　D. 刀尖角

8. 判断车削多头螺纹时是否发生乱牙，应以(　　)代入计算。

A. 螺距　　B. 导程　　C. 线数　　D. 螺纹升角

9. 车削多线螺纹时应按(　　)来计算交换齿轮。

A. 螺距　　B. 导程　　C. 牙型角　　D. 螺纹大径

二、问答题

车削螺纹时，车刀两侧负后角有哪些变化？

任务2 车削梯形螺纹

任务目标

(1)掌握梯形螺纹的相关术语和定义。

(2)掌握梯形螺纹刀具几何形状的特征和刃磨要点，掌握高速钢梯形螺纹车刀的刃磨技能。

(3)了解和掌握梯形螺纹公差知识，会查表格确定数据；掌握梯形螺纹的测量知识和技能。

(4)了解和掌握左右切削法的操作要领；掌握车削梯形螺纹的技能。

(5)掌握梯形螺纹的测量、检验方法。

学习活动

梯形螺纹的轴向剖面形状是一个等腰梯形。梯形螺纹一般用于传动，精度高，如车床上的丝杠和中小滑板的丝杠等。图 6-2-1 所示的梯形螺纹组合件，就是这样一类零件。

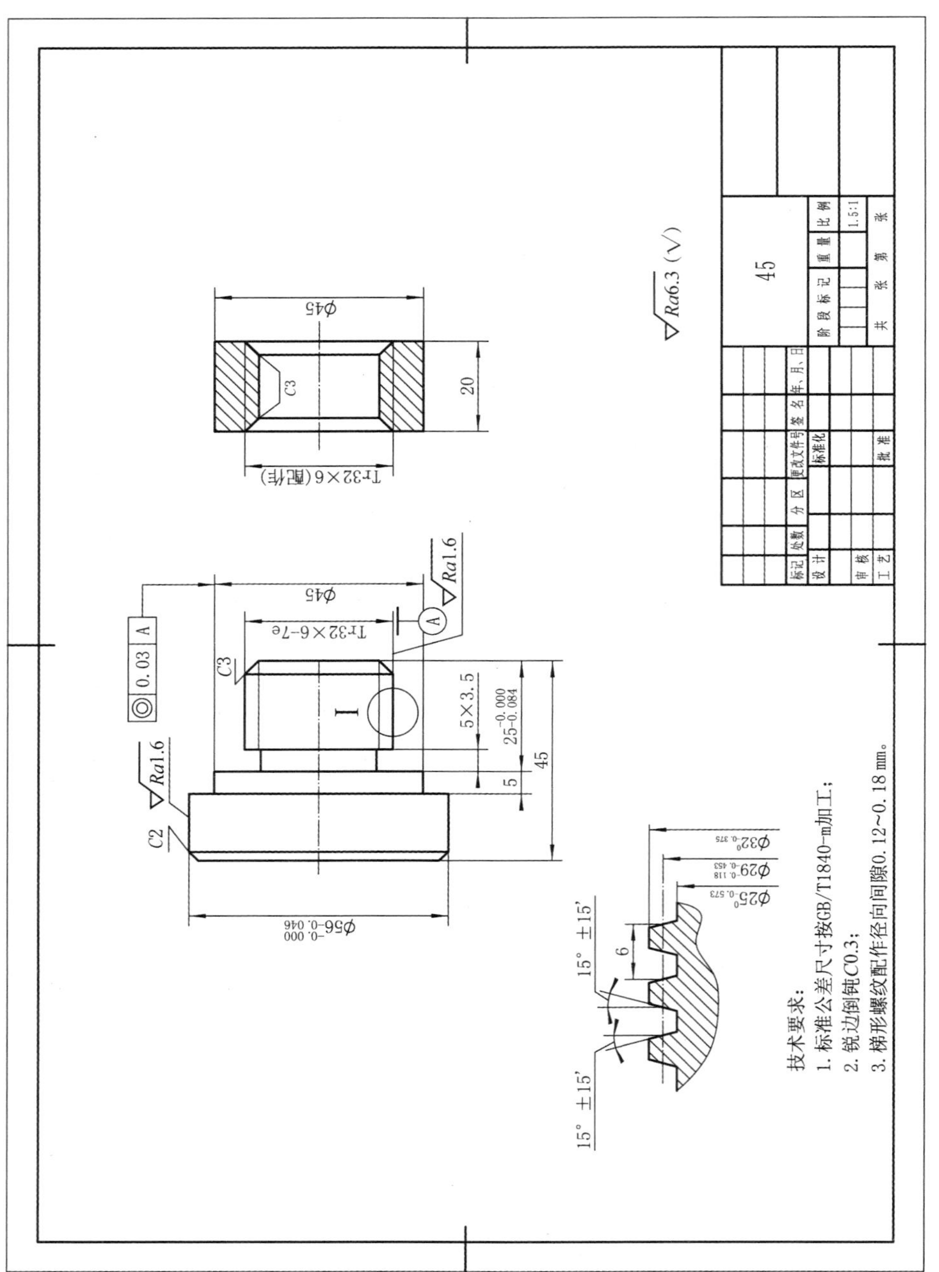

图 6-2-1　梯形螺纹组合件

本任务中，将了解车削梯形螺纹相关知识，学习车梯形螺纹的方法，掌握车梯形螺纹的步骤和技能，并会检验梯形螺纹零件。

实践操作

一、零件结构分析

图 6-2-1 为一梯形外螺纹轴与梯形螺母的组合件。其梯形螺纹为 Tr32×6－7e，中径有公差要求，应采用三针测量法进行检验，毛坯尺寸分别为 ϕ60 mm×50 mm，ϕ50 mm×30 mm，材料为 45 钢。

二、刀具分析

(1)90°硬质合金车刀，用于车削外圆。

(2)45°硬质合金车刀，用于车削端面和倒角。

(3)切断刀，用于车削退刀槽。

(4)内孔车刀，用于车削内孔。

(5)外梯形螺纹刀，用于车削外梯形螺纹；内梯形螺纹刀，用于车削内梯形螺纹。

三、加工步骤

梯形螺纹轴的加工步骤见表 6-2-1。

表 6-2-1　梯形螺纹轴的加工步骤

序号	工艺名称	工艺内容
1	装夹找正	三爪自定心卡盘夹持工件一端，工件伸出长度≥20 mm，找正夹紧
2	对刀	装 45°，90°外圆车刀、切断刀和外梯形螺纹车刀，利用试车端面方法判断刀具中心是否与主轴等高，试车后端面没有小凸台，证明刀具合格，但切断刀要稍高些
3	车端面	用 45°车刀车端面
4	粗、精车外圆	(1)粗、精车外圆至尺寸 $\phi56_{-0.046}^{\ 0}$ mm(长度大于 15 mm) (2)车倒角 $C2$

续表

序号	工艺名称	工艺内容
5	车梯形螺纹	(1)调头三爪卡盘夹持 $\phi56_{-0.046}^{0}$ mm 外圆(垫铜皮，找正)，伸出长度≥38 mm，车端面达到总长尺寸 45 mm (2)粗、精车 $\phi45$ mm 外圆至尺寸要求，控制长度为 30 mm (3)粗、精车外梯形螺纹 Tr32×6－7e 大径，控制长度为 $25_{-0.084}^{0}$ mm (4)车外沟槽 5 mm×3.5 mm，倒角 $C3$，倒钝锐边 $C0.3$ (5)粗、精车 Tr32×6－7e 外梯形螺纹
6	检查	检验各部分尺寸

梯形螺母的加工步骤见表 6-2-2。

表 6-2-2　梯形螺母的加工步骤

序号	工艺名称	工艺内容
1	装夹找正	三爪自定心卡盘夹持，工件伸出长度≥22 mm，找正夹紧。车端面，钻通孔 $\phi24$ mm
2	对刀	装 45°，90°外圆车刀、内孔车刀，利用试车端面方法判断刀具中心是否与主轴等高，试车后端面没有小凸台，证明刀具合格，但内孔车刀要稍高些
3	车端面	用 45°车刀车端面
4	车外圆	粗、精车 $\phi45$ mm 外圆至尺寸要求，长度为 21 mm 外圆倒钝 0.3 mm
5	车内螺纹	钻通孔 $\phi24$ mm 车削内孔尺寸至 $\phi26$ mm，车削内倒角 $C3$ 粗、精车内梯形螺纹至 Tr32×6－7e(内螺纹车刀按要求现装)
6	车端面	调头装夹(垫铜皮、找正、夹紧)，车端面至总长 20 mm 车内倒角 $C3$，外圆倒钝 0.3 mm
7	检查	检验各部分尺寸

四、注意事项

(1)车削梯形螺纹过程中，不允许用棉纱揩擦工件，以防发生安全事故。

(2)车削梯形螺纹时，应选择比较小的切削用量，以减小工件变形，同时充分使用切削液。

(3)车削螺纹时，应注意力高度集中，严防中滑板手柄多进 1 圈而撞坏螺纹车刀或使工件因碰撞而报废。

巩固练习

(1)零件图。

图 6-2-2 为螺纹轴的图样。

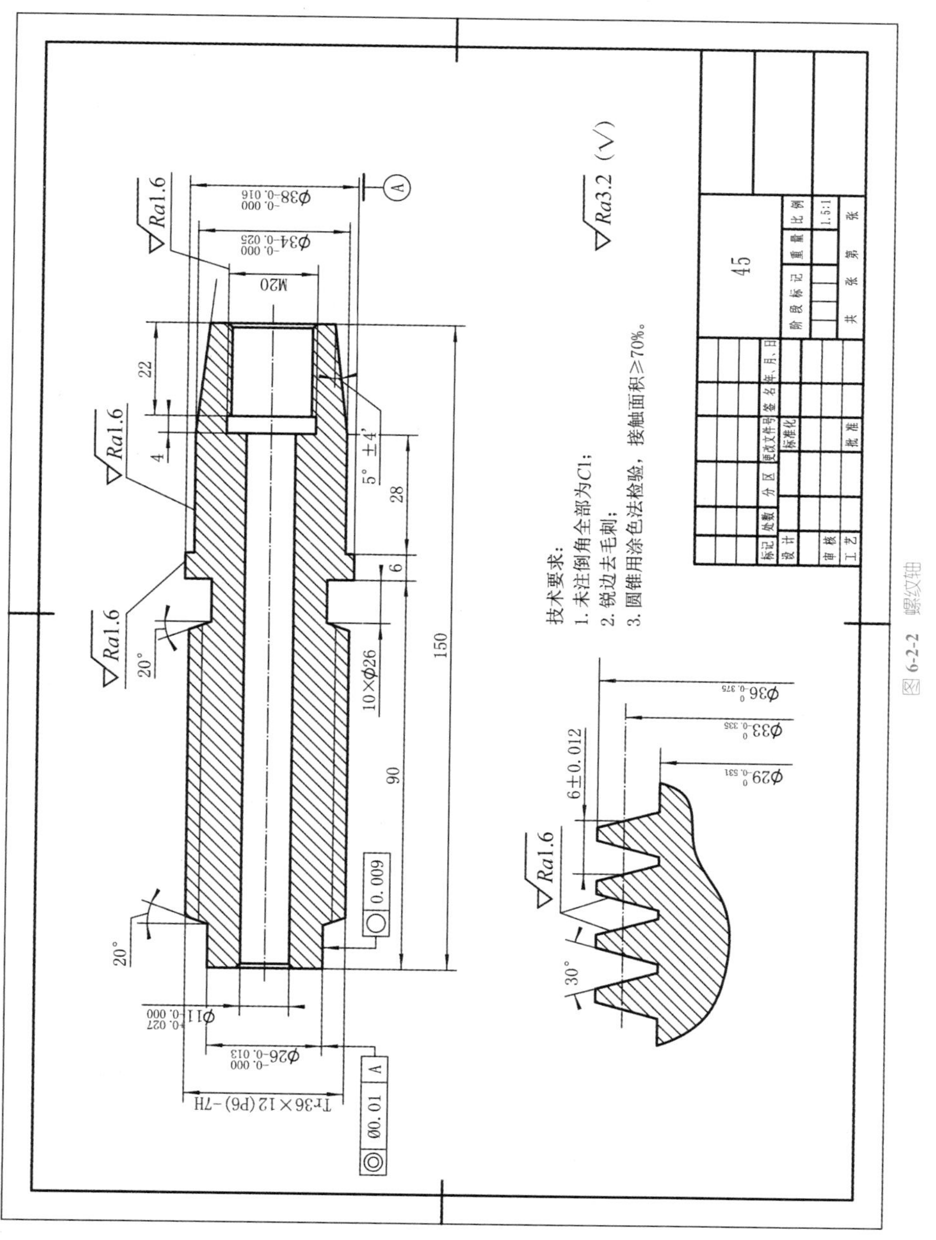

图 6-2-2　螺纹轴

(2)要求。

①时间为3.5 h。

②各工件的尺寸精度、形位精度、表面粗糙度应达到图样要求；不准使用砂布、油石等辅助打光工具加工表面；组装后达到装配图样规定的尺寸精度、形位精度及其他技术要求。

③正确执行国家颁布的安全生产法规有关规定，做到工作场地整洁，工件、夹具、量具、刀具等放置合理、整齐。

知识探究

一、 车削加工梯形螺纹

1. 梯形螺纹的尺寸计算

国家标准规定梯形螺纹的牙型角为30°。图6-2-3为30°牙型角的梯形螺纹。30°梯形螺纹(以下简称梯形螺纹)的代号用字母“Tr”及公称直径×螺距表示，单位均为mm。左旋螺纹需在尺寸规格之后加注“LH”，右旋则不注出，如Tr36×6等。

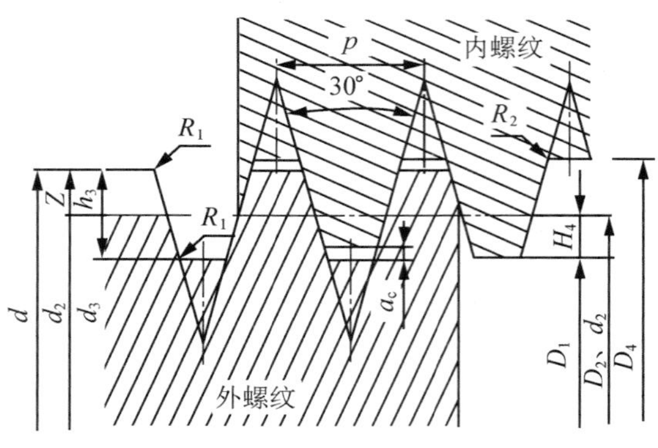

图6-2-3 梯形螺纹的牙形

2. 梯形螺纹车刀

车刀分粗车刀和精车刀两种。

(1)梯形螺纹车刀的角度。

①两刃夹角。粗车刀应小于牙型角，精车刀应等于牙型角。

②刀尖宽度。粗车刀的刀尖宽度应为$\frac{1}{3}$螺距宽。精车刀的刀尖宽应等于牙底宽

减 0.05 mm。

③纵向前角。粗车刀一般为15°左右；精车刀为了保证牙型角正确，前角应等于0°，但实际生产时取5°～10°。

④纵向后角。一般为6°～8°。

⑤两侧刀刃后角。进刀方向为 $a=(3°\sim5°)+\psi$，背进刀方向为 $a=(3°\sim5°)-\psi$。

(2)梯形螺纹的刃磨要求。

①用样板校对刃磨两刀刃夹角，如图 6-2-4 所示。

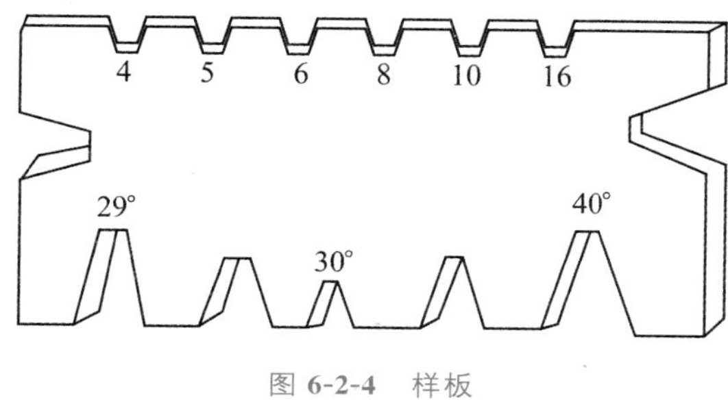

图 6-2-4　样板

②有纵向前角的两刃夹角应进行修正。

③车刀刃口要光滑、平直、无虚刃，两侧副刀刃必须对称，刀头不能歪斜。

④用油石研磨去各刀刃的毛刺。

梯形螺纹各部分名称、代号及计算公式见表 6-2-3。

表 6-2-3　梯形螺纹各部分名称、代号及计算公式

<table>
<tr><th colspan="2">名称</th><th>代号</th><th colspan="4">计算公式</th></tr>
<tr><td colspan="2">牙型角</td><td>α</td><td colspan="4">$\alpha=30°$</td></tr>
<tr><td colspan="2">螺距</td><td>p</td><td colspan="4">由螺纹标准确定</td></tr>
<tr><td colspan="2" rowspan="2">牙顶间隙</td><td rowspan="2">a_c</td><td>p</td><td>1.5～5</td><td>6～12</td><td>14～44</td></tr>
<tr><td>a_c</td><td>0.25</td><td>0.5</td><td>1</td></tr>
<tr><td rowspan="4">外螺纹</td><td>大径</td><td>d</td><td colspan="4">公称直径</td></tr>
<tr><td>中径</td><td>d_2</td><td colspan="4">$d_2=d-0.5p$</td></tr>
<tr><td>小径</td><td>d_3</td><td colspan="4">$d_3=d-2h_3$</td></tr>
<tr><td>牙高</td><td>h_3</td><td colspan="4">$h_3=0.5p+a_c$</td></tr>
</table>

续表

名称		代号	计算公式
内螺纹	大径	D_4	$D_4=d+2a_c$
	中径	D_2	$D_2=d_2$
	小径	D_1	$D_1=d-p$
	牙高	H_4	$H_4=h_3$
牙顶宽		f，f'	$f=f'=0.366p$
牙槽底宽		W，W'	$W=W'=0.366p-0.536a_c$

3. 螺纹的一般技术要求

(1)螺纹中径必须与基准轴轴颈同轴，其大径尺寸应小于基本尺寸。

(2)车梯形螺纹必须保证中径尺寸公差。

(3)螺纹的牙型角要正确。

(4)螺纹两侧面表面粗糙度值要低。

4. 梯形螺纹车刀的选择和装夹

车刀的选择通常采用低速车削，一般选用高速钢材料。

(1)高速钢梯形螺纹粗车刀。为了便于左右切削并留有精车余量，刀头宽度应小于牙槽底宽 W，如图 6-2-5 所示。

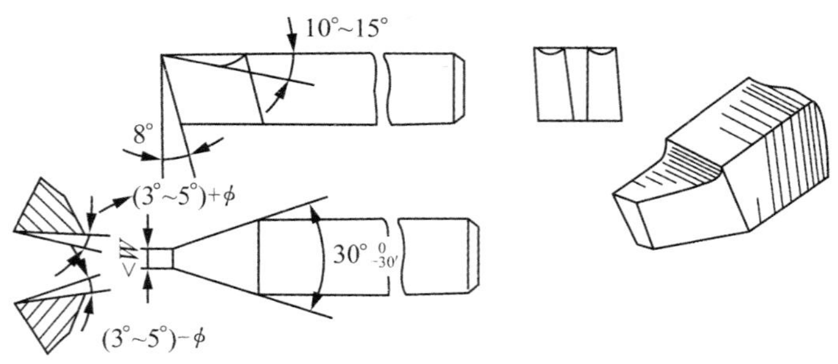

图 6-2-5　高速钢螺纹粗车刀

(2)高速钢梯形螺纹精车刀。车刀纵向前角 $\gamma_p=0°$，两侧切削刃之间的夹角等于牙型角。为了保证两侧切削刃切削顺利，都磨有较大前角($\gamma_o=10°\sim20°$)的卷屑槽。但在使用时必须注意，车刀前端切削刃不能参加切削，如图 6-2-6 所示。

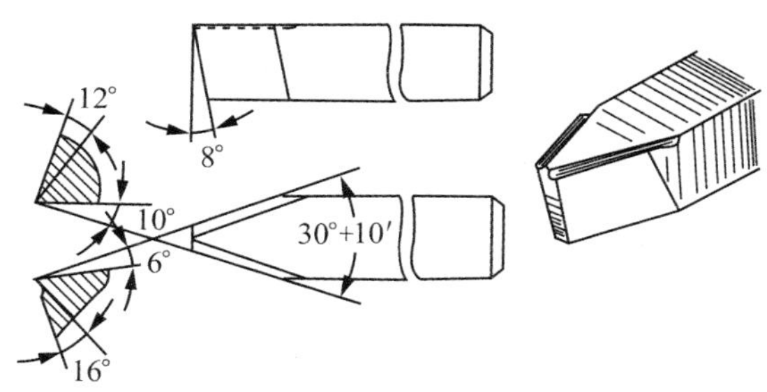

图 6-2-6　高速钢螺纹精车刀

高速钢梯形螺纹车刀，能车削出精度较高和表面粗糙度值较小的螺纹，但生产效率低。

5. 车刀的装夹

(1)车刀主切削刃必须与工件轴线等高(用弹性刀杆应高于轴线约 0.2 mm)，同时应和工件轴线平行。

(2)刀头的角平分线要垂直于工件的轴线。用样板找正装夹，以免产生螺纹半角误差，如图 6-2-7 所示。

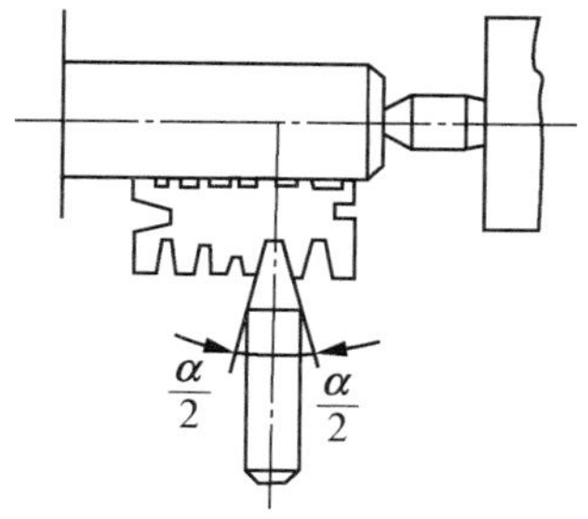

图 6-2-7　用样板找正装夹

6. 工件的装夹

一般采用两顶尖或一夹一顶装夹。粗车较大螺距时，可采用四爪卡盘一夹一顶，以保证装夹牢固，同时使工件的一个台阶靠住卡盘平面，固定工件的轴向位置，以防止因切削力过大，使工件移位而车坏螺纹。

7. 车床的选择和调整

(1)挑选精度较高、磨损较少的车床。

(2)正确调整车床各处间隙，对床鞍、中小滑板的配合部分进行检查和调整，注意控制车床主轴的轴向窜动、径向圆跳动以及丝杠轴向窜动。

(3)选用磨损较少的交换齿轮。

8. 梯形螺纹的车削方法

如图 6-2-7 所示，用样板找正装夹板。

(1)螺距小于 4 mm 和精度要求不高的工件，可用一把梯形螺纹车刀，并用少量的左右进给车削。

(2)螺距大于 4 mm 和精度要求较高的梯形螺纹，一般采用分刀车削的方法。

①粗车、半精车梯形螺纹时，螺纹大径留 0.3 mm 左右余量且倒角成 15°。

②选用刀头宽度稍小于槽底宽度的车槽刀，粗车螺纹(每边留 0.25～0.35 mm 的余量)。

③用梯形螺纹车刀采用左右车削法车削梯形螺纹两侧面，每边留 0.1～0.2 mm 的精车余量，并车准螺纹小径尺寸，如图 6-2-8(a)(b)所示。

④精车大径至图样要求(一般小于螺纹基本尺寸)。

⑤选用精车梯形螺纹车刀，采用左右切削法完成螺纹加工，如图 6-2-8(c)(d)所示。

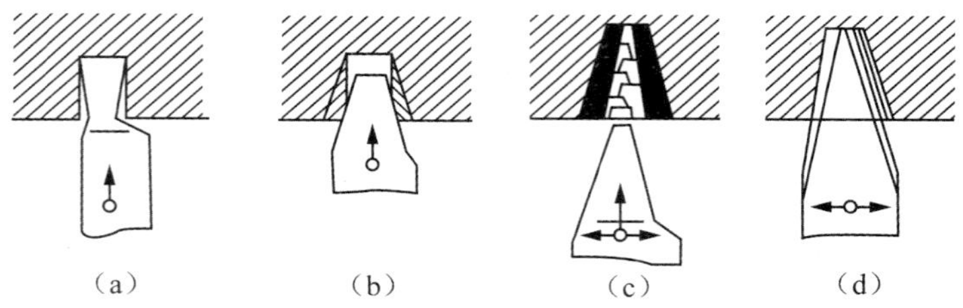

图 6-2-8　左右车削法

9. 注意事项

(1)梯形螺纹车刀两侧副切削刃应平直，否则工件牙型角不正；精车时刀刃应保持锋利，要求螺纹两侧表面粗糙度值要低。

(2)调整小滑板的松紧，以防车削时车刀移位。

(3)鸡心夹头或对分夹头应夹紧工件，否则车削梯形螺纹时工件容易产生移位而损坏。

(4)车削梯形螺纹中途复装工件时，应保持拨杆在原位，以防乱牙。

(5)工件在精车前，最好重新修正顶尖孔，以保证同轴度。

(6)在外圆上去毛刺时，最好把砂布垫在锉刀下进行。

(7)不准在开车时用棉纱擦拭工件，以防发生危险。

(8)车削时，为了防止因溜板箱手轮回转时不平衡，使床鞍移动时产生窜动，可去掉手柄。

(9)车梯形螺纹时为防“扎刀”，建议用弹性刀杆。

二、 梯形螺纹的测量和质量分析

1. 梯形螺纹的测量方法

(1)综合测量法。用标准螺纹环规综合测量。

(2)三针测量法。这种方法是测量外螺纹中径的一种比较精密的方法，适用于测量一些精度要求较高、螺纹升角小于 4°的螺纹工件。测量时把三根直径相等的量针放在与螺纹相对应的螺旋槽中，用千分尺量出两边量针顶点之间的距离 M，如图 6-2-9 所示。

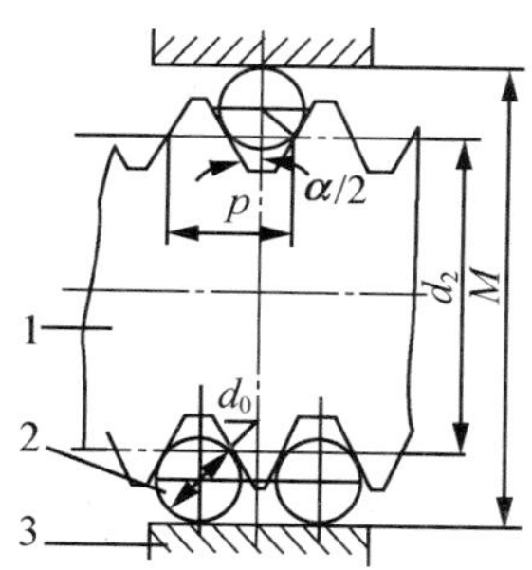

图 6-2-9　三针测量法

1—梯形外螺纹；2—量针；3—千分尺测量杆

例：车 Tr32×6 梯形螺纹，用三针测量法螺纹中径，求量针直径和千分尺读数值 M。

量针直径 $d_0=0.518p\approx3.1\ \text{mm}$。

千分尺读数值 $M=d_2+4.864d_0-1.866p$

$=29\ \text{mm}+4.864\times3.1\ \text{mm}-1.866\times6\ \text{mm}$

$\approx29\ \text{mm}+15.08\ \text{mm}-11.20\ \text{mm}$

$=32.88$ mm。

测量时应考虑公差，则 $M=(32.88-0.178)$mm 为合格。三针测量法采用的量针一般是专门制造的。

(3)单针测量法。这种方法的特点是只需用一根量针，放置在螺旋槽中，用千分尺量出螺纹大径与量针顶点之间的距离 A，$A=\dfrac{M+d}{2}$，如图 6-2-10 所示。

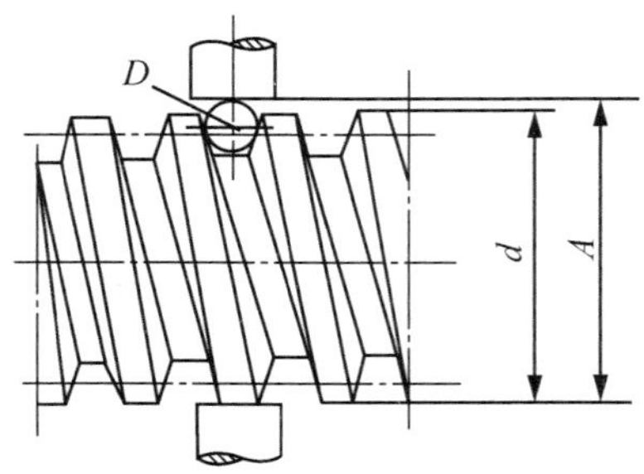

图 6-2-10　单针测量法

专业对话

1. 简述梯形螺纹车刀的安装方法。
2. 车梯形螺纹的方法有哪几种？各适用于什么情况？
3. Tr36×6－7H－L 表示什么意义？
4. 怎样检验梯形螺纹中径的正确性？

任务评价

评分标准及检测记录见表 6-2-4。

表 6-2-4　评分标准及检测记录

序号	考核项目	考核内容及要求		评分标准	配分		检测结果	得分
		精度	*Ra*		精度	*Ra*		
梯形螺纹轴	外圆、长度	$\phi56_{-0.046}^{0}$ mm	1.6 mm	超差全扣	8 分	2 分		
		$\phi45$ mm	1.6 mm	超差全扣	6 分	2 分		
		$25_{-0.084}^{0}$ mm		超差全扣	8 分			
		45 mm		超差全扣	3 分			
		5 mm		超差全扣	3 分			

续表

序号	考核项目	考核内容及要求		评分标准	配分		检测结果	得分
		精度	*Ra*		精度	*Ra*		
梯形螺纹轴	外圆、长度	5×3.5 mm		超差全扣	4分			
		$\phi29_{-0.453}^{-0.118}$ mm		超差全扣	12分			
		$\phi32_{-0.357}^{0}$ mm	1.6 mm	超差全扣	6分	2分		
		15°±15′(2处)		超差全扣	4分			
	倒角	*C*2		超差全扣	2分			
		*C*3		超差全扣	2分			
	形位公差	◎ 0.03 A		超差全扣	4分			
梯形螺母	外圆	$\phi45$ mm		超差全扣	7分			
	倒角	*C*3		超差全扣	2分			
配合	配合尺寸	径向间隙 0.12～0.18 mm		超差全扣	13分			
安全文明生产		(1)车床安全操作规程 (2)工具、夹具、刃具、量具放置及使用规范 (3)车床维护保养 (4)工作场地清理			10分			
按时完成工件		(1)超时 10 min，倒扣 5 分 (2)超时 20 min，倒扣 10 分 (3)超时 30 min，不得分						
总配分		100分						
工时定额		3 h		指导教师				

项目拓展

一、选择题

1. 对于配合精度要求较高的工件，工厂中常采用(　　)检查锥度和角度。

A. 游标万能角度尺　B. 角度样板　C. 圆锥量规

2. 用圆锥塞规检验内锥孔时，塞规小端显示剂被擦去，这说明锥孔的锥度(　　)。

A. 车小了　B. 正确　C. 车大了

3. 用圆锥塞规检验内锥孔时，工件端面位于圆锥塞规两刻线之间，说明锥孔大端(或小端)直径(　　)。

A. 车小了　　B. 正确　　C. 车大了

4. 车削外锥体时，若车刀刀尖没有对准工件中心，圆锥素线为(　　)。

A. 直线　　B. 凸状双曲线　　C. 凹状双曲线

5. 车细长轴时，跟刀架的卡爪压得过紧，出现(　　)。

A. 锥度　　B. 多棱形　　C. 竹节形

6. 细长轴的刚性很差，在切削力、重力和离心力的作用下会使工件弯曲变形，车削中极易产生(　　)。

A. 表面不光滑　　B. 振动　　C. 加工精度低

7. 车削细长轴时，要使用中心架和跟刀架来增加工件的(　　)。

A. 刚性　　B. 韧性　　C. 强度

8. 长度与直径比不是很大，余量较少，需多次安装的细长轴采用(　　)装夹方法。

A. 两顶尖　　B. 一夹一顶　　C. 中心架

9. 车细长轴时，车刀的前角宜取(　　)。

A. 10°～20°　　B. 15°～100°　　C. 15°～30°

二、问答题

拟定精密丝杠机械加工工艺过程应采取哪些措施？

任务3 车削蜗杆

任务目标

(1)了解蜗杆的术语和定义。

(2)掌握蜗杆车刀的几何形状特征和蜗杆的计算。

(3)掌握蜗杆的检测和车削技能。

(4)掌握蜗杆的车削加工工艺。

学习活动

蜗杆的齿型和梯形螺纹很相似。常用的蜗杆有米制蜗杆(模数)，其齿型角为20°

（牙型角 40°）；英制蜗杆（径节），其齿型角为 14°30′（牙型角 29°）。我国一般常用米制蜗杆。齿型又分轴向直廓蜗杆和法向直廓蜗杆。通常轴向直廓蜗杆应用较多。图 6-3-1 所示的蜗杆轴，就是这样一种零件。

本任务中，将了解车削蜗杆的相关知识，学习车削蜗杆的方法，掌握车削蜗杆的步骤和技能，并会检验零件是否合格。

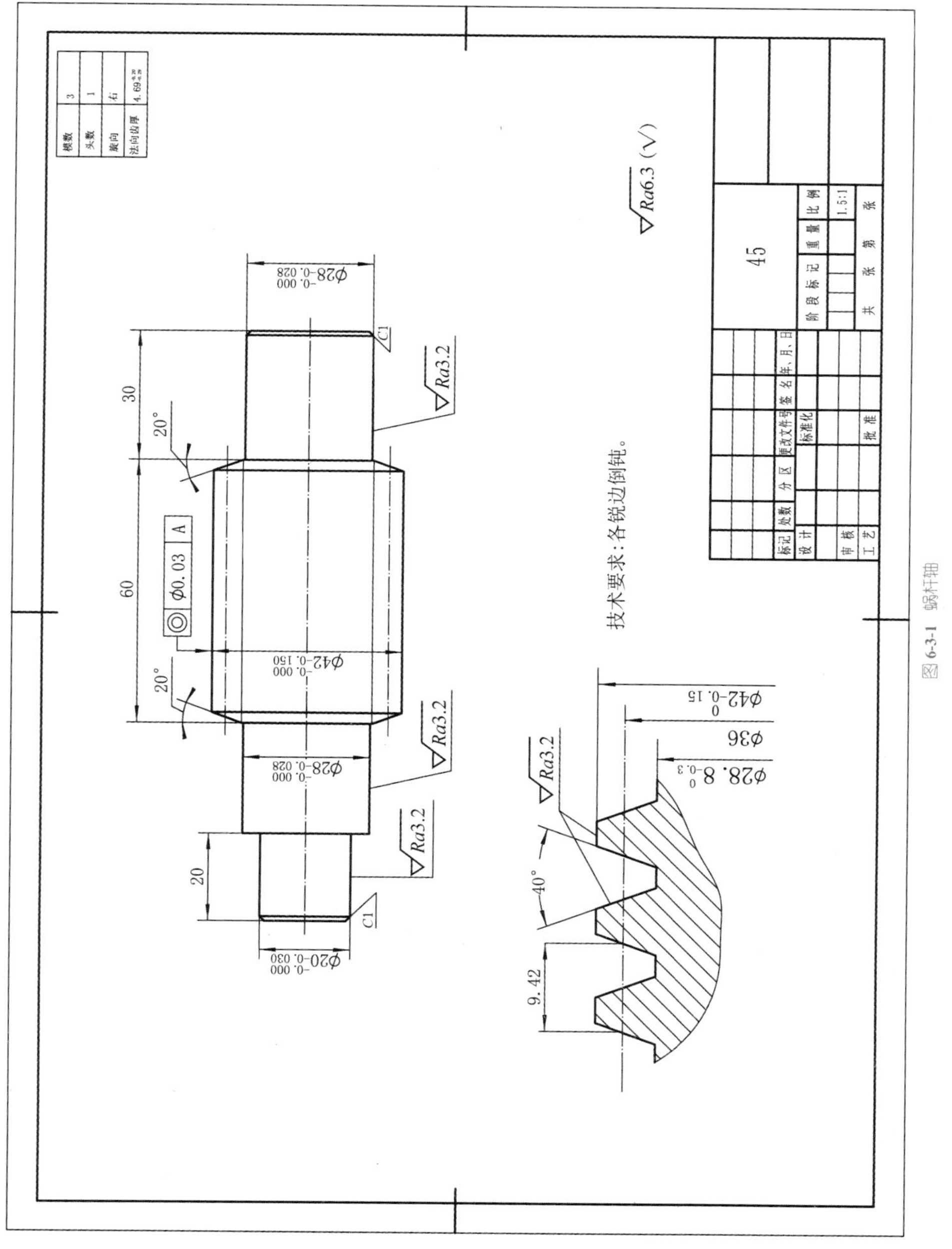

图 6-3-1　蜗杆轴

实践操作

一、 零件结构分析

图 6-3-1 为一模数为 3 mm 的蜗杆轴，由阶台和螺纹部分组成，其中阶台部分和螺纹部分的精度均比较高，需要精加工才能达到精度要求。蜗杆轴的毛坯尺寸为 ϕ45 mm×140 mm，材料为 45 钢。用左右切削法和两顶尖装夹方式进行加工。

二、 刀具分析

(1)90°硬质合金外圆车刀，用于车削外圆。

(2)45°硬质合金车刀，用于车削端面和倒角。

(3)蜗杆车刀，用于车削蜗杆。

(4)中心钻(ϕ3 mm B 型)，用于钻中心孔。

三、 加工步骤

单线蜗杆的加工步骤见表 6-3-1。

表 6-3-1　单线蜗杆的加工步骤

序号	工艺名称	工艺内容
1	装夹找正	三爪自定心卡盘夹持，工件伸出长度≥90 mm，找正夹紧
2	对刀	装 45°，90°外圆车刀、蜗杆车刀，利用试车端面方法判断刀具中心是否与主轴等高，试车后端面没有小凸台，证明刀具合格
3	车端面	用 45°车刀车端面，钻 ϕ3 mm B 型中心孔
4	粗车外圆、端面、钻中孔	(1)车外圆见光即可 (2)调头夹住已车过表面，找正夹牢，粗车 ϕ28 mm，ϕ20 mm，留 2 mm 余量，钻中心孔 (3)调头夹住 ϕ28 mm 外圆找正夹牢，车端面至总长尺寸，钻中心孔。用后顶尖顶住，粗车 ϕ28 mm，留 1 mm 余量，粗车、半精车蜗杆齿顶圆直径，两端倒角 20°，粗车蜗杆，每面留 0.5 mm 余量

续表

序号	工艺名称	工艺内容
5	精车	(1)采用两顶尖装夹，半精车 $\phi28$ mm，留 0.5 mm 余量，精车蜗杆齿顶圆直径 $\phi42_{-0.15}^{0}$ mm，精车蜗杆至尺寸。精车 $\phi28$ mm 至尺寸，倒角 $C1$ (2)调头用两顶尖装夹，精车 $\phi28$ mm，$\phi20$ mm 至尺寸，倒角 $C1$
6	检查	检验各部分尺寸

四、 注意事项

(1)车削完第一刀后，应检查蜗杆的轴向齿距是否正确。

(2)因蜗杆导程角较大，蜗杆车刀的两侧后角应适当增大。

(3)粗车蜗杆时，每次切入深度要适当并经常测量，以保证精车余量。

(4)手动径向进给时，应精力集中，防止多摇一圈，发生撞刀事故。

(5)车削蜗杆螺纹时，应留有较宽的退刀槽，或离卡盘较远，以防止撞车事故。

巩固练习

(1)零件图。

图 6-3-2 为蜗杆轴图样。

(2)要求。

①时间为 3.5 h。

②能利用车蜗杆法车削蜗杆零件。

③能对蜗杆进行合理检测。

知识探究

一、 蜗杆简介

蜗杆的齿型与梯形螺纹类似。常用蜗杆一般有米制蜗杆(齿型角为 20°)和英制蜗杆(齿型角为 14°30′)两种。我国大多采用米制蜗杆。本课只介绍米制蜗杆的车削。

米制蜗杆的齿型角为 40°，其齿型又分轴向直廓蜗杆和法向直廓蜗杆。

米制蜗杆有阿基米德蜗杆(ZA 蜗杆)、法向直廓蜗杆(ZN 蜗杆)、渐开线蜗杆(ZI

蜗杆)、锥面包络圆柱蜗杆(ZK蜗杆)和圆弧圆柱蜗杆(ZC蜗杆)等。其中，阿基米德蜗杆的端面齿廓是阿基米德螺旋线，轴向齿廓是直线(故又称轴向直廓蜗杆)；法向直廓蜗杆在垂直于齿线的法平面内的齿廓是直线，端面齿廓是延长渐开线。这两种蜗杆可以在车床上车削加工。

1. 蜗杆螺旋升角对车刀工作角度的影响

车削蜗杆时，车刀与工件的相对位置因受螺旋运动的影响，使车刀工作时的前角和后角发生变化。

(1)车刀后角的变化。

车刀两侧的工作后角一般取3°～5°。当不存在螺旋升角时(如车沟槽)，车刀的静止后角(刃磨后角)就等于工作后角。在切削右旋螺纹时，车刀左侧的静止后角(刃磨后角)应等于工作后角(一般取3°～5°)加上螺旋升角(蜗杆导程角γ)。车刀右侧静止后角等于工作角度减去螺旋升角。在车削左螺纹时，情况相反。

(2)车刀前角的变化。

由于螺旋运动的影响，切削时车刀的前角也发生了变化。如果静止时车刀前角$\gamma_o=0°$，切削右旋螺纹时，左刀刃上的工作前角为$0°+\gamma_o$；右刃上的工作前角为$0°-\gamma_o$。这时，右刀刃上的工作前角为负值，切削很不顺利，排屑困难。为了改善切削条件，可将车刀法向(垂直于螺旋线)安装，这时两侧刀刃工作前角都为0°，或在车刀两刀刃上磨有较大的前角，使切削省力，并有利于排屑。

2. 蜗杆的车削方法

(1)车蜗杆时的对刀方法及注意事项。

①如果图样上注明的是轴向直廓蜗杆，那么车刀两侧切削刃组成的平面应装得与工件轴线重合，即采用水平装刀法；如果是法向直廓蜗杆，那么车刀两侧切削刃组成的平面应装得与齿侧垂直，即采用垂直装刀法。

②车刀刀尖应对准工件中心，不得偏高或偏低。如果车刀刀尖没有对准工件中心，除容易产生“扎刀”“啃刀”外，还会造成牙型角的误差。

③用对刀样板校正车刀刀尖角的位置，夹紧刀具后，刀尖角应正确地对准样板的位置，以避免产生螺纹半角误差。

④刀具安装要牢固，刀杆不宜伸出过长。

⑤蜗杆精车刀最好装在弹簧刀杆上使用，以提高蜗杆螺纹的精度，降低螺纹表面粗糙度 Ra 值。

（2）车削方法。

蜗杆车削加工，一般采用低速切削。车削时应分为粗车、精车两个阶段进行。精度要求高的工件可分为粗车、半精车和精车三个阶段进行。其采用的进刀方式可参考梯形螺纹车削加工方法。

由于蜗杆的导程角（相当于螺纹的升角）一般都比较大，在车削时车刀的前角和后角产生很大的变化。为了使切削顺利，可用可旋转调节杆进行车削，角度的大小可从头部上的刻度线看出。车削法向直廓蜗杆，刀头必须倾斜，采用可调节螺旋升角刀杆更为理想。粗车阿基米德蜗杆时，为了切削顺利，刀头可倾斜安装。精车时，为了保持精度，刀头仍要水平安装。车削时要反、正赶刀，保证单面切削，否则易啃刀，且工件表面粗糙。

二、蜗杆测量

1. 蜗杆的测量方法

齿厚测量法是用齿轮游标卡尺测量蜗杆分度圆直径处的法向齿厚，如图 6-3-3 所示。

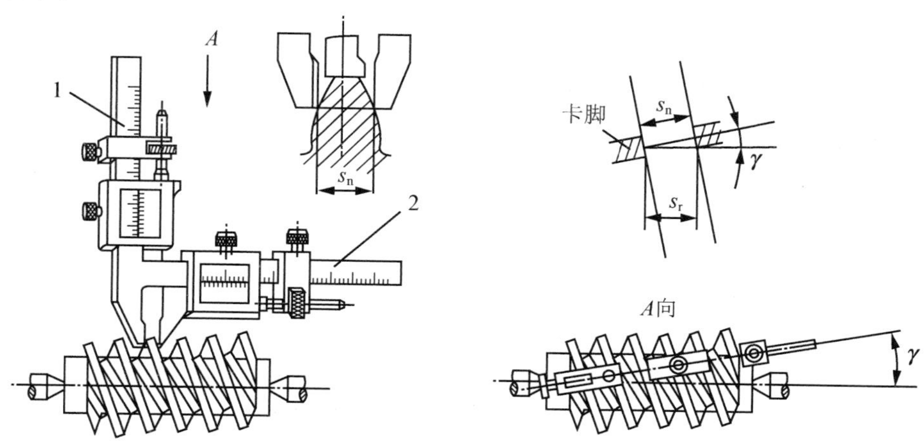

图 6-3-2 齿轮卡尺测量法向齿厚

1—齿高卡尺；2—齿厚卡尺

齿轮游标卡尺由互相垂直的齿高卡尺和齿厚卡尺组成，测量时将齿高卡尺读数调整到齿顶高(蜗杆齿顶高等于模数 m_x)法向卡入齿廓，亦使齿轮卡尺和蜗杆轴线相交成一个导程角的角度，做少量转动，使卡角与蜗杆两侧面接触(利用微调调整)，此时的最小读数即蜗杆分度圆直径处的法向齿厚 S_n。

2. 齿厚游标卡尺测量法

测量时，将齿高卡尺读数调整至齿顶高(梯形螺纹等于 0.25×螺距 t，蜗杆等于模数)，随后使齿厚卡尺和蜗杆轴线大致相交成一螺纹升角 β，并做少量摆动。这时所测量的最小尺寸即为蜗杆节径处法向齿厚 S_n。

蜗杆(或梯形螺纹)节径处法向齿厚，可预先用下面的公式计算：

$$S_n=t\times\cos\beta。$$

式中，S_n——蜗杆(或梯形螺纹)节径处法向齿厚；

t——蜗杆周节；

β——螺纹升角。

3. 测量实例

用齿厚游标卡尺对模数 $m_n=6$ mm，头数 $K=2$，外径 $d_a=80$ mm 的蜗杆进行测量具体如下。

解：在测量时应先算出

蜗杆周节 $t=m_n\times\pi=6\text{ mm}\times3.142=18.852\text{ mm}$；

蜗杆导程 $L=t\times K=18.825\text{ mm}\times2=37.704\text{ mm}$；

蜗杆节径 $d=d_a-2\times m_s=80\text{ mm}-2\times6\text{ mm}=68.00\text{ mm}$；

螺旋角 $\beta=10°1'$；

蜗杆节径处法向齿厚 $S_n=t\times\cos\beta=18.825\text{ mm}\times\cos10°1'=9.28\text{ mm}$。

齿厚游标卡尺应在与蜗杆轴线成 10°1′的交角位置上进行测量，如果测得的蜗杆节径处法向齿厚实际尺寸为 9.28 mm 时(因齿厚公差的存在，有些偏差)，则说明蜗杆齿型正确。

任务评价

评分标准及检测记录见表 6-3-2。

表 6-3-2　蜗杆轴评分标准及检测记录

序号	考核项目	考核内容及要求		评分标准	配分		检测结果	得分
		精度	*Ra*		精度	*Ra*		
1	外圆	$\phi 20_{-0.03}^{0}$ mm	3.2 mm	超差全扣	8 分	2 分		
		$\phi 28_{-0.023}^{0}$ mm（2 处）	3.2 mm	超差全扣	8×2 分	2×2 分		
		$C1$（2 处）		超差全扣	1×2 分			
2	长度	135 mm		按 IT12 检测，超差全扣	5 分			
		30 mm		按 IT12 检测，超差全扣	5 分			
		60 mm		按 IT12 检测，超差全扣	5 分			
		20 mm		按 IT12 检测，超差全扣	5 分			
3	蜗杆	$\phi 28.8_{-0.30}^{0}$ mm	3.2 mm	超差全扣	8 分	2 分		
		$\phi 42_{-0.15}^{0}$ mm	3.2 mm	超差全扣	8 分	2 分		
		20°（2 处）		超差全扣	2×2 分			
		$4.69_{-0.29}^{-0.20}$ mm		超差全扣	14 分			
4	安全文明生产	（1）车床安全操作规程 （2）工具、夹具、刃具、量具放置及使用规范 （3）车床维护保养 （4）工作场地清理			10 分			
5	按时完成工件	（1）超时 10 min，倒扣 5 分 （2）超时 20 min，倒扣 10 分 （3）超时 30 min，不得分						
6	总配分							
工时定额		3 h		指导教师				

拓展训练

一、选择题

1. 蜗杆精车刀的刀尖角等于牙型角，左右切削刃应平直，车刀的前角为(　　)。

A. 正值　　B. 零度　　C. 负值　　D. 正、负值均可

2. 车削蜗杆时常采用(　　)方法。

A. 直进法　　B. 斜进法　　C. 左右借刀法　　D. 车直槽

3. 齿厚测量法是测量蜗杆(　　)的尺寸。

A. 中径处的轴向厚度　　B. 中径处的宽度

C. 齿顶高　　D. 中径处的法向齿厚

4. 米制蜗杆齿型角为(　　)。

A. 29°　　B. 30°　　C. 40°　　D. 55°

5. 车削外径为 100 mm、模数为 10 mm 的模数螺纹，其分度圆直径应为(　　)mm。

A. 95　　B. 56　　C. 80　　D. 90

6. 车蜗杆应按(　　)来计算交换齿轮。

A. 螺距　　B. 导程　　C. 周节　　D. 模数

7. 精车法向直廓蜗杆，装刀时车刀左右车削刃组成的平面应与齿面(　　)。

A. 平行　　B. 垂直　　C. 相切　　D. 倾斜

8. 用齿厚游标卡尺测量蜗杆齿厚时，齿高应调整到蜗杆的(　　)尺寸。

A. 齿顶高　　B. 齿根高　　C. 齿厚　　D. 全齿高

二、问答题

蜗杆的加工方法有哪些？

任务 4　车削多线蜗杆

任务目标

(1)掌握多线蜗杆的术语和分线原理，车削双线蜗杆应用的圆周分线法的要领。

(2)掌握双线蜗杆的车削技能。

(3)通过双头蜗杆的加工，了解零件加工的工艺过程。

学习活动

在现代制造业的机械设备中，往往用多线螺纹(包括多线蜗杆)来提高移动机构的快速移动，达到高效率的目的。本节研究的就是多线蜗杆的加工。如图 6-4-1 所示的双头蜗杆轴，就是多线螺纹的一种。本任务中，将了解车削多线螺纹相关知识，学习多线螺纹的加工方法，掌握车多线螺纹的加工步骤和技能，并会检验零件是否合格。

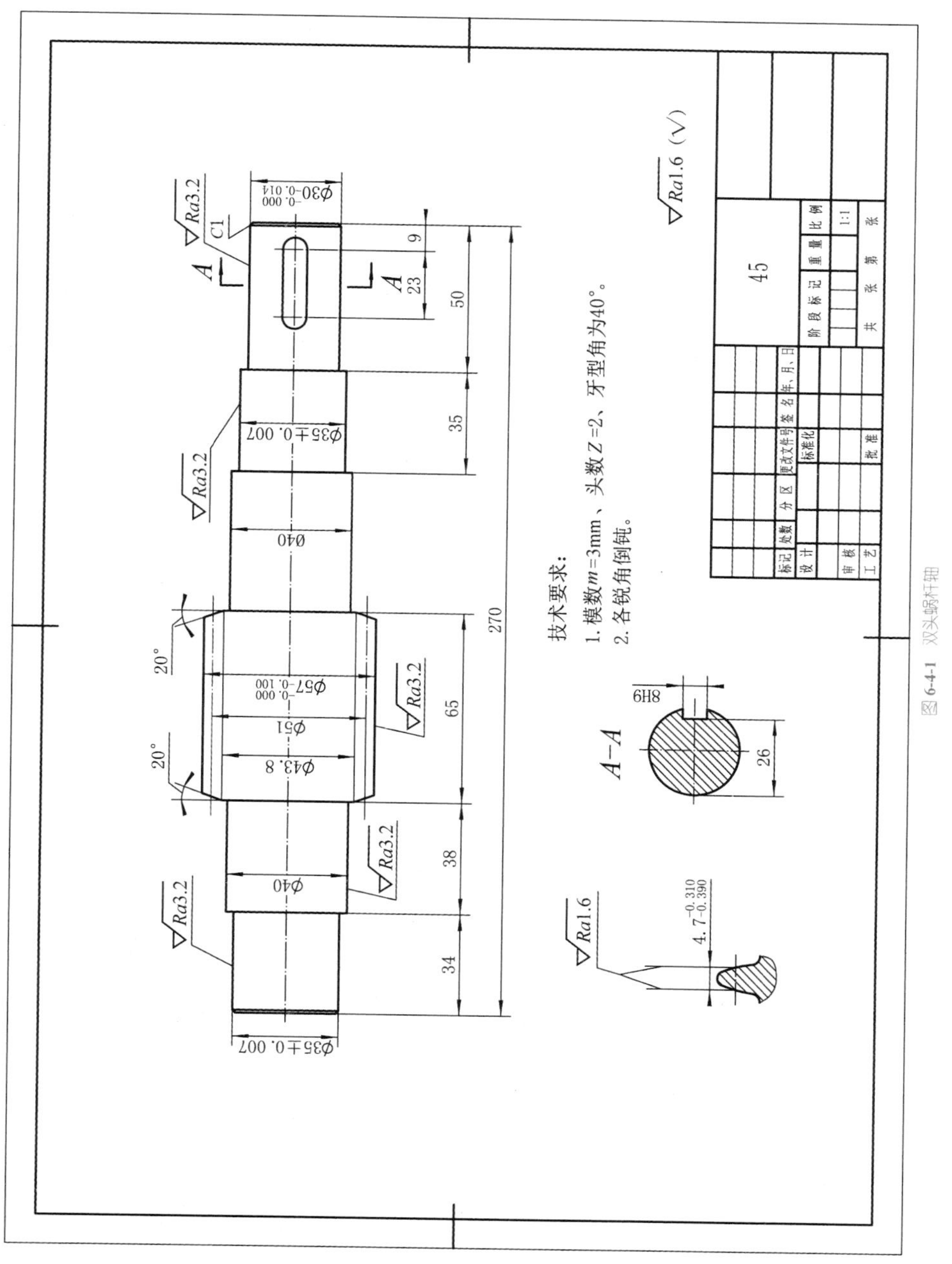

图6-4-1　双头蜗杆轴

实践操作

一、零件结构分析

图 6-4-1 为一模数为 3 mm 的双头蜗杆轴，其直径尺寸精度比较高，需采用双顶尖装夹进行加工。双头蜗杆轴的毛坯尺寸为 ϕ60×275 mm，材料为 45 钢。

二、刀具分析

(1)90°硬质合金外圆车刀，用于车削外圆。

(2)45°硬质合金车刀，用于车削端面。

(3)蜗杆车刀，用于车削蜗杆螺纹。

(4)中心钻(ϕ3 mm B 型)，用于钻中心孔。

三、加工步骤

双线蜗杆的加工步骤见表 6-4-1。

表 6-4-1 双线蜗杆的加工步骤

序号	工艺名称	工艺内容
1	装夹找正	三爪自定心卡盘夹持，伸出长度≤30 mm，找正夹紧
2	对刀	装 45°，90°外圆车刀、蜗杆车刀，利用试车端面方法判断刀具中心是否与主轴等高，试车后端面没有小凸台，证明刀具合格
3	车端面	(1)用 45°车刀车端面，钻 ϕ3 mm B 型中心孔 (2)调头用三爪卡盘夹持坯料的外圆，车端面，保证总长尺寸为 270 mm，钻 ϕ3 mm B 型中心孔
4	车外圆	(1)采用双顶尖装夹，粗、精车外圆达到尺寸为(ϕ35 mm±0.007 mm)×34 mm，ϕ40 mm×38 mm 的要求。车削倒角 $C1=20°$ (2)调头采用双顶尖装夹，粗、精车 $\phi57_{-0.010}^{0}$ mm，ϕ40 mm，ϕ35 mm±0.007 mm，$\phi30_{-0.041}^{0}$ mm 达到图样尺寸精度，车削倒角 $C1=20°$
5	车蜗杆螺纹	粗、精车模数为 $m=3$ mm 的双头蜗杆至图纸要求
6	铣键槽	铣 8 mm×32 mm 键槽
7	检查	检验各部分尺寸

四、注意事项

(1)多线螺纹螺旋角大，应注意螺纹车刀两侧后角的大小。

(2)车削多线螺纹时，由于走刀速度快，要防止撞车。

(3)车削多线螺纹时，切不可车削好一条螺旋线后，再车削另一条螺旋线。

(4)采用轴向分线法时，中滑板的刻度值应与车削第一条螺旋槽时相同。

(5)采用圆周分线法时，中滑板、小滑板的刻度值应与车削第一条螺旋槽时相同。

(6)采用左右分线法时，车削每条螺旋槽时车刀的轴向移动量必须相等。

巩固练习

(1)零件图。

图 6-4-2 为一多头蜗杆轴图样。

(2)要求。

①时间为 4 h。

②能利用车蜗杆法车削多头蜗杆零件。

③能对多头蜗杆进行合理检测。

知识探究

1. 多头螺纹简介

螺纹圆柱上只有一条螺旋槽的螺纹，叫作单头螺纹，这种螺纹应用最多。有两条或两条以上螺旋槽的螺纹，叫作多头螺纹。多头螺纹每旋转一周时，能移动单头螺纹几倍的螺距，所以多头螺纹常用于快速移动机构中。可根据螺纹末端螺旋槽的数目或从螺纹的端面上看出螺纹的头数。

螺纹上相邻两螺旋槽之间的距离，叫作螺距。螺旋槽旋转一周所移动的距离，叫作导程。

导程与螺距的关系可用下式表示：

$$L=nt。$$

式中，n——多头螺纹的头数；

t——多头螺纹的螺距，mm。

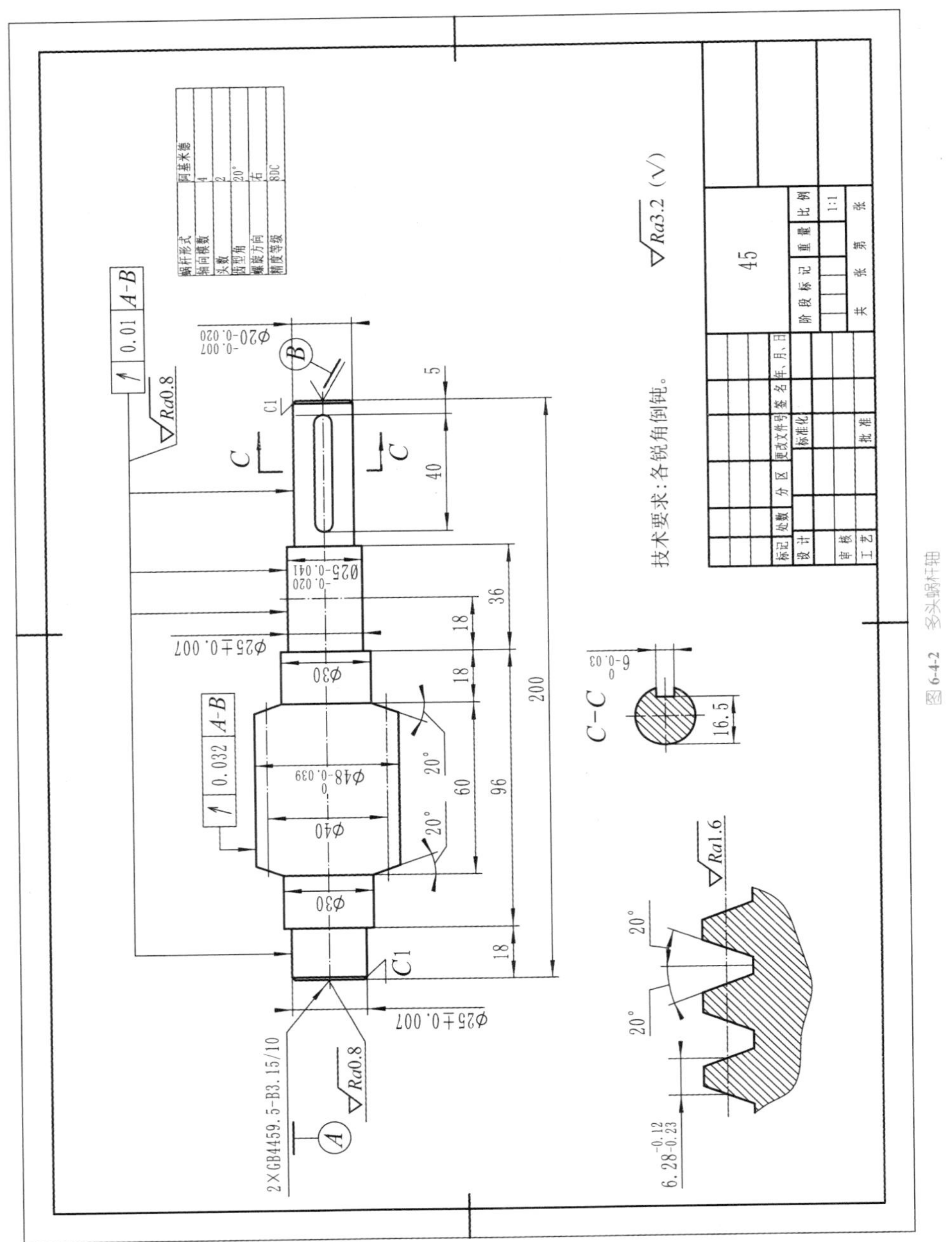

图 6-4-2 多头蜗杆轴

2. 多头螺纹的分头方法

车削多头螺纹时，如果分头出现误差，会使所车的多头螺纹螺距不等，严重地影响内外螺纹的配合精度，降低使用寿命。

根据多头螺纹的形成原理，分头方法有轴向分头法和圆周分头法两种。

(1)轴向分头法。

轴向分头法是当车好一条螺旋线后，把车刀轴向移动一个螺距，就可车削第二条螺旋线。这个方法只需精确测量出车刀的移动距离就可达到分头目的。

①小拖板刻度分头法。小拖板刻度分头法是利用小拖板刻度控制车刀移动一个所需的螺距，以达到分头的目的。

小拖板刻度分头法使用简单，不需要其他辅助工具就能进行。

②块规分头法。块规分头法比小拖板刻度分头法精确。但是使用这两种方法之前，必须把小拖板导轨校正到与工件轴线平行，否则容易造成分头误差。

(2)圆周分头法。

多头螺纹从端面上看，如果是双头螺纹，两个头的起始点在端面上相隔 180°；三个头的起始点在端面上相隔 120°，因此多头螺杆在端面上相隔的角度为

$$\alpha=\frac{360^\circ}{n}。$$

式中，α——多头螺纹各个头的起始点在端面上相隔的角度(°)；

n——多头螺纹的头数。

圆周分头法就是利用以上原理，即当车好第一条螺旋线以后，使工件与车刀的传动链脱开，并把工件转过 α 角，合上传动链就可车削另一条螺旋线。这样依次分头，就可把多头螺纹车好。

①挂轮分头法。这种方法精确度较高，但是分头数受挂轮齿数的限制，另外操作也比较麻烦。

②分度盘分头法。这种方法的分度精度主要取决于分度盘精度。分度盘上的分度孔可用精密分度盘在坐标镗床上加工，因此可以获得较高的分度精度。这种方法操作方便，是一种较理想的分度工具。

3. 车多头螺纹的车削步骤

车多头螺纹时必须注意，绝不能把一条螺旋线全部车好后，再车另外的螺旋线。车削时应按下列步骤进行：

(1)粗车第一条螺旋线，记住中拖板和小拖板的刻度。

(2)进行分头，粗车第二条、第三条螺旋线……如果用圆周分头法，切削深度(中拖板和小拖板的刻度)应与粗车第一条螺旋线时相同。如果用轴向分头法，中拖板的

刻度与车第一条螺旋线时相同，小拖板精确移动一个螺距。

(3)按上述方法精车各条螺旋线。采用左右切削法加工多头螺纹时，为了保证多头螺纹的螺距精度，必须特别注意车每一条螺旋线的车刀轴向移动量(借刀量)应该相等。

任务评价

评分标准及检测记录见表 6-4-2。

表 6-4-2 评分标准及检测记录

序号	考核项目	考核内容及要求		评分标准	配分		检测结果	得分
		精度	*Ra*		精度	*Ra*		
1	长度	ϕ35 mm±0.007 mm（2 处）	3.2 mm	超差全扣	8 分	2 分		
		ϕ40 mm(2 处)	3.2 mm	超差全扣	3 分	3 分		
		$\phi 30_{-0.041}^{0}$ mm	3.2 mm	超差全扣	4 分	1 分		
		34 mm		超差全扣	4 分			
		38 mm		超差全扣	4 分			
		35 mm		超差全扣	3 分			
		50 mm		超差全扣	4 分			
		270 mm		超差全扣	5 分			
		*C*1(2 处)			1 分			
	螺纹	$\phi 57_{-0.010}^{0}$ mm	3.2 mm	超差全扣	10 分	2 分		
		$\phi 47_{-0.390}^{-0.310}$ mm	1.6 mm	超差全扣	13 分	2 分		
		ϕ43.8 mm		超差全扣	6 分			
		65 mm		超差全扣	5 分			
		20°(2 处)		超差全扣	4 分			
		40°		超差全扣	4 分			
		*R*0.9 mm		超差全扣	2 分			
2	安全文明生产	(1)车床安全操作规程 (2)工具、夹具、刃具、量具放置及使用规范 (3)车床维护保养 (4)工作场地清理			10			

续表

序号	考核项目	考核内容及要求		评分标准	配分		检测结果	得分
		精度	*Ra*		精度	*Ra*		
3	按时完成工件	(1)超时 10 min，倒扣 5 分 (2)超时 20 min，倒扣 10 分 (3)超时 30 min，不得分						
4	总配分	100						
工时定额		6 h		指导教师				

拓展训练

一、选择题

1. 梯形螺纹中径的计算公式是(　　)。

A. $d_2=d-p$　　B. $d_2=d-0.518p$　　C. $d_2=d-0.5p$

2. 安装螺纹车刀时，刀尖应与中心等高，刀尖角的对称中心线应(　　)工件轴线。

A. 平行于　　B. 倾斜于　　C. 垂直于

3. 三针测量是测量外螺纹(　　)的一种比较精密的方法。

A. 小径　　B. 中径　　C. 大径

4. 三针测量梯形螺纹中径的简化计算公式是(　　)。

A. $M=d_2+3d_D-0.866p$

B. $M=d_2+3.166d_D-0.961p$

C. $M=d_2+4.864d_D-1.866p$

5. 法向直廓蜗杆的齿型在法平面内为(　　)。

A. 直线　　B. 阿基米德螺旋线　　C. 延长渐开线

6. 蜗杆导程的计算公式是(　　)。

A. $p=\pi m_x$　　B. $pz=z\pi m_x$　　C. $q=\dfrac{d_1}{m_x}$

7. 蜗杆分度圆直径的计算公式是(　　)。

A. $d_1=q(m_x-2.4)$　　B. $d_1=qm_x$　　C. $d_1=q(m_x+2)$

8. 车多头蜗杆时，最简便的分头法是(　　)。

A. 小滑板刻度分头法　B. 百分表分头法　　C. 交换齿轮分头法

9. 蜗杆粗车刀的刀尖宽度(　　)齿根槽宽。

A. 小于　　B. 等于　　C. 大于

二、问答题

多头蜗杆的分头方法有哪两类？每一类中有哪些具体方法？

项目 7

切断与车槽

项目导航

本项目主要学习切断刀和车槽刀的种类和用途，了解切断刀和车槽刀的组成及其角度要求，掌握切断刀和车槽刀的刃磨方法，能够刃磨出符合使用要求的切断刀和车槽刀。掌握切断零件和在零件上加工槽的方法，通过车削练习掌握切断和车槽技能。能够正确测量各类槽的尺寸。

学习要点

(1)了解切断刀和车槽刀的种类和用途。

(2)了解切断刀和车槽刀的组成及其角度要求。

(3)掌握切断刀和车槽刀的刃磨方法。

(4)了解切断刀和车槽刀的角度。

(5)能够切断零件和在零件上加工槽。

(6)能够刃磨切断刀和车槽刀。

(7)通过车削练习掌握切断和车槽技能。

(8)能够正确测量各类槽的尺寸。

任务 1 切断

任务目标

(1)掌握切断刀的种类和切断方法。

(2)掌握直进法和左右借刀法切断工件的技能。

(3)了解切断刀的种类及几何角度，掌握切断刀的刃磨方法。

学习活动

车削加工中，在没有锯床的情况下，工件坯料需要用车床从棒料上切断，以适应零件的进一步加工，这就是本任务中所要讨论的问题。图 7-1-1 所示就是这样一种零件。

本任务中，将了解切断相关知识，学习切断的方法，掌握直进法和左右借刀法切断工件的步骤和技能，并能检验零件是否合格。

实践操作

一、 零件结构分析

图 7-1-1 所示为一短轴，直径为 $\phi70$ mm，长度为 35 mm，需用切断刀从 $\phi80$ mm 的圆钢上切下来，然后车削端面达到图样尺寸要求。毛坯尺寸为 $\phi80$ mm×85 mm，材料为 45 钢。

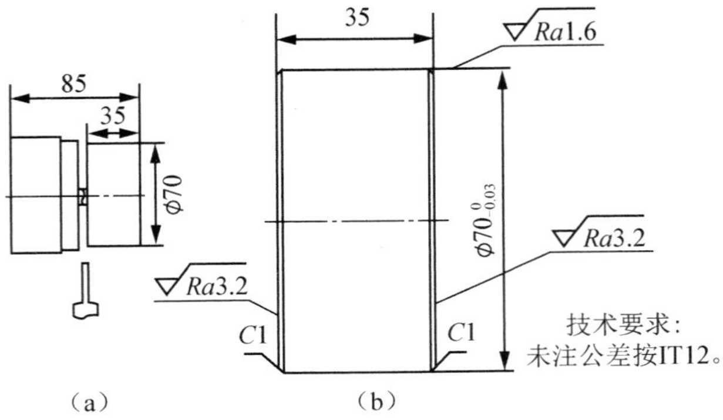

图 7-1-1 短轴

二、 刀具分析

(1)90°硬质合金外圆车刀，用于车削外圆。

(2)45°硬质合金车刀，用于车削端面和倒角。

(3)切断刀，用于切断。

三、 加工步骤

切断的加工步骤见表 7-1-1。

表 7-1-1　切断的加工步骤

序号	工艺名称	工艺内容
1	装夹找正	三爪自定心卡盘夹持，工件伸出长度≥50 mm，找正夹紧
2	对刀	装 45°，90°外圆车刀、切断刀，利用试车端面方法判断刀具中心是否与主轴等高，试车后端面没有小凸台，证明刀具合格，但切断刀要稍高些
3	车端面	用 45°车刀车端面
4	车外圆	粗、精车 ϕ35 mm 至图样的尺寸精度要求，长度≥36 mm，车倒角 $C1$
5	切断	切断，保证长度尺寸≥36 mm
6	车端面	(1)调头夹持 ϕ35 mm 处(倒角处朝向卡盘内部)，工件伸出≥10 mm，夹紧找正 (2)车端面，保证总长为 35 mm (3)车倒角 $C1$
7	检查	检验各部分尺寸

四、 注意事项

(1)对大直径工件进行切断时，由于排屑困难，容易造成车刀折断，因此切断时应经常退出车刀排屑。

(2)对大直径工件进行切断时，应选用较低转速。

(3)切断时，应使用足量的切削液降低切削温度。

巩固练习

(1)零件图。

图 7-1-2 为垫片的图样。

(2)要求。

①时间为 0.5 h。

②能利用切断刀进行切断加工。

③能独立确定一般工件的车削步骤。

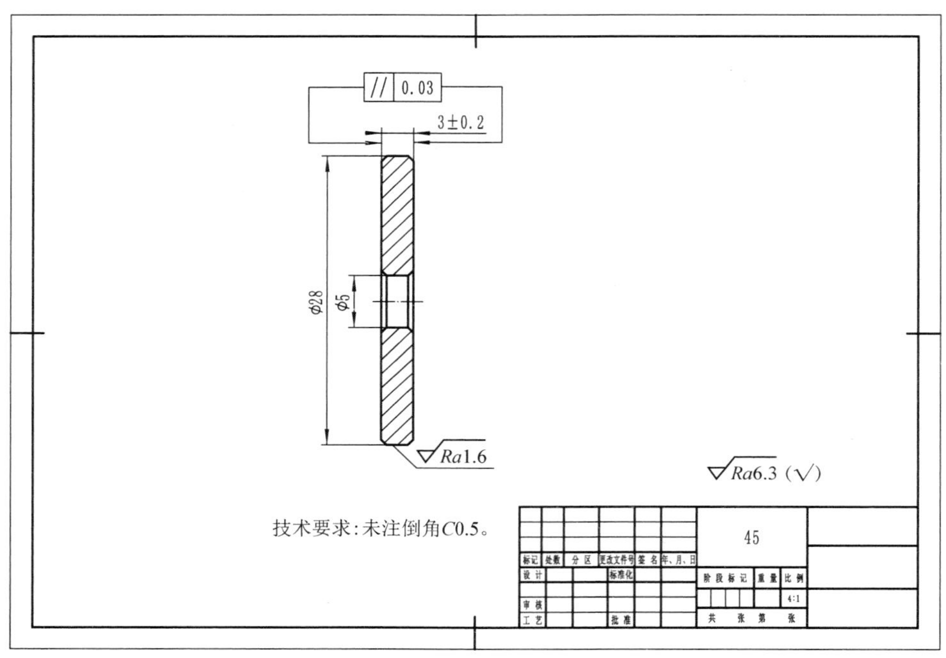

图 7-1-2　垫片

知识探究

在车床上把较长的工件切断成短料或将车削完成的工件从原材料上切下，这种加工方法叫切断。

1. 切断刀的种类

(1)高速钢切断刀。

刀头和刀杆是由同一种材料锻造而成的。每当切断刀损坏时，可以通过锻打再使用，因此比较经济，目前应用较为广泛，如图 7-1-3(a)所示。

(2)硬质合金切断刀。

刀头用硬质合金焊接而成，因此适用于高速切削，如图 7-1-3(b)所示。

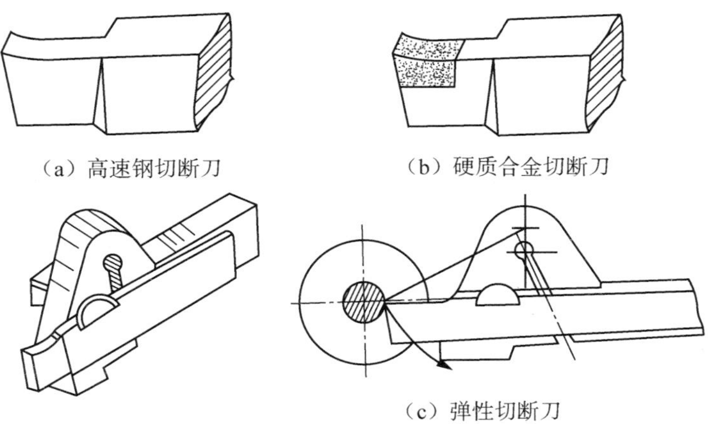

图 **7-1-3**　切断刀的种类

(3)弹性切断刀。

为节省高速钢材料，切刀做成片状，再夹在弹簧刀杆内，这种切断刀既节省刀具材料又富有弹性，当进给过快时刀头在弹性刀杆的作用下会自动产生让刀，这样就不容易产生扎刀而折断车刀，如图 7-1-3(c)所示。

2. **切断刀的安装**

切断刀的装夹是否正确对切断工件能否顺利进行切断工件，以及平面是否平直有直接的关系，所以切断刀的安装要求十分严格，如图 7-1-4 所示。

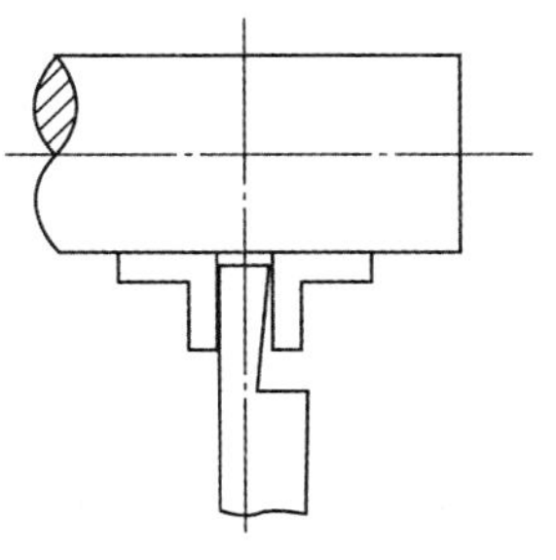

图 **7-1-4**　切断刀的安装

(1)切断实心工件时，切断刀的主刀刃必须严格对准工件中心，刀头中心线与轴线垂直。

(2)为了增加切断刀的强度，刀杆不宜伸出过长以防振动。

3. **切断方法**

(1)用直进法切断工件。

所谓直进法是指垂直于工件轴线方向切断，这种切断方法的切断效率高，但对车床刀具刃磨装夹有较高的要求，否则容易造成切断刀的折断，如图 7-1-5(a)所示。

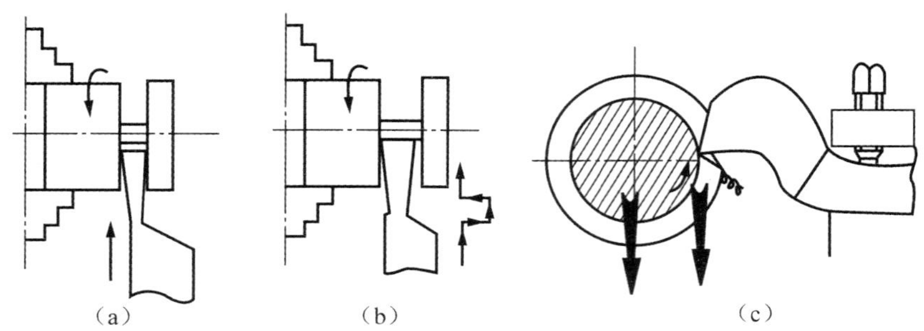

图 7-1-5 切断刀的切断方法

(2)用左右借刀法切断工件。

在切削系统(刀具、工件、车床)刚性等不足的情况下，可采用左右借刀法切断工件。这种方法是指切断刀在径向进给的同时，车刀在轴线方向反复地往返移动直至工件切断，如图 7-1-5(b)所示。

(3)用反切法切断工件。

反切法是指工件反转，车刀反装，这种切断方法适用于较大直径工件。其优点是：

①反转切断时，作用在工件上的切削力与主轴重力方向一致向下，因此主轴不容易产生上下跳动，所以切断工件比较平稳，如图 7-1-5(c)所示。

②切屑从下面流出，不会堵塞在切削槽中，因此能比较顺利地切削，但必须指出，在采用反切法时，卡盘与主轴的连接部分必须有保险装置，否则卡盘会因倒车而脱离主轴产生事故。

任务评价

评分标准及检测记录见表 7-1-2。

表 7-1-2 评分标准及检测记录

序号	考核项目	考核内容及要求		评分标准	配分	检测结果	得分
		精度	*Ra*				
1	直径	ϕ70 mm	6.3 mm	按 IT12 检测，超差全扣	45 分		

续表

序号	考核项目	考核内容及要求		评分标准	配分	检测结果	得分
		精度	*Ra*				
2	长度	35 mm	6.3 mm	按 IT12 检测，超差全扣	45 分		
4	安全文明生产	(1)车床安全操作规程 (2)工具、夹具、刃具、量具放置及使用规范 (3)车床维护保养 (4)工作场地清理			10 分		
5	按时完成工件	(1)超时 10 min，倒扣 5 分 (2)超时 20 min，倒扣 10 分 (3)超时 30 min，不得分					
6	总配分	100					
工时定额		0.5 h		指导教师			

拓展训练

一、选择题

1. 切断刀折断的主要原因是(　　)。

A. 刀头宽度太宽　　B. 副偏角和副后角太大　　C. 切削速度高

2. 切断时防止产生振动的措施是(　　)。

A. 适当增大前角　　B. 减小前角　　C. 增加刀头宽度

D. 减小进给量　　E. 提高切削速度

3. 切断时的背吃刀量等于(　　)。

A. 直径之半　　B. 刀头宽度　　C. 刀头长度

二、判断题

1. 切断刀主切削刃太宽，切削时易产生振动。(　　)

2. 切断刀的特点是主切削刃较窄。(　　)

三、问答题

1. 切断方法有哪些？

2. 切断刀的安装有哪些注意事项？

任务 2 车槽

任务目标

（1）掌握各类槽的形状特征和车削方法。

（2）掌握车槽的技能。

（3）了解沟槽的种类和作用。

（4）掌握矩形槽和圆弧槽的车削方法和测量方法。

学习活动

在机械零件上，由于工作情况和结构工艺性的需要，有各种不同断面形状的沟槽，图 7-2-1 所示就是这样一种零件。

本任务中，将了解槽的相关知识，学习车槽的方法，掌握车削低精度、宽度窄的环形外沟槽的步骤和技能，并会检验零件是否合格。

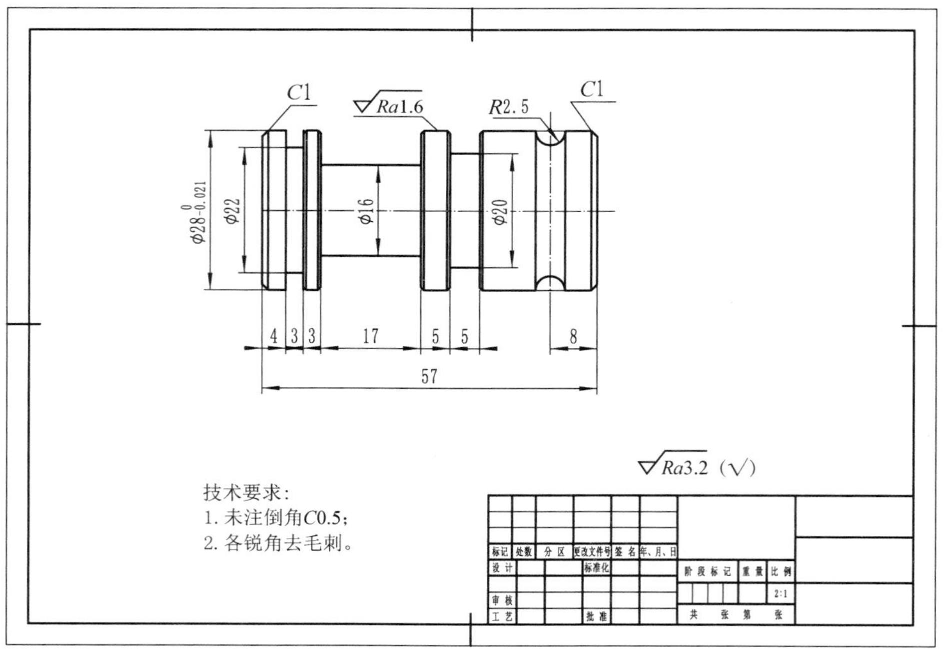

图 7-2-1 矩形槽轴

实践操作

一、零件结构分析

如图 7-2-1 所示为一矩形槽轴，由宽槽、窄槽和圆弧槽组成，其精度不是很高，可利用车槽刀，一次进刀或者多次进刀加工完成。毛坯尺寸为 ϕ30 mm×70 mm，材料为 45 钢。

二、刀具分析

(1)90°硬质合金外圆车刀，用于车削外圆。

(2)45°硬质合金车刀，用于车削端面和倒角。

(3)圆弧切断刀，用于车削圆弧槽。

(4)3 mm 切断刀，用于车削窄槽。

(5)4 mm 切断刀，用于车削宽槽。

三、加工步骤

矩形槽轴的加工步骤见表 7-2-1。

表 7-2-1　矩形槽轴的加工步骤

序号	工艺名称	工艺内容
1	装夹找正	三爪自定心卡盘夹持，工件伸出长度为 20 mm，找正夹紧
2	对刀	装 45°，90°外圆车刀、切断刀和圆弧切断刀，利用试车端面方法判断刀具中心是否与主轴等高，试车后端面没有小凸台，证明刀具合格，但切断刀和圆弧切断刀要稍高些
3	车端面	用 45°车刀车端面，钻 ϕ3 mm B 型中心孔
4	粗车外圆、端面	(1)调头装夹，伸出长度为 20 mm，车端面，保证工件总长为 60 mm (2)钻 ϕ3 mm B 型中心孔 (3)粗车外圆至尺寸 ϕ29 mm(留 1 mm 精车余量)，长度为 15 mm
5	车外圆	采用两顶尖装夹(粗车过外圆的一端靠近卡盘)，粗、精车外圆至图样尺寸要求(留 15 mm 长一段掉头车)

续表

序号	工艺名称	工艺内容
6	车宽槽	(1)用圆弧槽刀，按图样要求车削 R 2.5 mm 圆弧槽至图样尺寸要求 (2)用切断刀分别车削 5 mm 宽、20 mm 宽槽至图样尺寸要求
7	车倒角	(1)车倒角 $C1$ (2)各锐角倒钝
8	车窄槽	(1)调头，采用两顶尖装夹 (2)用 3 mm 切槽刀按图样要求，车削窄槽至图样尺寸要求
9	车倒角	(1)车倒角 $C1$ (2)各锐角倒钝
10	检查	检验各部分尺寸

巩固练习

(1)零件图。

图 7-2-2 为偏心螺纹轴图样。

(2)要求。

①时间 3.5 h。

②能利用所学方法车削带槽类零件。

③能独立确定一般工件的车削步骤。

知识探究

一、 车槽的基本知识

在工件上车削各种形状的槽叫车沟槽。外圆和平面上的沟槽叫外沟槽，内孔中的沟槽叫内沟槽。

1. 沟槽的种类和作用

沟槽的形状和种类较多。矩形槽的作用通常是使所装配的零件有正确的轴向位置，在磨削、车螺纹、插齿等加工过程中便于退刀。

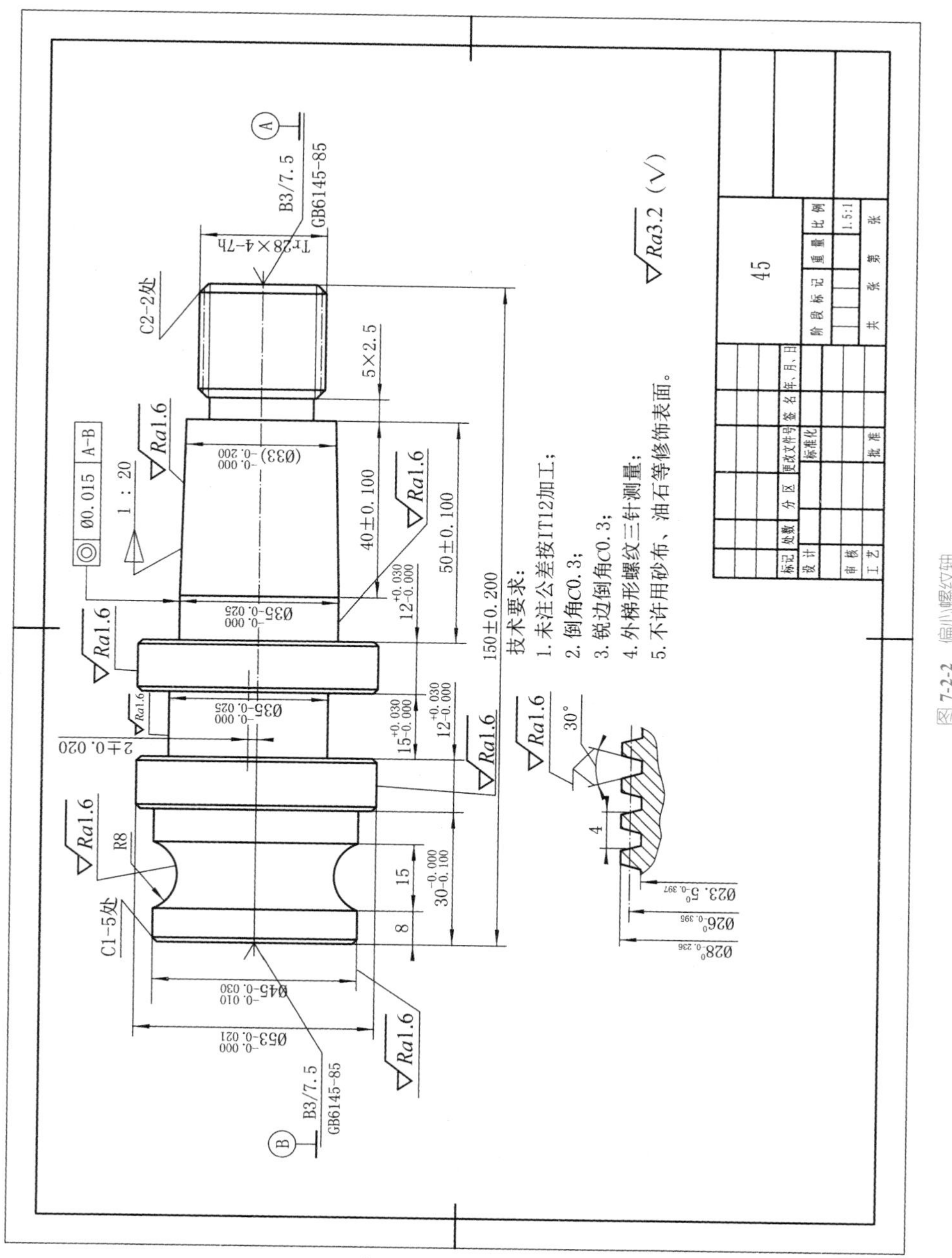

图 7-2-2　偏心螺纹轴

2. 车槽刀的安装

车槽刀的装夹是否正确，对车槽的质量有直接的影响。例如，矩形车槽刀的装夹，要求垂直于工件轴线，否则车出的槽壁不会平直。

3. 车槽方法

(1)车精度不高、宽度较窄的矩形槽，可以用刀宽等于槽宽的车槽刀，采用直进法一次进给车出。

(2)车精度较高、宽度较窄的矩形槽，一般采用两次进给车成，即第一次用刀宽窄于槽宽的槽刀粗车，两侧槽壁及槽底留精车余量，第二次进给时用等宽刀修整。

(3)车较宽的沟槽，可以采用多次直进法车削。首先，画线确定沟槽的轴向位置，粗车成型，在两侧槽壁及槽底留 0.1～0.3 mm 的精车余量。其次，精车基准槽壁精确定位，精车第二槽壁，通过试切削保证槽宽。最后，精车槽底保证槽底直径。

(4)成型槽的切削。成型槽包括圆弧槽和梯形槽等。

①较窄的圆弧槽或梯形槽，将车槽刀刃磨成与成型槽的形状和尺寸相同的形式，一次横向进给车出。

②较宽较深的成型槽，特别是内孔的成型槽，由于受到车刀刚度的制约，往往采取以下两种方法。

a. 分两步切削。一般是先用切槽刀车出直槽，然后用成型刀车削成型。

b. 左右借刀进给或斜向进给。当成型槽特宽特深时，可在中滑板横向进给的同时，摇动小滑板，使车刀做微量移动，形成单面切削的左右窜刀进给；或在中滑板横向进给的同时，摇动小滑板，使车刀沿一个方向做微量移动的单面斜向进给。粗车后留有余量，再用精车刀车至尺寸。

(5)斜沟槽的切削。斜沟槽是用于同时磨削圆柱面和端面的越程槽，形成圆柱面和端面两个方向的空刀。斜沟槽分直线形和圆弧形，一般倾斜度为 45°。车床切槽刀具有内孔车刀的特点，应当根据沟槽圆弧的大小，在切削刃各部分时都应磨成相应的圆弧后角。切削时，将小滑板转到 45°，用小滑板一次切削成型。

(6)端面槽的切削。切削端面槽的切槽刀，具有外圆车刀和内孔车刀的综合特性。内外两个刀尖，一个相当于外圆车刀，另一个相当于内孔车刀。因此，应根据它们各自的切削特点，刃磨切槽刀。

①车端面直槽。端面直槽切槽刀的几何形状、车刀外侧刀尖，相当于车削内孔，因此副后刀面应按端面圆弧的大小，磨出相应的圆弧形副后角 R，以防止副后刀面与外槽刀面相碰。

②车 T 形槽，应用三种车刀分三步进行：首先，用端面直槽切槽刀，纵向进给，

车出端面直槽。其次，改用弯头右切槽刀，如同车内孔直槽，车出外侧沟槽。最后，用弯头左切槽刀，车出内侧沟槽。

③车燕尾槽的步骤和方法与切 T 形槽的方法基本相同，也用三种车刀分三步进行，即先车端面直槽后，分别使用左、右斜面成型刀，使燕尾槽成型。在车 T 形槽和燕尾槽时，车刀外侧的切削刃，也应按照内孔车刀的原则刃磨。又由于端面直槽的宽度有限，左、右弯头切槽刀和左、右斜面成型刀的刀杆较细，刀头的强度较差，所以应适当减小进给量，并随时观察排屑状况，及时清除。车床在使用高速钢车刀时，也应降低切削速度，并加注切削液。

(7)沟槽的测量。精度要求低的沟槽，一般采用钢直尺和卡钳测量。精度要求较高的沟槽，底径可用千分尺，槽宽可用样板、游标卡尺、塞规等测量。

二、 容易产生的问题和注意事项

(1)车槽刀和主刀刃和轴心线不平行，使车出的沟槽成一侧直径大、另一侧直径小的竹节形。

(2)要防止槽底与槽壁相交处出现圆角，槽底中间尺寸小，靠近槽壁两侧尺寸大。

(3)槽壁与中心线不垂直，会出现内槽狭窄外口大的喇叭形，造成这种情况的主要原因如下。

①刀刃磨钝让刀。

②车刀刃磨角度不正确。

③车刀装夹不垂直。

(4)槽壁与槽底产生小台阶，主要原因是接刀不正确。

(5)用接刀法车沟槽时，注意各条的槽距。

(6)要正确使用游标卡尺、样板、塞规测量沟槽。

(7)合理选用转速和进给量。

(8)正确使用切削液。

任务评价

评分标准及检测记录见表 7-2-2。

表 7-2-2 评分标准及检测记录

序号	考核项目	考核内容及要求		评分标准	配分		检测结果	得分
		精度	Ra		IT	Ra		
1	外圆	ϕ28 mm	1.6 mm	超差全扣	10 分	4 分		
		ϕ22 mm	3.2 mm	按 IT14 检测，超差全扣	8 分	3 分		
		ϕ20 mm	3.2 mm	按 IT14 检测，超差全扣	8 分	3 分		
		ϕ16 mm	3.2 mm	按 IT14 检测，超差全扣	8 分	3 分		
2	长度	4 mm		按 IT14 检测，超差全扣	5 分			
		3 mm		按 IT14 检测，超差全扣	5 分			
		8 mm		按 IT14 检测，超差全扣	5 分			
		5 mm		按 IT14 检测，超差全扣	5 分			
	槽	5 mm		按 IT14 检测，超差全扣	5 分			
		20 mm		按 IT14 检测，超差全扣	5 分			
		3 mm		按 IT14 检测，超差全扣	5 分			
3	圆弧槽	$R5$ mm	3.2 mm	按 IT14 检测，超差全扣	5 分	3 分		
4	安全文明生产	(1)车床安全操作规程 (2)工具、夹具、刃具、量具放置及使用规范 (3)车床维护保养 (4)工作场地清理			10 分			

续表

<table>
<tr><th rowspan="2">序号</th><th rowspan="2">考核项目</th><th colspan="2">考核内容及要求</th><th rowspan="2">评分标准</th><th colspan="2">配分</th><th rowspan="2">检测结果</th><th rowspan="2">得分</th></tr>
<tr><th>精度</th><th>Ra</th><th>IT</th><th>Ra</th></tr>
<tr><td>5</td><td>按时完成工件</td><td colspan="3">(1)超时 10 min，倒扣 5 分
(2)超时 20 min，倒扣 10 分
(3)超时 30 min，不得分</td><td colspan="2"></td><td></td><td></td></tr>
<tr><td>6</td><td>总配分</td><td colspan="7">100 分</td></tr>
<tr><td colspan="2">工时定额</td><td colspan="2">1.5 h</td><td>指导教师</td><td colspan="4"></td></tr>
</table>

拓展训练

问答题

1. 车槽时有哪些注意事项？

2. 较宽沟槽的加工方法是什么？

项目 8

车削成型面与滚花

项目导航

本项目主要介绍成型面零件、滚花零件的相关知识，加工工艺方法、注意事项及刀具知识。

学习要点

(1)了解加工成型面零件、滚花时，其车床各部分的调整方法。

(2)掌握安全文明生产的基本内容。

(3)掌握“7S”管理在车削成型面和滚花中的应用。

(4)掌握车削成型面零件的基本知识和加工方法。

(5)掌握滚花的基本知识和加工方法。

任务 1 车削成型面

任务目标

(1)掌握成型面零件的各项尺寸计算和工艺。

(2)了解车削成型面的各种方法，学会用双手控制法车削成型面的技能。

(3)能根据图样要求，用双手控制法加工出合格的成型面，并能用曲线样板或普通量具检验成型面。

学习活动

在机械制造过程中，经常会遇到有些零件的素线不是直线而是曲线的，如单球手柄、三球手柄、摇手柄(图 8-1-1)及内、外弧形槽等，在车床上加工成型面，应根据零件的特点、数量及精度选用不同的加工方法。

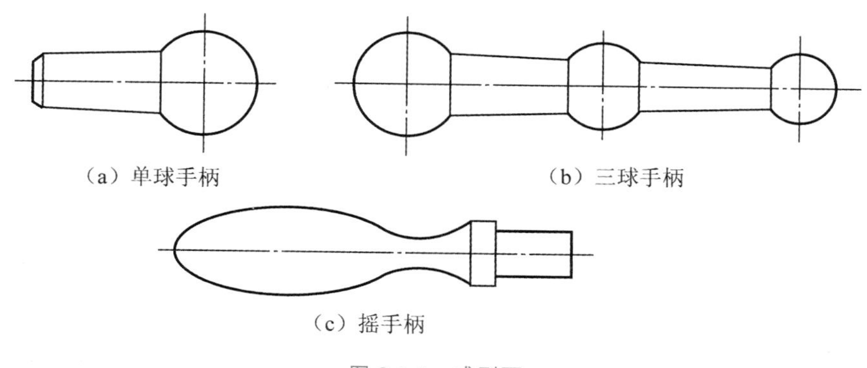

（a）单球手柄　（b）三球手柄

（c）摇手柄

图 **8-1-1**　成型面

一、　成型面的车削方法

1. 用双手控制法车削成型面

双手同时摇动中、小拖板手柄，通过双手的协调动作，使车刀做曲线运动，从而车削出成型面。

双手控制法车削成型面的特点是灵活、简单、方便，不需要其他辅助工具，但是加工零件的质量完全依靠操作者的技能水平，加工难度大，效率低，精度不高，表面质量差。因此，这种方法只适用于精度要求不高、单件或小批量生产方式。

单球手柄车削过程中，球状部分长度 L 的计算方法是：如图 8-1-2(a)所示，在直角三角形 AOB 中，其球状部分长 L 的计算公式为

$$L=\frac{1}{2(D+\sqrt{D^2+d^2})}。$$

式中，L——球状部分长度，mm；

D——圆球直径，mm；

d——柄部直径，mm。

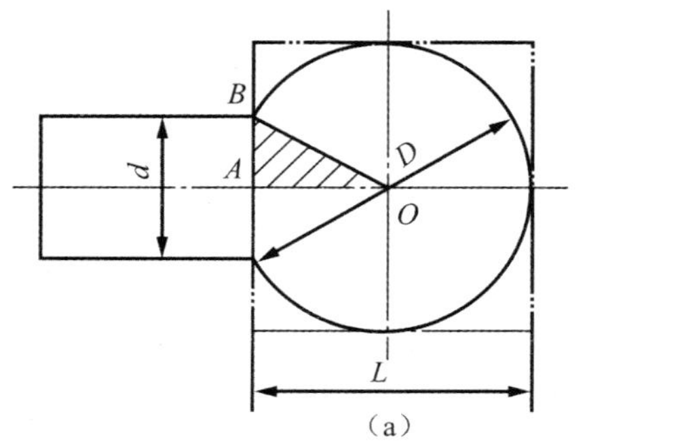

(a)

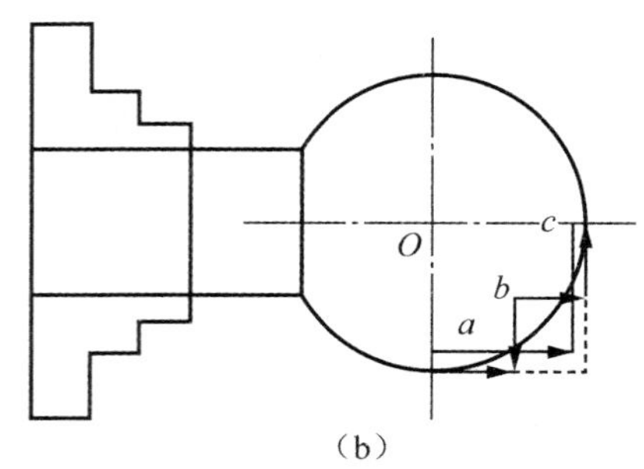

(b)

图 **8-1-2** 单球手柄的车削

用双手控制法车削成型面，由于进给不均匀，往往使工件表面留下高低不平的痕迹，表面粗糙度难以达到要求。因此，车削完成的成型面还要用锉刀、纱布修正抛光，如图 8-1-3 所示。

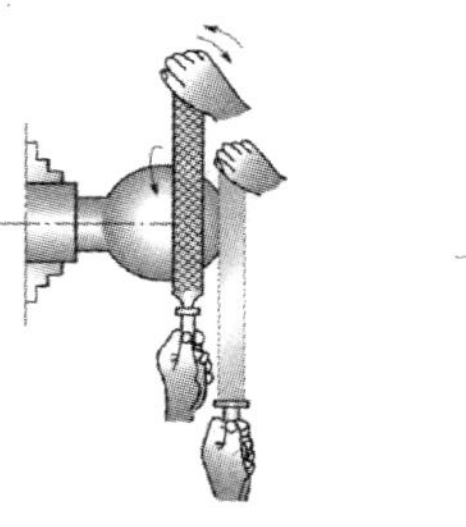
(a) 成型面的锉削

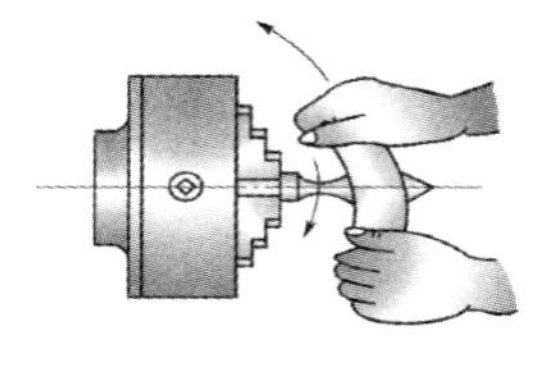
(b) 成型面纱布抛光

图 **8-1-3** 成型面的表面修饰

2. 用成型刀车削成型面

把切削刃形状磨成和工件成型面形状相似的车刀叫成型车刀(亦称样板刀)。车削大圆角、内外圆弧槽、曲面狭窄而变化较大或数量较多的成型面工件时，常采用成型刀车削法，其加工精度主要靠刀具保证。由于车削时接触面较大，切削力也较大，易出现振动和工件移位。因此，车削时要选择较低的转速，工件装夹要牢固。

(1)整体式普通成型刀。这种成型刀与普通车刀相似，如图 8-1-4 所示，精度要求不高时，可用样板手工在砂轮上刃磨；精度要求较高时，可在工具磨床上刃磨。

(2)圆形成型刀。这种成型刀制作成圆轮形，并在圆轮上开有缺口，以形成前刀面和主切削刃，安装在弹性刀杆上，以减少切削时的振动，如图 8-1-5 所示。

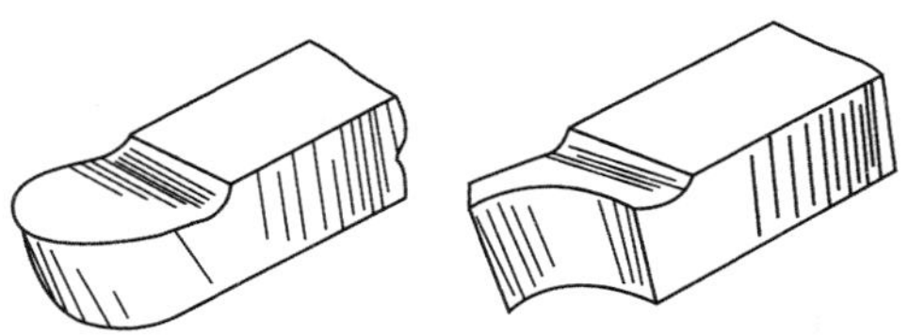

图 8-1-4　整体式普通成型刀

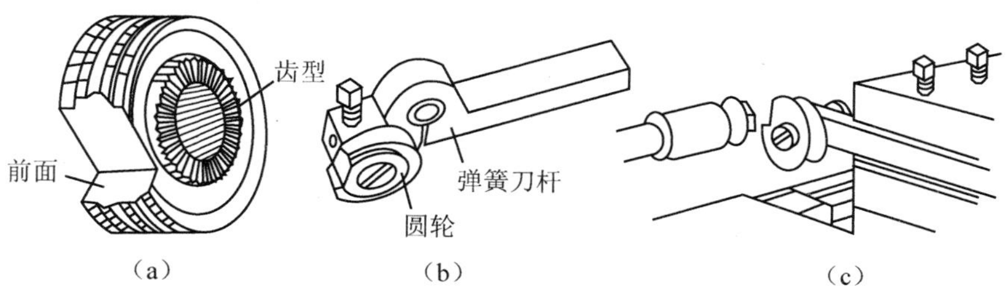

图 8-1-5　圆形成型刀

圆形成型刀的主切削刃必须低于圆轮中心，否则后角等于 0°，不能进行正常切削。主切削刃低于中心的距离 H，如图 8-1-6 所示，可按下列公式计算：

$$H=\frac{D}{2\sin\alpha}。$$

式中，H——刃口低于中心的距离，mm；

D——圆形成型刀直径，mm；

α——成型刀径向后角，°。

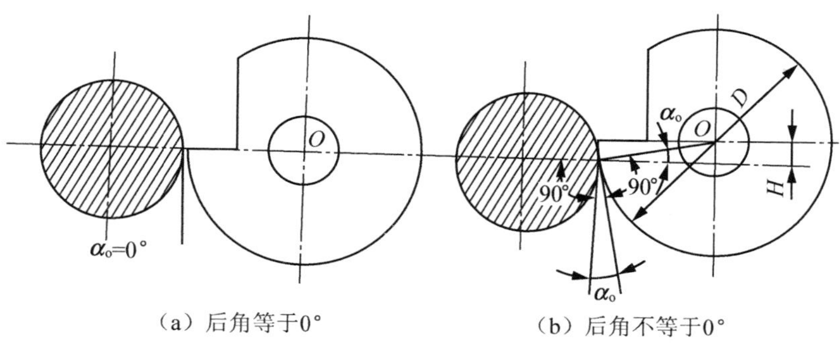

图 8-1-6　圆形成型刀及其使用

3. 靠摸法车削成型面(略)

二、 成型面的检测

成型面通常采用样板(或 R 规)来进行检测。用样板进行检测时应对准工件中心，并观察样板与工件之间的间隙大小修正工件表面，如图 8-1-7、图 8-1-8 所示。

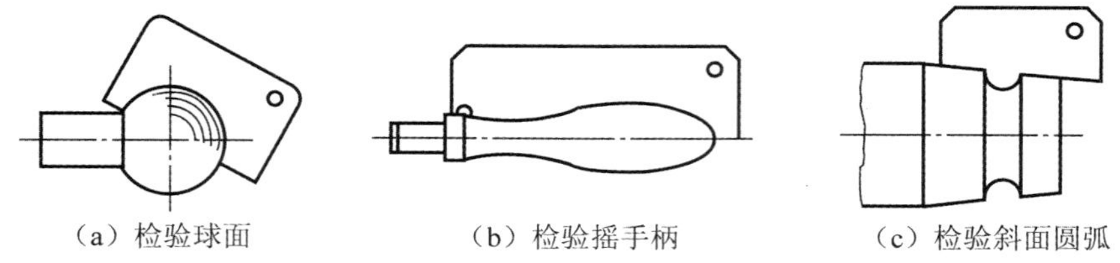

图 **8-1-7** 用样板检验成型面的方法

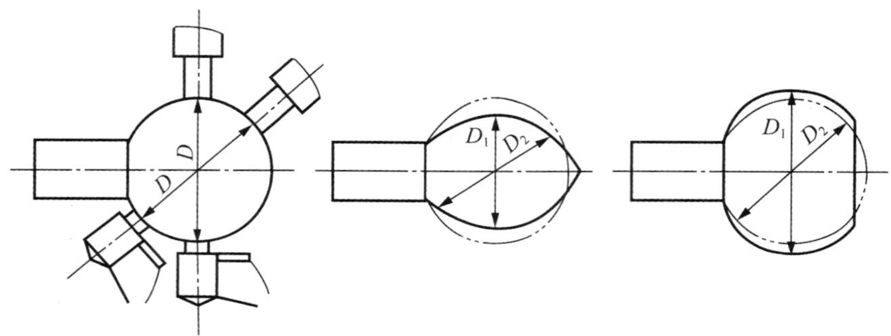

图 **8-1-8** 用千分尺检验圆球

三、 车削成型面的质量分析

车削成型面时，可能产生废品的种类、原因及预防措施见表 8-1-1。

表 **8-1-1** 车削成型面的质量分析

废品的种类	产生原因	预防措施
工件轮廓不正确	(1)用双手控制法车削成型面时，双手配合不协调 (2)车刀刀尖与主轴安装不等高 (3)用成型车刀车削成型面时，刀刃刃磨不正确	(1)加强技能练习，达到纵横向进刀协调 (2)调整垫片高度，使车刀刀尖与主轴等高 (3)仔细刃磨车刀

续表

废品的种类	产生原因	预防措施
工件表面粗糙	(1)进给量过大 (2)成型车刀接触面过大，产生振动 (3)刀具几何角度不正确 (4)材料切削性能差 (5)切削液选择不当	(1)减小进给量 (2)加强工件装夹刚度和刀具装夹刚度 (3)正确刃磨刀具 (4)热处理改善材料切削性能 (5)正确选择切削液

四、 注意事项

(1)用双手控制法车削球面时由中间向两边车削，要边车削边用半径样板检测球面形状，同时进行合理的修正。

(2)车削过程中，要深刻理解运用双手进给的分析理论，指导双手协调有序的进给速度。

实践活动

一、 实践条件

实践条件见表 8-1-2。

表 8-1-2　实践条件

类别	名称
设备	CA6140 型卧式车床或同类型车床
量具	150 mm 钢板尺；150 mm，0.02 mm 游标卡尺；0～25 mm，0.01 mm 千分尺；25～50 mm，0.01 mm 千分尺
工具	卡盘扳手；刀台扳手；莫氏 4# 钻夹头；莫氏 4# 活顶尖；毛刷；铁屑钩
刀具	90°硬质合金车刀；45°硬质合金车刀；圆弧切断刀；切断刀；ϕ3 mm B 型中心钻；中粗 200 mm 平锉刀；120＃纱布
其他	抹布；卫生工具

二、 实践步骤

1. 零件结构分析

图 8-1-9 为一三球手柄零件，它由三个圆球和一锥度轴组成，直径不相等且均有公差要求，长度尺寸也均有公差要求，表面要光滑(满足手感好)，选用毛坯尺寸为 ϕ35 mm×145 mm，材料为 45 钢。采用双手控制法车削加工，需掉头装夹一次才能完成车削加工。

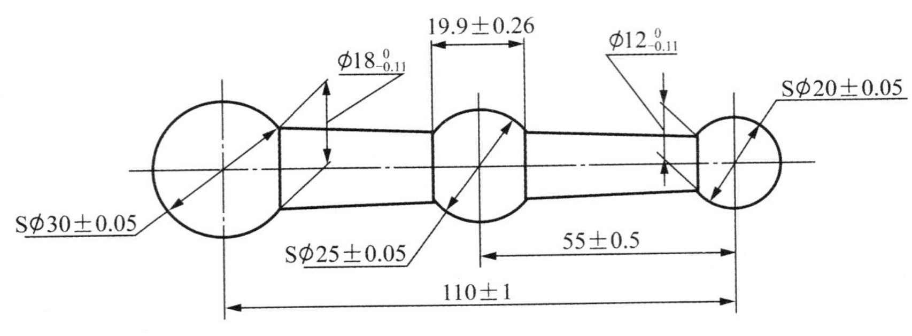

图 8-1-9　三球手柄

扫一扫

2. 加工步骤

步骤 1：安全教育。按“两穿两戴”要求，正确穿戴工作服、工作帽、劳保鞋和防护眼镜。

步骤 2：进入实训场地，按“7S”规范要求，整理车床、工具箱、工量刃具，整理车床周边卫生。

步骤 3：装夹找正。用三爪自定心卡盘夹持工件一端，工件伸出长度≥10 mm，找正夹紧。

步骤 4：对刀。装 45°，90°外圆车刀、切断刀和圆弧切断刀。利用试车端面方法判断刀具中心是否与主轴等高，试车后端面没有小凸台，证明刀具合格，但切断刀和圆弧切断刀要稍高些。

步骤 5：车端面。用 45°车刀车端面，钻 ϕ3 mm B 型中心孔。

步骤 6：粗车外圆和圆锥。

(1)用三爪卡盘和活络顶尖装夹，工件伸出长度≥137 mm，用 90°外圆车刀粗车 ϕ30 mm，ϕ25 mm，ϕ20 mm，留 1mm 精车余量。

(2)用切断刀车削各柄部(圆锥部分)。轴向尺寸(以端面为基准)计算准确。径向尺寸 ϕ12 mm，ϕ18 mm，留 1 mm 余量。

(3)调整小拖板，用 90°外圆车刀车削圆锥(经计算圆锥半角 1°54′)，留 0.5 mm 余量。

步骤 7：钻中心孔。掉头，三爪卡盘装夹(夹住 ϕ30 mm 外圆)，用 ϕ3 mm B 型中心钻钻孔。

步骤 8：车 Sϕ30 mm 圆球。夹持 ϕ20 mm 外圆，另一端活顶尖顶住，用圆弧切断刀粗、精车 Sϕ30 mm±0.05 mm 圆球，经抛光，达到 Ra1.6 μm。顶尖处留有 ϕ7 mm×5 mm 圆柱。

步骤 9：车圆锥；车 Sϕ25 mm，Sϕ20 mm 圆球。

(1)垫铜皮，夹持 Sϕ30 mm 处，另一端活顶尖顶住，用 90°外圆车刀粗、精车圆锥部分至图样要求。

(2)用圆弧切断刀粗车、精车 Sϕ25 mm±0.05 mm，Sϕ20 mm±0.05 mm，用切断刀修去四处柄部 R 弧。用锉刀和纱布抛光圆球和圆锥部分，使表面粗糙度达到 Ra1.6 μm，尺寸至图样要求。顶尖处留有 ϕ7 mm×5 mm 圆柱，保证总长为 135 mm。

步骤 10：抛光。垫铜皮用三爪自定心卡盘装夹，用锉刀、纱布将两端抛光至要求。

步骤 11：去凸台。在砂轮机上将两端 ϕ7 mm×5 mm 圆柱磨掉。

步骤 12：检验。检验各部分尺寸。

三、注意事项

(1)要培养目测球形的能力和协调双手控制进给动作的技能，否则容易把球面车成橄榄形和算盘珠形。

(2)车削时应从最高点开始，并由此向左右车削。

(3)用锉刀锉削弧面工件时，锉刀的运动要绕弧面进行。

(4)在用锉刀、砂布打光时，一定按操作规程进行操作，以防发生事故。

专业对话

1. 谈一谈车削成型面的几种方法。

2. 成型车刀有哪几种？它们的结构特点是什么？

3. 如果已知成型车刀的外径 D 为 50 mm，现需要车刀具有 10°后角，车刀应比中心低多少？

4. 使用成型车刀车削成型面时，怎样防止和减少振动？

5. 检验圆球面有哪几种方法？在车削成型面时怎样利用检验进行修正加工？

任务评价

考核标准见表 8-1-3。

表 8-1-3　考核标准

<table>
<tr><th>序号</th><th>检测内容</th><th>检测项目</th><th>分值</th><th>要求</th><th>自测结果</th><th>得分</th><th>教师检测结果</th><th>得分</th></tr>
<tr><td rowspan="5">1</td><td rowspan="5">安全文明生产</td><td>正确穿戴工作服</td><td>2 分</td><td rowspan="4">穿戴整齐、紧扣、紧扎</td><td></td><td></td><td></td><td></td></tr>
<tr><td>正确穿戴工作帽</td><td>2 分</td><td></td><td></td><td></td><td></td></tr>
<tr><td>正确穿戴工作鞋</td><td>2 分</td><td></td><td></td><td></td><td></td></tr>
<tr><td>正确穿戴防护眼镜</td><td>2 分</td><td></td><td></td><td></td><td></td></tr>
<tr><td>工具箱的整理</td><td>2 分</td><td>分类定置或分格存放</td><td></td><td></td><td></td><td></td></tr>
<tr><td rowspan="3">2</td><td rowspan="3">工量刃具现场</td><td>工量刃具的整理</td><td>2 分</td><td>按拿取方便的原则，分类摆放有序</td><td></td><td></td><td></td><td></td></tr>
<tr><td>车床维护保养</td><td>2 分</td><td>无油污、黄斑，各润滑部位按时润滑</td><td></td><td></td><td></td><td></td></tr>
<tr><td>工作场地清理</td><td>2 分</td><td>清洁、干净，无污迹、无灰尘</td><td></td><td></td><td></td><td></td></tr>
<tr><td rowspan="2">3</td><td rowspan="2">三球</td><td>Sϕ30 mm
Ra1.6 mm</td><td>14 分
4 分</td><td>IT：每超差 0.02 扣 4 分，扣完为止
Ra：降一级，扣 4 分</td><td></td><td></td><td></td><td></td></tr>
<tr><td>Sϕ30 mm
Ra1.6 mm</td><td>14 分
4 分</td><td>IT：每超差 0.02 扣 4 分，扣完为止
Ra：降一级，扣 4 分</td><td></td><td></td><td></td><td></td></tr>
</table>

续表

序号	检测内容	检测项目	分值	要求	自测结果	得分	教师检测结果	得分
3	三球	Sϕ30 mm *Ra* 1.6 mm	14 分 4 分	IT：每超差 0.02 扣 4 分，扣完为止 *Ra*：降一级，扣 4 分				
4	长度	55 mm	7 分	IT：每超差 0.02 扣 2 分，扣完为止				
		110 mm	7 分	IT：每超差 0.02 扣 2 分，扣完为止				
5	锥度	ϕ12 mm	8 分	IT：每超差 0.055 扣 5 分，扣完为止				
		ϕ18 mm	8 分	IT：每超差 0.055 扣 5 分，扣完为止				
6	工时定额	3.5 h	按时完成工件	(1) 超时 10 min，倒扣 5 分 (2) 超时 20 min，倒扣 10 分 (3) 超时 30 min，不得分				
7	总分		100 分		实际得分			
8	总体得分率				评定等级			
评分说明	(1)安全文明生产分值为 2 分、1.5 分、1 分、0.5 分、0.2 分、0 分； (2)总体得分率：(实际得分/总分)×100%； (3)评定等级：根据总体得分率评定，具体为≥92%——1，≥81%——2，≥67%——3，≥50%——4，≥30%——5，<30%——6							

拓展训练

一、思考与练习

1. 什么叫成型面？

2. 用双手控制法车削成型面时怎样控制车刀刀尖轨迹？

3. 车削成型面时怎样增加工件刚性？

二、 巩固训练

1. 按照图样技术要求车削锤头(图 8-1-10)

(1)时间为 2.5 h。

(2)能利用双手控制法车削球面。

(3)能用半径规进行球面检测。

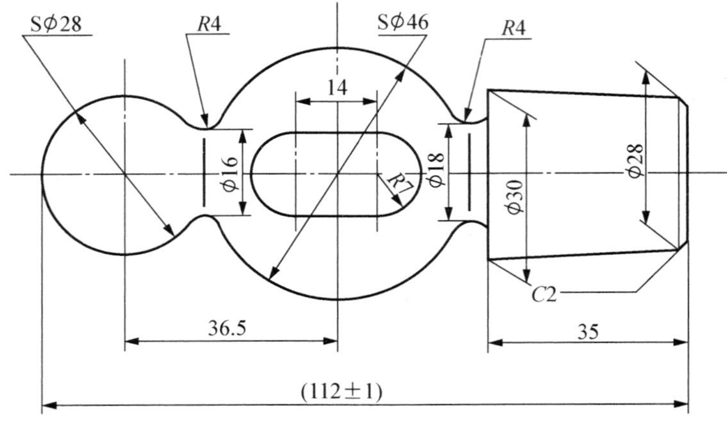

图 8-1-10　锤头

2. 按照图样技术要求车削三球(图 8-1-11)

(1)时间为 2.5 h。

(2)能利用双手控制法车削球面。

(3)能用半径规进行球面检测。

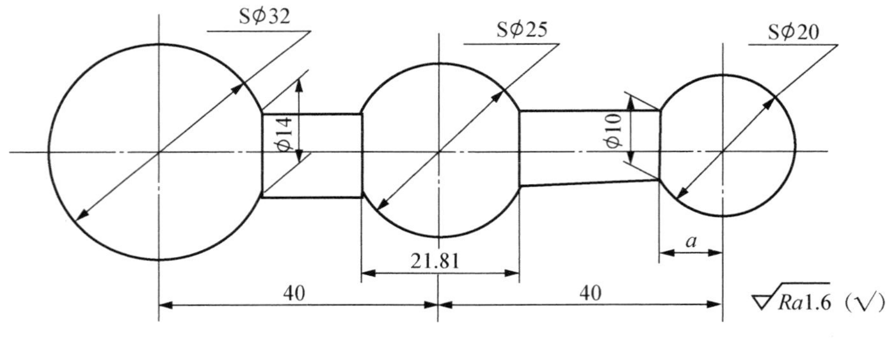

图 8-1-11　三球

任务 2　滚花

任务目标

(1)掌握滚花的种类、标记和应用等基本知识。

(2)了解挤压加工的原理和特征；掌握滚花的基本技能；完成滚花零件的加工。

学习活动

对于有些工具和零件的手捏部分，为增加摩擦力、便于使用或使之美观，通常在其表面滚压出不同的花纹，称为滚花。花纹的粗细由节距的大小决定。花纹一般是在车床上用滚花刀滚压而成的。

1. 花纹的种类

滚花的花纹一般有直花纹、斜花纹和网花纹三种，花纹有粗细之分，并用模数 m 表示。其形状和各部分如图 8-2-1 所示。滚花的各部分尺寸见表 8-2-1。

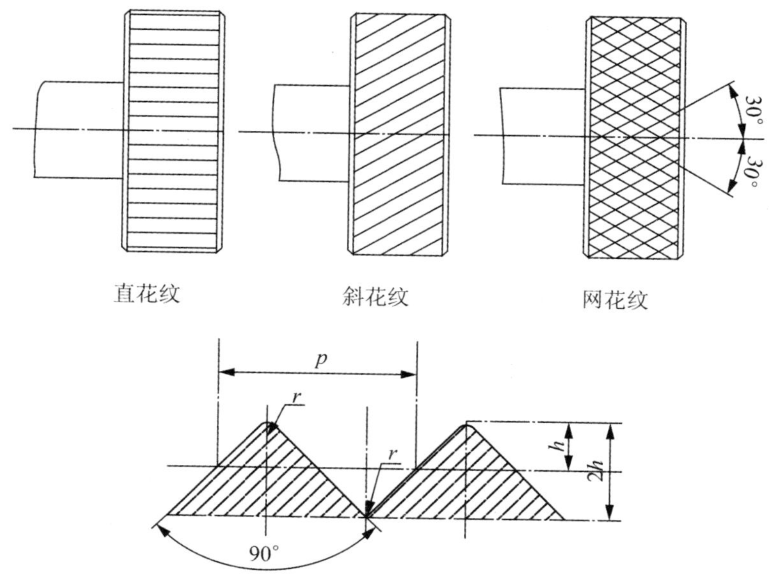

图 **8-2-1**　花纹的种类

滚花的规定标记示例：

模数 $m=0.3$ mm，直纹滚花，其规定标记为：直纹 m0.3GB6403.3—86。

模数 $m=0.4$ mm，网纹滚花，其规定标记为：网纹 m0.4GB6403.3—86。

表 8-2-1　滚花的各部分尺寸(GB 6403.3—86)　单位：mm

模数 m	h	r	节距 p
0.2	0.132	0.06	0.628
0.3	0.198	0.09	0.942
0.4	0.264	0.12	1.257
0.5	0.326	0.16	1.571

注：1. 表中 $h=0.785m\sim0.414r$。

2. 滚花前工件表面粗糙度为 Ra12.5 μm。

3. 滚花后工件直径大于滚花前直径，其值 $\Delta\approx0.8\sim1.6$ m。

2. *滚花刀*

滚花刀有单轮、双轮和六轮三种(图 8-2-2)。

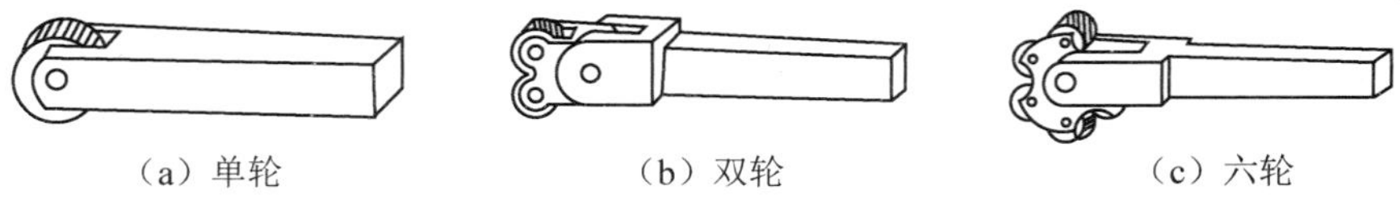

(a) 单轮　(b) 双轮　(c) 六轮

图 **8-2-2**　滚花刀

滚直花纹、斜花纹时选用单轮滚花刀，滚网花纹时选用双轮滚花刀或者六轮滚花刀。双轮滚花刀是由节距相同、旋向相反(一个左旋滚轮和一个右旋滚轮)的两个滚轮组成的。六轮滚花刀是由节距不等的三组滚轮(每组节距相等，旋向相反)组成的。这样一把滚花刀就可以加工三种不同节距的网纹。

3. *滚花方法*

滚花是利用滚花刀对工件进行挤压产生塑性变形而形成滚花，所以滚花时会产生巨大的径向压力。

滚花前，应根据工件材料性质的不同，将工件需要滚花的直径车小 0.25～0.5 mm。然后将滚花刀装夹在刀架上，并使滚花刀中心与工件回转中心等高。

滚压有色金属或滚花表面要求较高的工件时，滚花刀的滚轮表面与工件表面平行，如图 8-2-3(a)所示。滚压碳素钢或滚花表面要求不高的工件时，滚花刀的滚轮表面相对于工件表面向左倾斜 3°～5°安装，如图 8-2-3(b)所示。

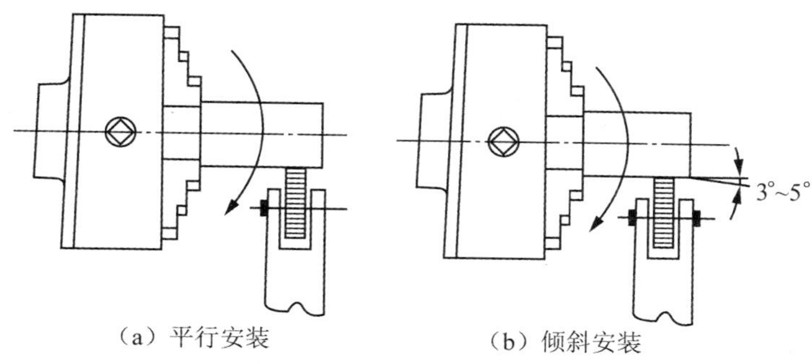

（a）平行安装　　（b）倾斜安装

图 8-2-3　滚花方法

4. 操作要点

(1)开始滚花时，必须使用较大的压力进刀，使工件刻出较深的花纹，否则易产生乱纹。

(2)为减少开始滚压时的径向压力和便于切入，先使滚轮表面$\frac{1}{3}$～$\frac{1}{2}$的宽度与工件接触。

(3)滚花时，应取较低的切削速度，一般为 5～10 m/min。纵向进给量选大一些，一般为 0.3～0.6 m/r。

(4)滚压需浇注切削油以润滑滚轮，并经常清除滚压产生的切屑。

(5)因滚花时径向力很大，车削带有滚花表面的工件时，滚花应安排在粗车之后、精车之前进行。

实践活动

一、 实践条件

实践条件见表 8-2-2。

表 8-2-2　实践条件

类别	名称
设备	CA6140 型卧式车床或同类型车床
量具	150 mm 钢板尺；150 mm，0.02 mm 游标卡尺
工具	卡盘扳手；刀台扳手；毛刷；铁屑钩

续表

类别	名称
刀具	90°硬质合金车刀；45°硬质合金车刀；切断刀；中粗200 mm平锉刀；网纹滚花刀(M0.4 GB 6403.3—86)
其他	抹布；卫生工具

二、实践步骤

1. 零件图分析

如图8-2-4所示，该零件由端面、外圆、倒角及滚花组成。其工艺特点是尺寸精度要求较低，比较容易保证精度。

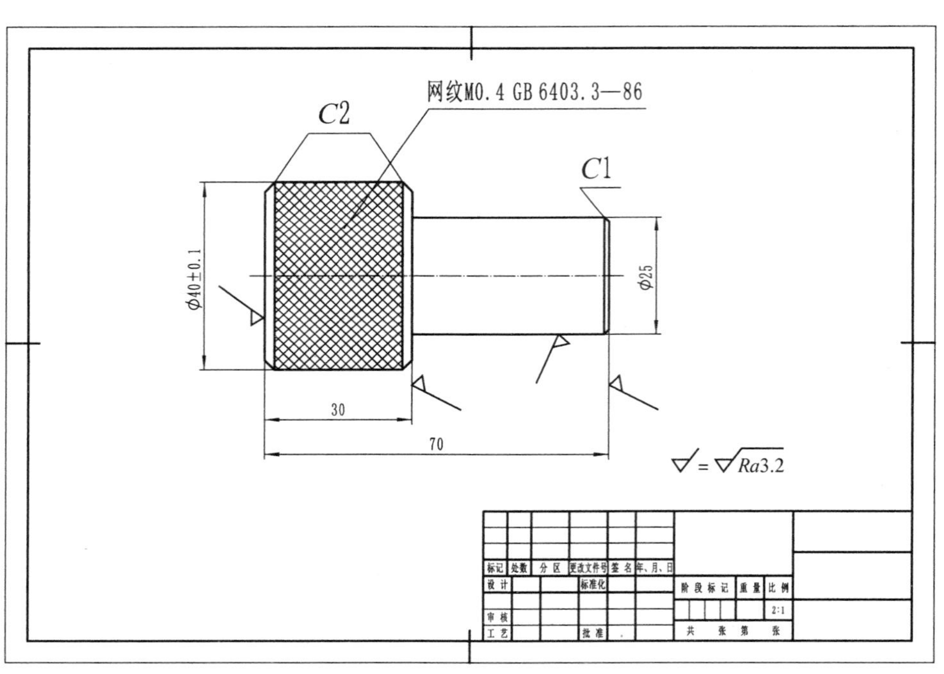

图8-2-4 滚花小轴

步骤1：装夹找正。用三爪自定心卡盘夹持棒料一端，伸出长度≥55 mm，找正夹紧。

步骤2：对刀。装45°，90°外圆车刀和网纹滚花刀，利用试车端面方法判断刀具中心是否与主轴等高，试车后端面没有小凸台，证明刀具合格，滚花刀两滚轮中间对准中心。

步骤3：车端面。用45°车刀车端面。

步骤4：车外圆。用90°外圆车刀粗、精车 ϕ25 mm外圆至图样尺寸要求，长度为40 mm。

步骤5：倒角。用45°外圆车刀车倒角 $C1$。

步骤6：车外圆、滚花。

(1)掉头装夹，用三爪自定心卡盘夹持 ϕ25 mm处(垫铜片，找正、夹牢)，伸出长度为35 mm。

(2)用45°外圆车刀车端面，保证零件总长为70 mm。

(3)用90°外圆车刀粗、精车外圆尺寸(ϕ40 mm尺寸车小0.25～0.5 mm)至图样尺寸要求，车倒角 $C2$(2处)。

(4)用 m=0.4 mm网纹滚花刀滚花。

步骤6：检验。按照图样要求，对零件各部分尺寸进行检验，卸件。

三、 注意事项

(1)滚压直纹时，滚花刀的齿纹必须与工件轴线平行，否则滚压后花纹不直。

(2)滚压过程中，不能用手和棉纱接触滚压表面，以防发生绞手事故；清除切屑时，应避免毛刷接触工件与滚轮的咬合处，以防止毛刷被卷入。

(3)滚压细长轴工件时，应防止工件弯曲；滚压薄壁工件时，应防止工件变形。

(4)滚压时压力过大、进给量过小时，往往会滚出阶台形凹坑。

专业对话

1. 谈一谈滚花刀的规格型号。

2. 谈一谈挤压加工与车削加工的不同。

任务评价

考核标准见表8-2-3。

表 8-2-3 考核标准

序号	检测内容	检测项目	分值	要求	自测结果	得分	教师检测结果	得分
1	安全文明生产	正确穿戴工作服	2 分	穿戴整齐、紧扣、紧扎				
		正确穿戴工作帽	2 分					
		正确穿戴工作鞋	2 分					
		正确穿戴防护眼镜	2 分					
		工具箱的整理	2 分	分类定置或分格存放				
2	工量刃具现场	工量刃具的整理	2 分	按拿取方便的原则，分类摆放有序				
		车床维护保养	2 分	无油污、黄斑，各润滑部位按时润滑				
		工作场地清理	2 分	清洁、干净，无污迹、无灰尘				
3	外圆	ϕ25 mm *Ra*3.2 mm	14 分 4 分	IT14：每超差 0.06 扣 4 分，扣完为止； *Ra*：降一级，扣 4 分				
		ϕ40 mm±0.1 mm	14 分	IT：每超差 0.06 扣 4 分，扣完为止				
		滚花	20 分	花纹清晰不乱纹，降级扣 5 分				
4	长度	30 mm	7 分	IT14：每超差 0.02 扣 2 分，扣完为止				
		70 mm	7 分	IT14：每超差 0.02 扣 2 分，扣完为止				

续表

序号	检测内容	检测项目	分值	要求	自测结果	得分	教师检测结果	得分
5	工时定额	1.5 h	按时完成工件	(1)超时 10 min，倒扣 5 分 (2)超时 20 min，倒扣 10 分 (3)超时 30 min，不得分				
6	总分		100 分		实际得分			
7	总体得分率				评定等级			
评分说明	1. 安全文明生产分值为 2 分、1.5 分、1 分、0.5 分、0.2 分、0 分； 2. 总体得分率：(实际得分/总分)×100%； 3. 评定等级：根据总体得分率评定，具体为≥92%——1，≥81%——2，≥67%——3，≥50%——4，≥30%——5，＜30%——6							

拓展训练

一、 思考与练习

1. 什么叫滚花？滚花刀有哪几种？

2. 滚花时产生乱纹的原因是什么？怎样预防？

二、 巩固训练

螺钉：按照图样技术要求(图 8-2-5)，车削螺钉。

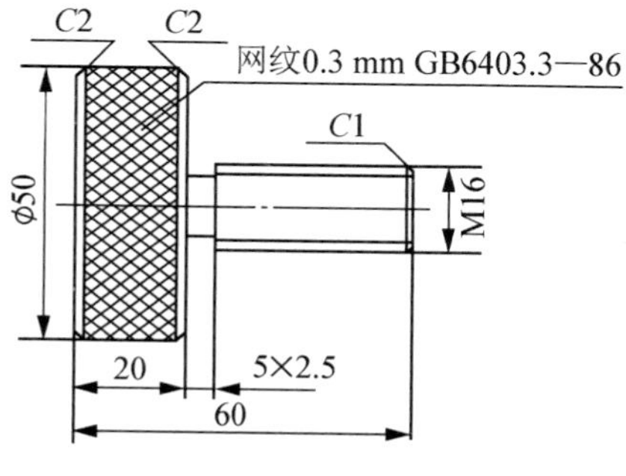

图 8-2-5 螺钉

(1)时间为 1.5 h。

(2)能利用滚花刀进行滚花，要求网纹清晰无乱纹。

拓展训练

一、填空题(2×20=40分)

1. 在机器制造中，经常会遇到有些零件表面素线不是直线而是曲线的，这些带有曲线的零件表面称为________。

2. 为了防止圆形成型刀转动，侧面设有________。

3. 成型面的车削方法，有________、________、________和用专用工具车削成型面四种方法。

4. 滚花刀有________、________和________三种。

5. 滚花的花纹一般有________、________和________三种。

6. 常用的两种工具圆锥是________、________。

7. 滚花的标记为：直纹 m0.3GB6403.3—86，其中 m0.3 代表________。

8. 滚花是用滚花刀来________工件，使其表面产生________变形而形成花纹的。

9. 仿形法车削成型面是刀具按照________进给对工件进行加工的方法。

10. 成型面通常采用________来进行检测。

11. 棱形成型刀由________和________两部分组成。

二、判断题(2×5=10分)

1. 滚直花纹、斜花纹时选用单轮滚花刀，滚网纹时选用双轮滚花刀或者六轮滚花刀。(　　)

2. 双手控制法车削成型面的特点是灵活、简单、方便，不需要其他辅助工具，但加工零件的质量完全依靠操作者的技能水平，加工难度大，效率高，精度高，表面质量好。(　　)

3. 双轮滚花刀是由节距相同、旋向相反(一个左旋滚轮和一个右旋滚轮)的两个滚轮组成的。(　　)

4. 滚花时，应取较高的切削速度，一般为 12～20 m/min。纵向进给量选小一些，一般为 0.01～0.1 m/r。(　　)

5. 宽刃刀车圆锥，实质上属于成型法。(　　)

三、简答题(12.5×4分)

1. 成型刀有哪几种?

2. 什么叫滚花?

3. 简述成型面的检测方法。

4. 滚花的花纹的规格型号是怎样的?

项目 9

偏心工件的加工

项目导航

本项目主要介绍偏心零件的特点、基本知识，装夹与找正方法、加工工艺步骤及注意事项。

学习要点

(1)了解在四爪单动卡盘上车削偏心的方法。

(2)掌握在三爪自定心卡盘上垫垫片车削偏心的方法。

(3)掌握偏心垫片厚度的计算方法。

(4)掌握偏心距的检测方法。

(5)完成实作零件的加工。

任务 1 偏心轴的加工

任务目标

(1)了解在四爪单动卡盘上车削偏心零件的方法。

(2)掌握三爪自定心卡盘垫垫片车削偏心件，垫片厚度的计算方法和保证偏心精度的原理。

(3)掌握三爪自定心卡盘垫垫片车削偏心零件的操作要领。

(4)掌握三爪自定心卡盘垫垫片车削偏心零件的技能。

(5)利用三爪自定心卡盘垫垫片加工偏心轴。

学习活动

偏心工件是指零件的外圆和外圆的轴线或内孔与外圆的轴线平行但不重合，彼此偏移一定距离的工件。外圆与外圆偏心的工件叫作偏心轴，内孔与外圆偏心的工件叫作偏心套，两平行轴线间的距离叫作偏心距，如图 9-1-1 所示。

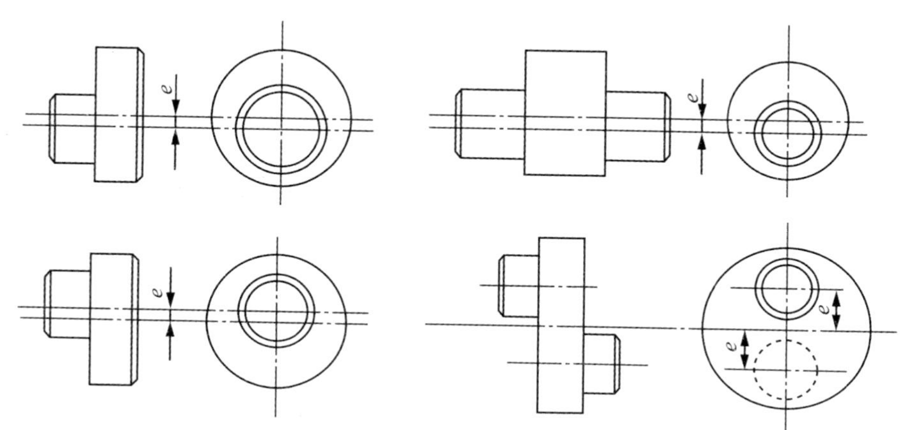

图 **9-1-1** 偏心轴

偏心轴、偏心套的加工原理基本相同，主要是在装夹方面采取措施，即将需要加工偏心圆部分的轴线校正到与车床主轴轴线重合的位置后，再进行车削。车削偏心工件的传统方法大致有以下几种：在三爪自定心卡盘上车偏心工件，在四爪单动卡盘上车偏心工件，在两顶尖间车偏心工件，在双重卡盘上车偏心工件，在专用夹具上车偏心工件。结合车工中级工教学大纲要求和生产实习需要，本项目重点介绍三爪卡盘车偏心工件的方法。

一、 偏心工件的车削方法

车削偏心工件时，车刀应远离工件后再启动车床，车刀刀尖从偏心的最外一点逐步切入工件。为确保偏心工件使用时的工作精度，加工时要求控制好轴线间的平行度和偏心距精度。

1. 在四爪单动卡盘上车偏心工件

当工件数量较少、长度较短，不便于在两顶尖上装夹或车削形状比较复杂的偏心工件时，可用四爪单动卡盘装夹车偏心工件。在四爪单动卡盘上车削偏心工件的方法有两种，即按划线找正车削偏心工件和用百分表找正车削偏心工件。

(1)按划线找正车削偏心工件。

根据已画好的偏心圆来找正。由于存在划线误差和找正误差，故此法仅适用于加工精度要求不高的偏心工件。

①装夹工件前，应先调整好卡盘爪，使其中两个爪呈对称位置，另外两爪呈不对称的位置，且偏离主轴中心距离大致等于工件的偏心距。各对卡爪之间张开的距离稍大于工件装夹处的直径，使工件偏心圆线处于卡盘中央，然后装夹上工件。

②夹持工件长为 15～20 mm，夹紧工件后，要使尾座顶尖接近工件，调整卡爪位置，使顶尖对准偏心圆中心，然后移去尾座。

③将划线针尖对准工件外圆上的侧素线，移动床鞍，检查侧素线是否水平，若不水平，可用木锤轻轻敲击进行调整。再将工件转过 90°，检查并校正另一条侧素线，然后将划针尖对准工件断面的偏心圆线，并校正偏心圆。如此反复校正和调整，直至使两条侧素线均呈水平，又使偏心圆轴线与车床主轴轴线重合为止。

④将四个卡爪均匀地紧一遍，经检查确认侧素线和偏心圆线在紧固卡爪时没有位移，即可开始车削。

(2)用百分表找正车削偏心工件。

对于偏心距较小、加工精度要求较高的偏心工件，按划线找正显然是达不到精度要求的，此时须用百分表来找正，一般可使偏心距误差控制在 0.02 mm 以内。受百分表测量范围的限制，所以只适用于偏心距为 5 mm 以下的工件的找正。

①先用划线初步找正工件。

②再用百分表进一步找正，使偏心圆轴线与车床主轴轴线重合。

③找正工件侧素线，使偏心轴两轴线平行。

④校正偏心距。

⑤粗车偏心距，其操作要求、注意事项与划针找正、车削偏心工件时相同。

⑥检查偏心距。

⑦精车偏心圆外径，保证各项加工精度要求。

2. 在三爪自定心卡盘上车偏心工件

对于长度较短、形状比较简单且加工数量较多的偏心工件，可以在三爪自定心卡盘上车削。先把偏心工件中的非偏心部分的外圆车好，然后在卡盘任意一个卡爪与工件接触面之间，垫上一块预先选好厚度的垫片，使工件轴线相对车床主轴轴线产生位移，并使位移距离等于工件的偏心距。经校正母线与偏心距，并把工件夹紧后，即可车削。

垫片厚度：

$$x=1.5e+k,$$

$$k\approx 1.5\Delta e,$$

$$\Delta e=e-e_{测}。$$

式中，e——工件偏心距，mm；

k——偏心距修正值，正、负按实测结果确定；

Δe——试切后实测偏心距与要求偏心距的误差，mm；

$e_{测}$——实测偏心距，mm。

二、 偏心距的测量

对于偏心距的测量常常使用百分表进行。

百分表的测量精度为 0.01 mm，是一种精度较高的测量工具。它只能读出相对数值，而不能测出绝对数值，主要用来检验零件的形状误差和位置误差。百分表按照用途不同大致分为外径百分表、内径百分表、杠杆百分表等。

外径百分表由表盘、测量杆、测量头、大指针、小指针等组成，如图 9-1-2 所示。

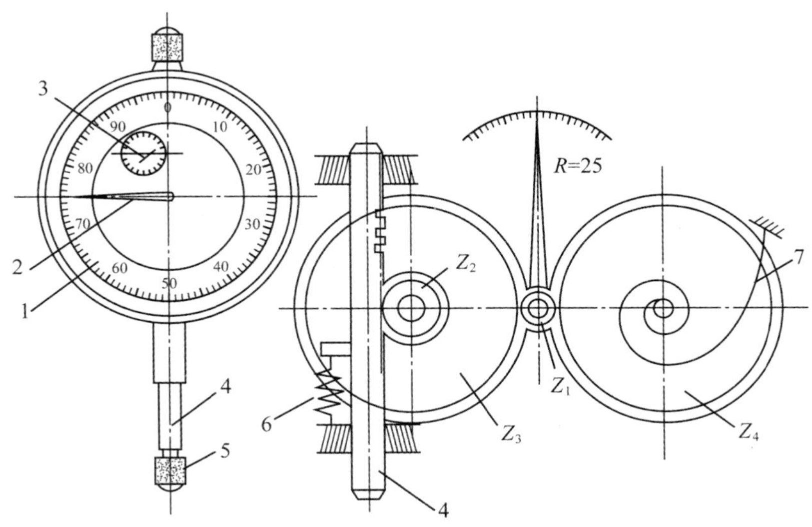

图 **9-1-2**　外径百分表

1—表盘；2—大指针；3—小指针；4—测量杆；5—测量头；6—弹簧；7—游丝

百分表可用来测量各类零件的线值尺寸、形状和位置误差，找正工件位置或与其他仪器配套使用。测量时利用与表头相连的齿条上下移动带动齿轮转动，使指针转动指示读数，如图 9-1-3 所示。

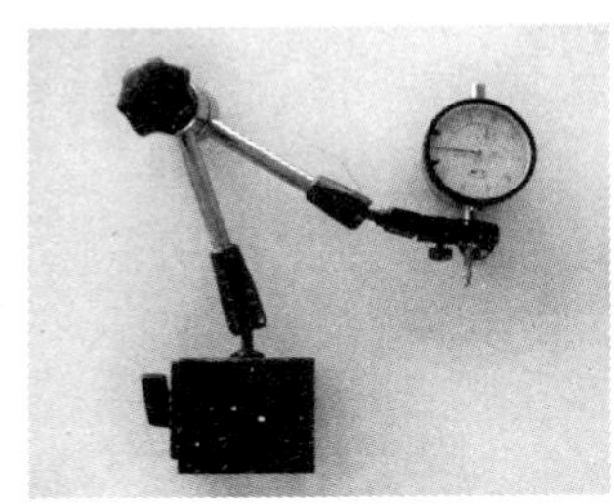

（a）百分表在支架上的使用

（b）在专用两顶尖间检查轴的径向跳动

图 **9-1-3** 百分表的使用

1. 直接测量

两端有中心孔的偏心轴，如果偏心距较小，可在两顶尖间直接测量偏心距。测量时，把工件装夹在两顶尖之间，百分表的测头与偏心轴接触，用手转动偏心轴，百分表上指示出最大值与最小值之差的一半就等于偏心距，如图 9-1-4 所示。

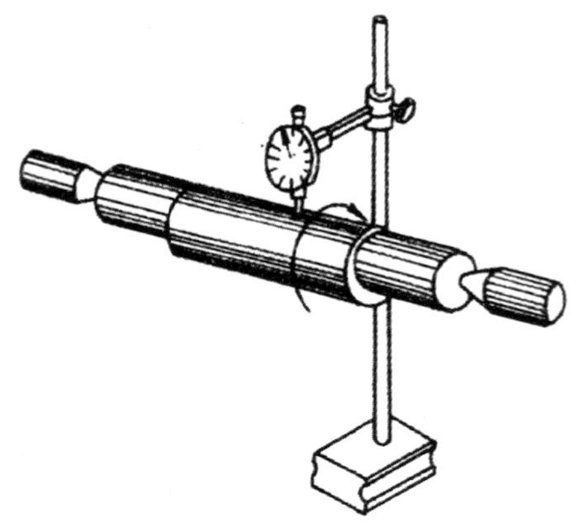

图 **9-1-4** 直接测量

偏心套的偏心距也可用类似上述的方法来测量，但必须把偏心套套在芯轴上，再在两顶尖之间测量。

2. 间接测量

对于偏心距较大的工件，受百分表测量范围的限制，或无中心孔，这时可用间接测量偏心距的方法，如图 9-1-5 所示。

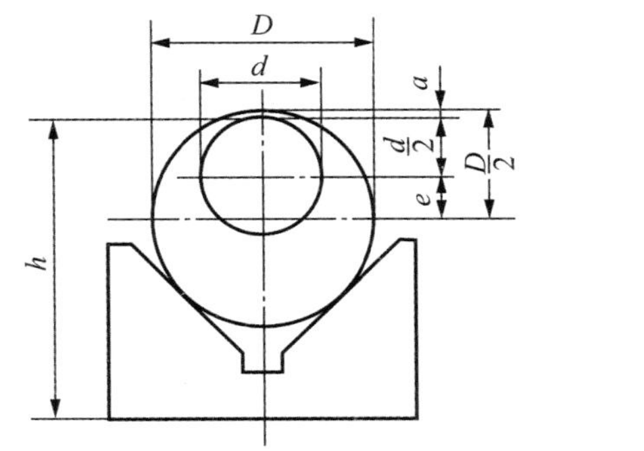

图 9-1-5　间接测量

注意：必须把基准轴直径和偏心轴直径用千分尺测量出正确的实际值，否则在计算偏心距时会产生误差。

三、 车削偏心件的质量分析

车削偏心件时，可能产生废品的种类、原因及预防措施见表 9-1-1。

表 9-1-1　车削偏心件的质量分析

废品的种类	产生原因	预防措施
尺寸精度达不到要求	(1)操作粗心大意，看错图样 (2)量具有误差	(1)操作前认真阅读图样 (2)千分尺的零位要校正
表面粗糙度达不到要求	(1)切削用量选择不当 (2)车刀磨损 (3)拖板或主轴间隙过大引起振动	(1)正确选择切削用量 (2)重新刃磨车刀 (3)调整拖板或主轴间隙
偏心距达不到要求	(1)偏心垫块尺寸误差 (2)零件未夹紧，车削时造成松动	(1)计算修正垫片厚度 (2)车削前夹紧工件
平行度达不到要求	装夹工件时外圆侧素线没有校正平行	重新校正

实践活动

一、 实践条件

实践条件见表 9-1-2。

表 9-1-2 实践条件

类别	名称
设备	CA6140 型卧式车床或同类型车床
量具	150 mm 钢板尺；150 mm，0.02 mm 游标卡尺；0～25 mm，0.01 mm 千分尺；25～50 mm，0.01 mm 千分尺
工具	卡盘扳手；刀台扳手；莫氏 4# 钻夹头；毛刷；铁屑钩
刀具	90°硬质合金车刀；45°硬质合金车刀；切断刀；ϕ3 mm B 型中心钻；中粗 200 mm 平锉刀；120# 纱布
其他	抹布；卫生工具

二、 实践步骤

1. 零件结构分析

图 9-1-6 为偏心轴，它由阶台和偏心组成，其直径两两相同且均有公差要求，无形位公差要求，表面粗糙度要求很高，必须精车削才能达到图样要求。选用毛坯尺寸为 ϕ40 mm×115 mm，材料为 45 钢。采用三爪自定心卡盘垫垫片方法加工，需掉头一次车削完成。

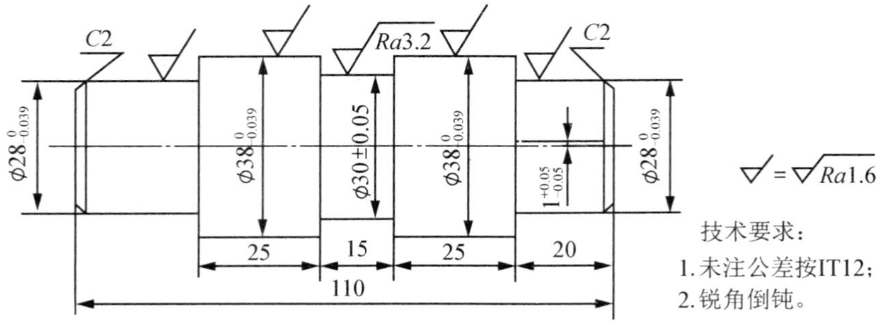

图 9-1-6 偏心轴

2. 零件加工步骤

步骤1：安全教育。按“两穿两戴”要求，正确穿戴工作服、工作帽、劳保鞋和防护眼镜。

步骤2：进入实训场地，按“7S”规范要求，整理车床、工具箱、工量刃具，整理车床周边卫生。

步骤3：装夹找正。三爪自定心卡盘夹持，工件伸出长度为10 mm，找正夹紧。

步骤4：对刀。装45°，90°外圆车刀、切断刀，利用试车端面方法判断刀具中心是否与主轴等高，试车后端面没有小凸台，证明刀具合格。但切断刀和圆弧切断刀要稍高些。

步骤5：车端面。用45°车刀车端面，钻 $\phi3$ mm B型中心孔。

步骤6：粗车外圆。

(1)用三爪卡盘和活络顶尖装夹，工件伸出长度≥95 mm，用90°外圆车刀粗车 $\phi28$ mm，$\phi38$ mm，留1 mm精车余量。

(2)用切断刀粗车 $\phi30$ mm±0.05 mm×15 mm，留1 mm精车余量。

步骤7：精车外圆。

(1)精车 $\phi38_{-0.039}^{\ 0}$ mm×25 mm至尺寸要求，并保证表面粗糙度要求。

(2)精车 $\phi28_{-0.039}^{\ 0}$ mm×25 mm至尺寸要求，并保证表面粗糙度要求。

(3)精车 $\phi30$ mm±0.05 mm×15 mm至尺寸要求，并保证表面粗糙度要求。

步骤8：车倒角、锐角倒钝。

(1)车倒角 $C2$。

(2)各锐角倒钝。

步骤9：车偏心。

(1)掉头夹持 $\phi38_{-0.039}^{\ 0}$ mm的外圆面(垫偏心垫片、铜皮)，用百分表校正偏心距1±0.03 mm。

(2)车端面，保证总长尺寸为110 mm。

(3)粗、精加工 $\phi28_{-0.039}^{\ 0}$ mm×25 mm外圆至尺寸要求，保证偏心距为1 mm±0.03 mm。

步骤10：车倒角，锐角倒钝。车倒角 $C2$，锐角倒钝。

步骤 11：检查。检验各部分尺寸。

三、 注意事项

(1)由于存在偏心距，开车前车刀应远离工件，进刀量不宜过大。

(2)粗、精车 $\phi 28_{-0.039}^{\ 0}$ mm×25 mm 外圆时，进刀量要小，随时测量，防止超差。

(3)校整偏心时，注意调整偏心距，还要注意找正纵横两个方向。

专业对话

1. 偏心工件的加工方法有哪几种？哪种方法加工精度最高？

2. 谈一谈用三爪自定心卡盘垫垫片装夹方法加工偏心件的优缺点。

任务评价

考核标准见表 9-1-3。

表 9-1-3　考核标准

序号	检测内容	检测项目	分值	要求	自测结果	得分	教师检测结果	得分
1	安全文明生产	正确穿戴工作服	2 分	穿戴整齐、紧扣、紧扎				
		正确穿戴工作帽	2 分					
		正确穿戴工作鞋	2 分					
		正确穿戴防护眼镜	2 分					
		工具箱的整理	2 分	分类定置或分格存放				
		工量刃具的整理	2 分	按拿取方便的原则，分类摆放有序				
		车床维护保养	2 分	无油污、黄斑，各润滑部位按时润滑				
		工作场地清理	2 分	清洁、干净，无污迹、无灰尘				

续表

序号	检测内容	检测项目	分值	要求	自测结果	得分	教师检测结果	得分
2	外径	$\phi 38_{-0.039}^{0}$ mm（2 处） Ra1.6 mm（2 处）	8×2 分 2×2 分	IT：每超差 0.02 扣 4 分，扣完为止 Ra：降一级，扣 4 分				
		$\phi 30_{-0.005}^{+0.05}$ mm Ra3.2 mm	9 分 2 分	IT：每超差 0.02 扣 4 分，扣完为止 Ra：降一级，扣 4 分				
		$\phi 28_{-0.039}^{0}$ mm（2 处） Ra1.6 mm（2 处）	9×2 分 2×2 分	IT：每超差 0.02 扣 4 分，扣完为止 Ra：降一级，扣 4 分				
3	长度	15 mm，25 mm，65 mm，20 mm，110 mm	2×5 分	IT：按未注公差 IT14 为准，超差不得分				
4	偏心	1±0.03 mm	15 分	IT：每超差 0.01 扣 5 分，扣完为止				
5	倒角	C2（2 处）	2×2 分	超差不得分				
6	工时定额	3.5 h	按时完成工件	（1）超时 10 min，倒扣 5 分 （2）超时 20 min，倒扣 10 分 （3）超时 30 min，不得分				
7	总分		100 分		实际得分			
8	总体得分率				评定等级			
评分说明	（1）安全文明生产分值为 2 分、1.5 分、1 分、0.5 分、0.2 分、0 分； （2）总体得分率：（实际得分/总分）×100%； （3）评定等级：根据总体得分率评定，具体为≥92%——1，≥81%——2，≥67%——3，≥50%——4，≥30%——5，<30%——6。							

拓展训练

一、思考与练习

1. 在四爪单动卡盘上，用百分表找正偏心时，只能加工偏心距在(　　)mm 以内的偏心工件。

2. 用四爪单动卡盘车削偏心轴时，若测得偏心距偏大时，可将(　　)卡盘轴线的卡爪再紧一些。

3. 用四爪单动卡盘车削偏心套时，若测得偏心距偏大时，可将(　　)偏心孔轴线的卡爪再紧一些。

4. 找正工件侧面素线时，若工件本身有锥度，找正时应扣除(　　)的锥度值。

5. 用三爪自定心卡盘车削偏心工件时，用近似公式计算垫片厚度，先不考虑修正值，计算垫片厚度为(　　)偏心距。

二、巩固训练

1. 偏心轴，按照图 9-1-7 所示的技术要求进行加工。

(1)时间为 2 h。

(2)采用三爪卡盘垫垫片的方法进行加工。

(3)利用磁力表座和百分表进行偏心检测。

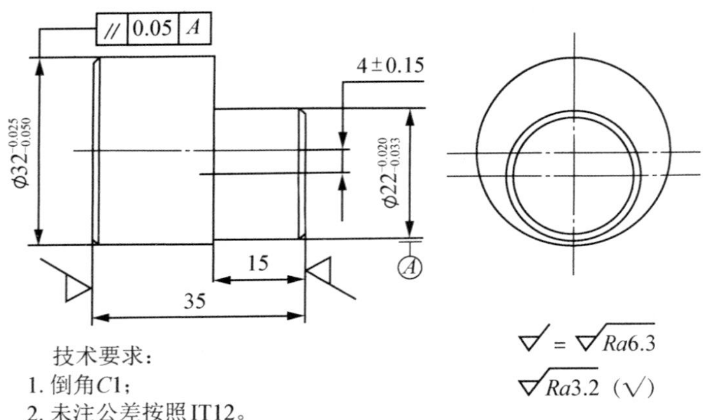

图 9-1-7　偏心轴

2. 双偏心轴，按照图 9-1-8 所示的技术要求进行加工。

(1)时间 3.5 h。

(2)采用三爪卡盘垫垫片和划线的方法进行加工。

(3)利用磁力表座、百分表和 V 形铁进行偏心检测。

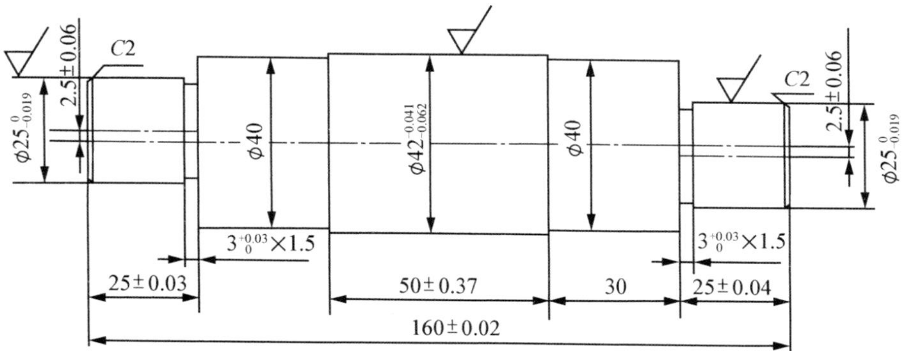

技术要求：
1. 两偏心轴平行度0.5 mm；
2. 两偏心轴之间互成180°±20′；　$\surd$ = $\surd Ra1.6$
3. 未注公差按照IT12；
4. 锐角倒钝C0.5；

图 9-1-8　双偏心轴

任务 2　偏心孔的加工

任务目标

(1)了解内径百分表和杠杆百分表的结构、测量精度及应用范围。

(2)掌握偏心套的加工方法及技能。

学习活动

图 9-2-1 为一个内孔与外圆的轴线平行但不重合的工件——偏心套，它的加工方法与偏心轴的基本相同，只是需要把该工件的内孔中心线偏离车床主轴中心线加工。在本任务中，将通过实践活动，掌握偏心套的车削方法、检验方法。

图 9-2-1　偏心套

一、 内径百分表

如图 9-2-2 所示，内径百分表是利用相对测量法测内孔的一种量仪，由表头、表杆、测头等组成，主要用来测量孔径及其形状精度，测量精度有 0.01 mm，0.001 mm 两种，常用 0.01 mm。内径百分表配有成套的可换测量插头及附件，供测量不同孔径时选用。测量范围有 6～10 mm，10～18 mm，18～35 mm 等。测量时，百分表接管应与被测孔的轴线重合，以保证可换插头与孔壁垂直，最终保证测量精度。

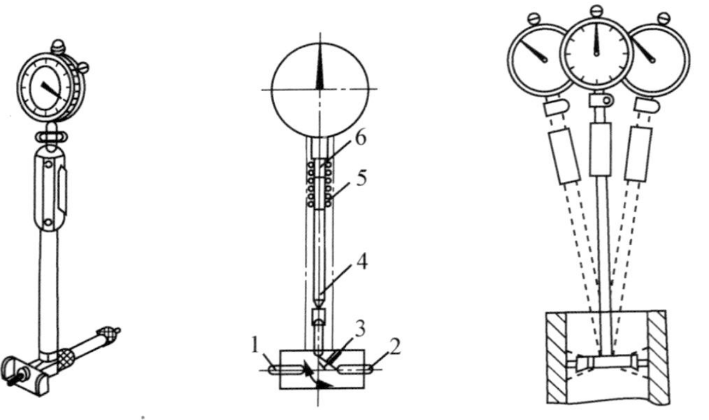

(a) 内径百分表的外形　(b) 内径百分表的结构　(c) 内径百分表的使用方法

图 **9-2-2**　内径百分表

1—可换测头；2—活动测头；3—摆块；4—杆件；5—弹簧；6—量杆(百分表测头)

测量方法：当活动量杆被工件挤压时，通过等臂杠杆推动推杆，使指示表表杆上下移动，带动指针转动，读出读数。另外，使用前要进行校零。

二、 杠杆百分表

如图 9-2-3 所示，杠杆百分表的分度值为 0.01 mm，示值范围一般为 0.4 mm，由杠杆、齿轮传动机构等组成。测头接触工件通过杠杆使扇形齿轮绕其摆动，并带动与其相啮合的小齿轮转动，使固定在同一轴上的指针偏转指示数值，读出读数。当测量杆的测头摆动 0.01 mm 时，杠杆、齿轮传动机构的指针正好偏转一小格，这样就得到测量精度为 0.01 mm 的杠杆百分表的读数值。

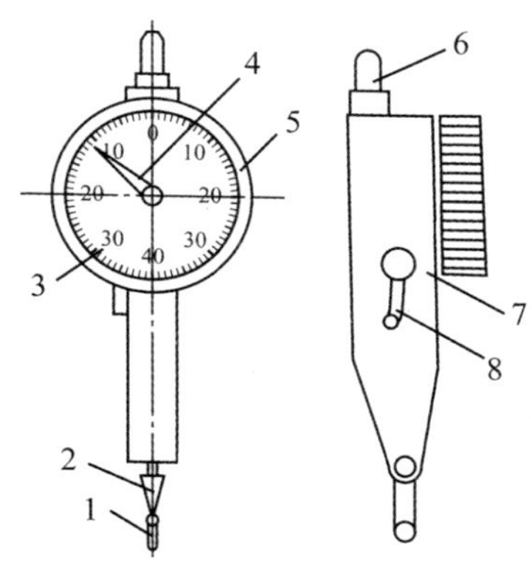

图 9-2-3 杠杆百分表

1—测头；2—测杆；3—表盘；4—指针；5—表圈；6—夹持柄；7—表体；8—换向器

实践活动

一、实践条件

实践条件见表 9-2-1。

表 9-2-1 实践条件

类别	名称
设备	CA6140 型卧式车床或同类型车床
量具	150 mm 钢板尺；150 mm，0.02 mm 游标卡尺；0～25 mm，0.01 mm 千分尺；25～50 mm，0.01 mm 千分尺；ϕ18～35 mm 内径百分表
工具	卡盘扳手；刀台扳手；莫氏 4# 钻夹头；毛刷；铁屑钩
刀具	90°硬质合金车刀；45°硬质合金车刀；内孔硬质合金车刀；ϕ30 mm、ϕ20 mm 麻花钻头；莫氏钻套
其他	抹布；卫生工具

二、实践步骤

1. 零件结构分析

要车削的偏心套外圆为光滑圆柱，如图 9-2-4 所示，内孔为台阶孔，且精度较高，表面粗糙度 *Ra*1.6，精度比较难以保证，小孔有 4 mm±0.15 mm 偏心距。选用毛坯

尺寸为 ϕ45 mm×45 mm，材料为 45 钢。采用三爪自定心卡盘垫垫片的方法车削加工，需掉头装夹一次才能完成车削加工。

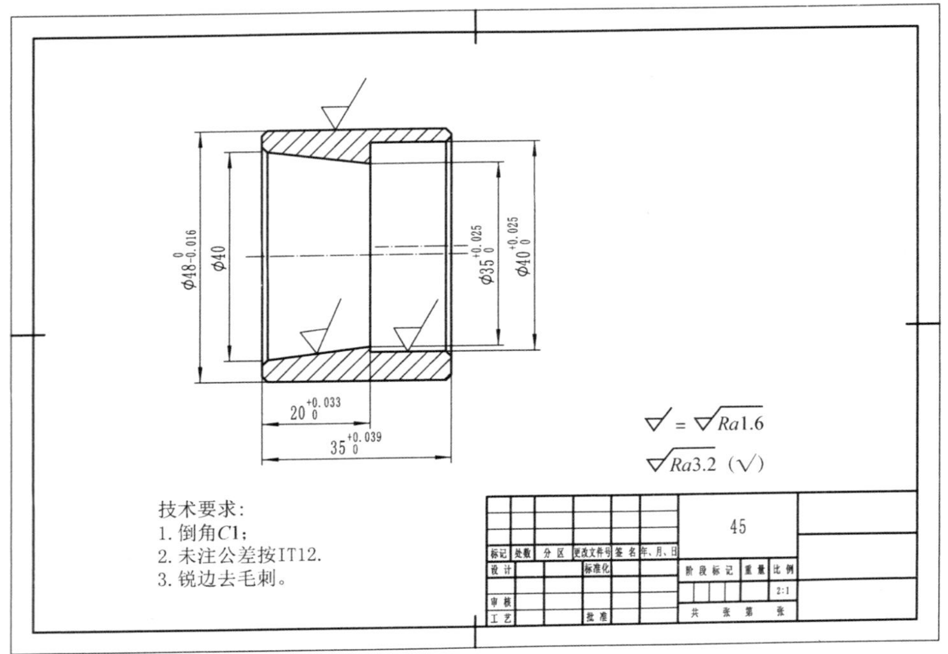

图 9-2-4　偏心套

2. 零件加工步骤

步骤 1：装夹找正。用三爪自定心卡盘夹住工件一端，伸出长度≥36 mm，并找正夹紧。

步骤 2：对刀。装 45°，90°外圆车刀和内孔车刀，利用试车端面方法判断刀具中心是否与主轴等高，试车后端面没有小凸台，证明刀具合格；内孔刀要稍高些。

步骤 3：车端面。用 45°车刀车削端面，表面粗糙度 Ra3.2 mm。

步骤 4：粗、精车外圆

(1)用 90°外圆车刀粗、精车外圆，尺寸达到 ϕ42 mm，长度尺寸≥35.5 mm。

(2)车外倒角 C1。

步骤 5：车内孔 $\phi32^{+0.025}_{0}$ mm。

(1)钻孔 ϕ30 mm，深度 20 mm(包括钻出的锥形孔的长度)。

(2)粗、精车内孔至尺寸 $\phi32^{+0.025}_{0}$ mm，深度为 20 mm。

(3)车内倒角 $C1$。

步骤6：车偏心孔 $\phi22^{+0.02}_{0}$ mm。

(1)掉头装夹(垫铜皮)，垫垫片夹紧，调整好偏心距4 mm±0.15 mm。

(2)车端面，保证总长35 mm。钻 $\phi20$ mm 偏心孔。

(3)粗、精车偏心孔 $\phi22^{+0.02}_{0}$ mm 至尺寸要求。

(4)车内、外倒角 $C1$。

步骤7：检查。检查尺寸合格，卸下工件。

三、注意事项

(1)加工偏心孔时，开车前内孔车刀应远离工件内壁，进刀量不宜过大。

(2)校整偏心时，注意调整偏心距，还要注意找正纵横两个方向。

专业对话

谈一谈偏心套与偏心轴有何异同点。

任务评价

考核标准见表9-2-2。

表9-2-2　考核标准

序号	检测内容	检测项目	分值	要求	自测结果	得分	教师检测结果	得分
1	安全文明生产	正确穿戴工作服	2分	穿戴整齐、紧扣、紧扎				
		正确穿戴工作帽	2分					
		正确穿戴工作鞋	2分					
		正确穿戴防护镜	2分					
		工具箱的整理	2分	分类定置或分格存放				
		工量刃具的整理	2分	按拿取方便的原则，分类摆放有序				

续表

序号	检测内容	检测项目	分值	要求	自测结果	得分	教师检测结果	得分
1	安全文明生产	车床维护保养	2分	无油污、黄斑，各润滑部位按时润滑				
		工作场地清理	2分	清洁、干净，无污迹、无灰尘				
2	外径	$\phi32^{+0.025}_{0}$ mm Ra1.6 mm	12分 3分	IT：每超差0.01扣2分，扣完为止 Ra：降一级，扣1分				
		$\phi22^{+0.021}_{0}$ mm Ra1.6 mm	12分 3分	IT：每超差0.01扣2分，扣完为止 Ra：降一级，扣1分				
		ϕ42 mm Ra6.3 mm	5分 3分	IT：每超差0.01扣2分，扣完为止 Ra：降一级，扣1分				
3	长度	35 mm	5分	IT：按未注公差IT14为准，超差不得分				
		20 mm	5分	IT：按未注公差IT14为准，超差不得分				
4	偏心距	4 mm±0.15 mm	20分	IT：每超差0.02扣5分，扣完为止；				
5	平行度	// 0.03	10	超差不得分				
6	倒角	C1(2处)	3×2分	超差不得分				
7	工时定额	3.5 h	按时完成工件	(1)超时10 min，倒扣5分 (2)超时20 min，倒扣10分 (3)超时30 min，不得分				
8	总分		100分		实际得分			

续表

序号	检测内容	检测项目	分值	要求	自测结果	得分	教师检测结果	得分
9	总体得分率				评定等级			
评分说明	(1)安全文明生产分值为2分、1.5分、1分、0.5分、0.2分、0分； (2)总体得分率：(实际得分/总分)×100%； (3)评定等级：根据总体得分率评定，具体为≥92%——1，≥81%——2，≥67%——3，≥50%——4，≥30%——5，<30%——6							

拓展训练

一、思考与练习

偏心工件的车削方法有哪几种？各适用于什么情况？

二、巩固训练

1. 按照图9-2-4所示的要求进行加工偏心套。

(1)材料：45钢，尺寸为 ϕ37 mm×50 mm。

(2)采用三爪卡盘垫垫片的方法进行加工。

(3)利用磁力表座、百分表进行偏心检测。

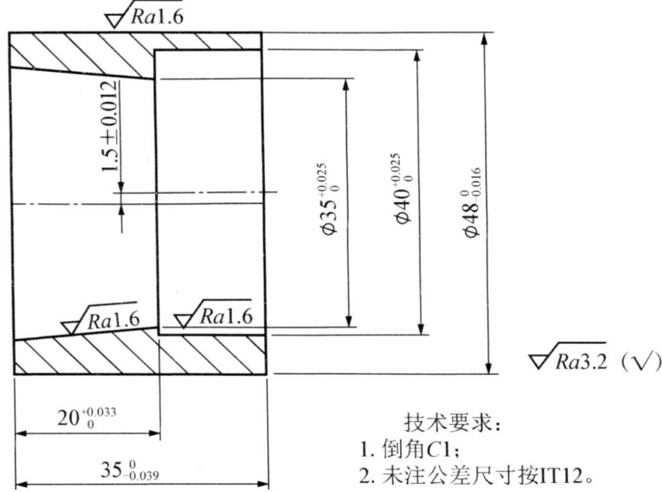

图 9-2-5　偏心套

拓展训练

一、填空题(2×20=40 分)

1. 在三爪卡盘上车削偏心工件，垫片厚度的近似计算公式是________。

2. 普通车床型号中的主要参数是用________来表示的。

3. 对于偏心件，偏心距常常使用________进行测量。

4. 百分表按照用途不同大致分为________、________和________三种。

5. 滚花的花纹一般有________、________和________三种。

6. 偏心距的测量方法有________和________。

7. 偏心距较大的工件，可用________来装夹。

8. 车削偏心工件的传统方法大致有以下几种：在________上车偏心工件，在________上车偏心工件，在________间车偏心工件，在________上车偏心工件，在专用夹具上车偏心工件。

9. 在四爪单动卡盘上车削偏心工件的方法有两种，即按________找正车削偏心工件和用________找正车削偏性工件。

10. 棱形成型刀由________和________两部分组成。

二、判断题(4×5=20 分)

1. 安装在刀架上的外圆车刀高于工件中心时，使切削时的前角增大，后角减小。(　　)

2. 对所有表面需要加工的零件，应选择加工余量最大的表面作粗基准。(　　)

3. 车圆球是由两边向中心车削，先粗车成型后再精车，逐渐将圆球面车圆整。(　　)

4. 外圆与外圆或内孔与外圆的轴线平行而不重合的零件，叫作偏心工件。(　　)

5. 车床型号中只要含有“C”的字母，就一定是表示车床代号。(　　)

三、简答题(5×4=20 分)

1. 什么叫偏心工件？什么叫偏心轴？什么叫偏心套？什么叫偏心距？

2. 简述偏心工件的加工原理。

3. 车削偏心工件有哪几种方法？各适用于什么情况？

4. 车削薄壁偏心零件时，防止工件变形有哪些方法？

四、计算题(20分)

用三爪自定心卡盘安装工件，车削偏心距为3 mm的工件，若用试选垫片厚度车削后，实测偏心距为3.12 mm，求垫片厚度的正确值。

项目 10
组合件的加工

项目导航

组合工件就是若干个不同的零件加工后，按图样组合(装配)，达到一定的要求。组合工件在加工各个零件时，既考核车削圆柱面、车削圆锥、车削偏心、车削螺纹等车工的基本操作技能，又考核保证位置精度的措施及工艺尺寸链计算等相关知识。基于此，组合工件的车削加工是车削技术中的难点。本项目将对加工组合工件的任务分析、工艺分析、加工方案拟定等进行阐述。

学习要点

(1)了解组合件的结构特点；熟悉组合件的技术要求。

(2)能对组合件加工作工艺分析，并确定基准零件。

(3)掌握组合件车削加工工艺方案的编制要点。

(4)具备车削内外圆锥、偏心、螺纹组合件的能力。

任务 1 偏心组合件的加工

任务目标

(1)巩固偏心类零件的基本知识、加工方法和测量方法。

(2)理解零件表面加工方法的选择，掌握偏心组合件的加工顺序。

(3)掌握利用四爪单动卡盘车削偏心组合件，并达到图样配合要求。

学习活动

组合件是由多个零件装配组合而成的。即使加工方法一致，尺寸精度、形位公差均符合图样要求的零件参与组合，若未按正确的加工工艺加工，组合前又未对配合面进行修配，一次组装就符合图样技术要求是比较困难的。装配精度和参与组合的各零件的精度关系密切。因此，在组合件加工中，除单个零件尺寸精度、形位公差等要符合图样技术要求外，还应该达到组合精度要求。在加工组合件时，除应对零件进行工艺分析，还应对各配合面进行分析，全面考虑加工中影响组合精度的各种因素，并采取相应措施，否则很难达到图样的组合技术要求。

加工组合件的过程中，特别是在技能考试中应特别注意，组合往往占总分的比例较大。因此，必须努力做到：各组合件能够组合，尽可能达到图样要求的组合精度。常见的组合件类型如图 10-1-1 所示。

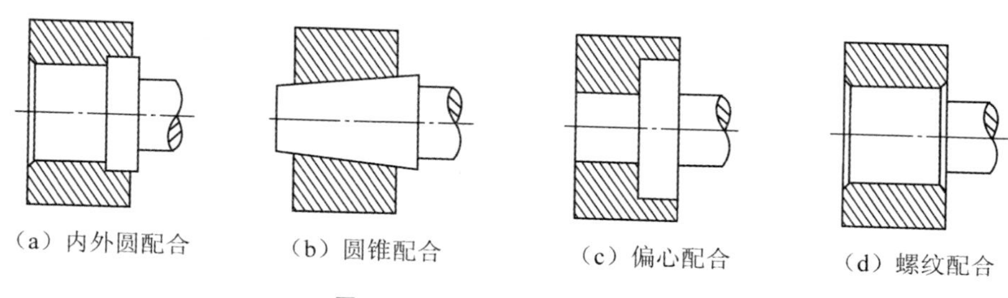

图 **10-1-1**　常见的几种组合件

实践活动

该组合件是在偏心轴、偏心套的基础上，为巩固和提高车削偏心轴和偏心套的基本操作技能，并能够按照图样要求完成配合，形成如图 10-1-2 所示的偏心组合件。

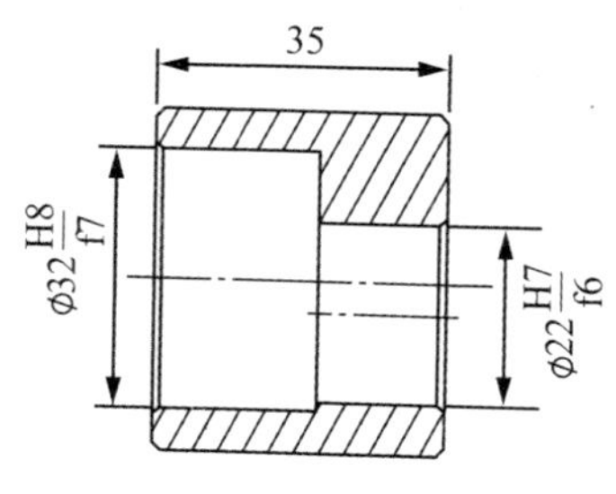

图 **10-1-2**　偏心组合件

一、 实践条件

实践条件见表 10-1-1。

表 10-1-1 实践条件

类别	名称
设备	CA6140 型卧式车床或同类型车床
量具	150 mm 钢板尺；150 mm，0.02 mm 游标卡尺；0～25 mm，0.01 mm 千分尺；25～50 mm，0.01 mm 千分尺；量程 10 mm，0.01 mm 百分表；万向磁力表座
工具	卡盘扳手；刀台扳手；莫氏钻套；ϕ20 mm 锥柄钻头；毛刷；铁屑钩
刀具	90°硬质合金车刀；45°硬质合金车刀；内孔车刀；120# 纱布
其他	抹布；卫生工具

二、 实践步骤

1. 零件结构分析

图 10-1-3 是偏心组合件中的偏心轴、偏心套，其配合公差带为 ϕ32H8/f7、ϕ22H7/f6，均为间隙配合，配合精度要求比较高。若在加工过程中保持最小间隙，有可能造成装配困难，因此，在保证偏心套、偏心轴精度的前提下，尽量向最大间隙靠拢。偏心轴、偏心套组合件毛坯尺寸分别为 ϕ35 mm×42 mm，ϕ45 mm×45 mm，材料为 45 钢。

2. 零件加工步骤

(1)偏心轴的加工步骤。

步骤 1：安全教育。按“两穿两戴”要求，正确穿戴工作服、工作帽、劳保鞋和防护眼镜。

步骤 2：进入实训场地，按“7S”规范要求，整理车床、工具箱、工量刃具，整理车床周边卫生。

步骤 3：装夹找正。用三爪自定心卡盘夹住工件一端，伸出长度≥36 mm，并找正夹紧。

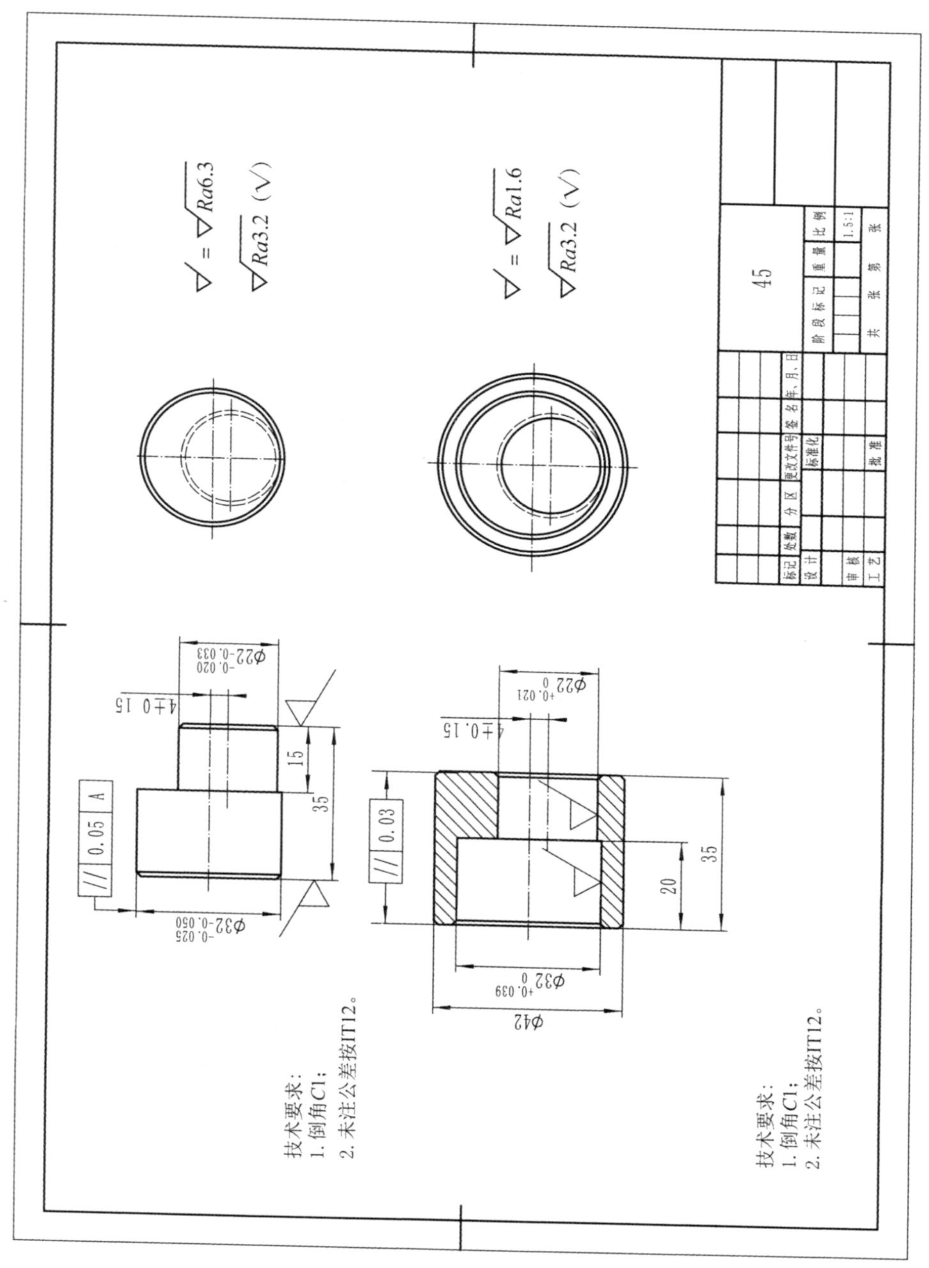

图 10-1-3　偏心轴、偏心套

步骤4：对刀。装45°，90°外圆车刀，利用试车端面方法判断刀具中心是否与主轴等高，试车后端面没有小凸台，证明刀具合格。

步骤5：车端面。用45°车刀车削端面，表面粗糙度Ra3.2 mm。

步骤6：粗、精车外圆。

①粗、精车$\phi32_{-0.050}^{-0.025}$ mm达到图样精度要求，长度为35 mm。

②车外倒角$C1$。

步骤7：车偏心轴$\phi22_{-0.040}^{-0.020}$ mm。

①掉头装夹(垫铜皮)，垫垫片夹紧，调整好偏心距4 mm±0.15 mm。

②车端面，保证总长为35 mm。

③粗、精车偏心轴至尺寸$\phi_{-0.040}^{-0.020}\times15$ mm。

④车倒角$C1$。

步骤8：检查。检查尺寸合格，卸下工件。

(2)偏心套加工步骤。

步骤1：安全教育。按“两穿两戴”要求，正确穿戴工作服、工作帽、劳保鞋和防护眼镜。

步骤2：进入实训场地，按“7S”规范要求，整理车床、工具箱、工量刃具，整理车床周边卫生。

步骤3：装夹找正：用三爪自定心卡盘夹住工件一端，伸出长度≥36 mm，并找正夹紧。

步骤4：对刀。装45°，90°外圆车刀和内孔车刀，利用试车端面方法判断刀具中心是否与主轴等高，试车后端面没有小凸台，证明刀具合格；内孔刀要稍高些。

步骤5：车端面。用45°车刀车削端面，表面粗糙度Ra3.2 mm。

步骤6：粗、精车外圆。

①用90°外圆车刀粗、精车外圆，尺寸达到$\phi42$ mm，长度尺寸≥35.5 mm。

②车外倒角$C1$。

步骤7：车内孔$\phi32_{0}^{+0.025}$ mm。

①钻孔$\phi30$ mm，深度20 mm(包括钻出的锥形孔长度)。

②粗、精车内孔至尺寸$\phi32_{0}^{+0.025}$ mm，深度为20 mm。

③车内倒角$C1$。

步骤 8：车偏心孔 $\phi22^{+0.02}_{0}$ mm。

①掉头装夹(垫铜皮)，垫垫片夹紧，调整好偏心距 4±0.15 mm。

②车端面，保证总长 35 mm。钻 $\phi20$ mm 偏心孔。

③粗、精车偏心孔 $\phi22^{+0.02}_{0}$ mm 至尺寸要求。

④车内、外倒角 $C1$。

步骤 9：检查。检查尺寸合格，卸下工件。

三、 注意事项

(1)影响零件间配合精度的诸尺寸(径向尺寸、轴向尺寸和偏心距)，应尽量加工至两极限尺寸的中间值，且加工误差应控制在图样允许误差的 $\frac{1}{2}$；各表面的形位误差应尽可能小，特别是基准件。

(2)偏心轴和偏心套的偏心距应保持一致，加工误差应控制在图样允许误差的 $\frac{1}{2}$，且偏心部分的轴线应与零件的轴线平行。

(3)零件各加工表面的锐边应倒钝，毛刺应清理干净。

专业对话

谈一谈偏心组合件与偏心件的加工有何不同，应注意什么。

任务评价

考核标准见表 10-1-2。

表 10-1-2 考核标准

序号	检测内容	检测项目	分值	要求	自测结果	得分	教师检测结果	得分
1	安全文明生产	正确穿戴工作服	2 分	穿戴整齐、紧扣、紧扎				
		正确穿戴工作帽	2 分					
		正确穿戴工作鞋	2 分					
		正确穿戴防护眼镜	2 分					

续表

序号	检测内容		检测项目	分值	要求	自测结果	得分	教师检测结果	得分
1	安全文明生产		工具箱的整理	2分	分类定置或分格存放				
			工量刃具的整理	2分	按拿取方便的原则，分类摆放有序				
			车床维护保养	2分	无油污、黄斑，各润滑部位按时润滑				
			工作场地清理	2分	清洁、干净，无污迹、无灰尘				
2	偏心轴	直径	$\phi22_{-0.040}^{-0.020}$ mm $Ra1.6$ mm	6分 2分	IT：超差全扣 Ra：降级全扣				
			$\phi32_{-0.050}^{-0.020}$ mm $Ra1.6$ mm	6分 2分	IT：超差全扣 Ra：降级全扣				
			偏心距4 mm±0.15 mm	6分	IT：超差全扣				
		长度	15 mm $Ra6.3$ mm	2分 1分	IT：按IT14，超差全扣 Ra：降级全扣				
			35 mm $Ra6.3$ mm	2分 1分	IT：按IT14，超差全扣 Ra：降级全扣				
		倒角	C1(3处)	1×3分	IT：超差全扣				
		平行度	// 0.05 A	6分	IT：超差全扣				
3	偏心套	直径	$\phi32_{0}^{+0.025}$ mm $Ra1.6$ mm	6分 2分	IT：超差全扣 Ra：降级全扣				
			$\phi22_{0}^{+0.021}$ mm $Ra1.6$ mm	6分 2分	IT：超差全扣 Ra：降级全扣				
			$\phi42$ mm $Ra6.3$ mm	3分 1分	IT：超差全扣 Ra：降级全扣				
			偏心距4 mm±0.15 mm	6分	IT：超差全扣				

续表

序号	检测内容		检测项目	分值	要求	自测结果	得分	教师检测结果	得分
3	偏心套	长度	35 mm Ra6.3 mm	2 分 1 分	IT：超差全扣 Ra：降级全扣				
			20 mm Ra6.3 mm	2 分 1 分	IT：超差全扣 Ra：降级全扣				
		倒角	C1(3 处)	1×3 分	IT：超差全扣				
		平行度	// 0.03	6 分	超差全扣				
4	装配	配合		6 分	能否装配				
5	总分			100 分	实际得分				
6	总体得分率				评定等级				
评分说明	(1)安全文明生产分值为 2 分、1.5 分、1 分、0.5 分、0.2 分、0 分。 (2)总体得分率：(实际得分/总分)×100%。 (3)评定等级：根据总体得分率评定，具体为≥92%——1，≥81%——2，≥67%——3，≥50%——4，≥30%——5，<30%——6								

拓展训练

一、 思考与练习

1. 在三爪自定心卡盘上车偏心工件时，垫片厚度大约等于偏心距的(　　)倍。
2. 车削偏心工件的数量较少、长度较短时，用(　　)装夹。
3. 偏心精度要求较高、数量较多的偏心工件，可在(　　)上车削。

二、 巩固训练

按照图 10-1-4、图 10-1-5、图 10-1-6、图 10-1-7 所示的技术要求进行加工组合件。

(1)材料：45 钢，尺寸为 ϕ50 mm×195 mm。

(2)偏心件采用三爪卡盘垫垫片装夹加工。

(3)未注公差尺寸按 IT12 加工。

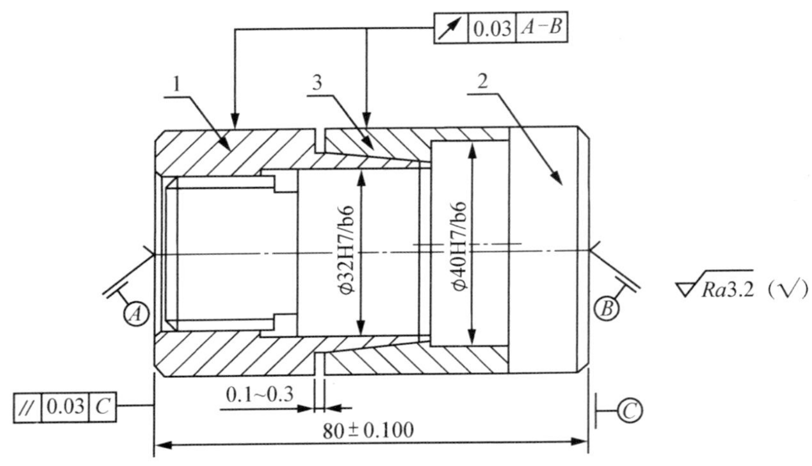

图 10-1-4　偏心锥组合件

1—螺母；2—偏心轴；3—偏心套

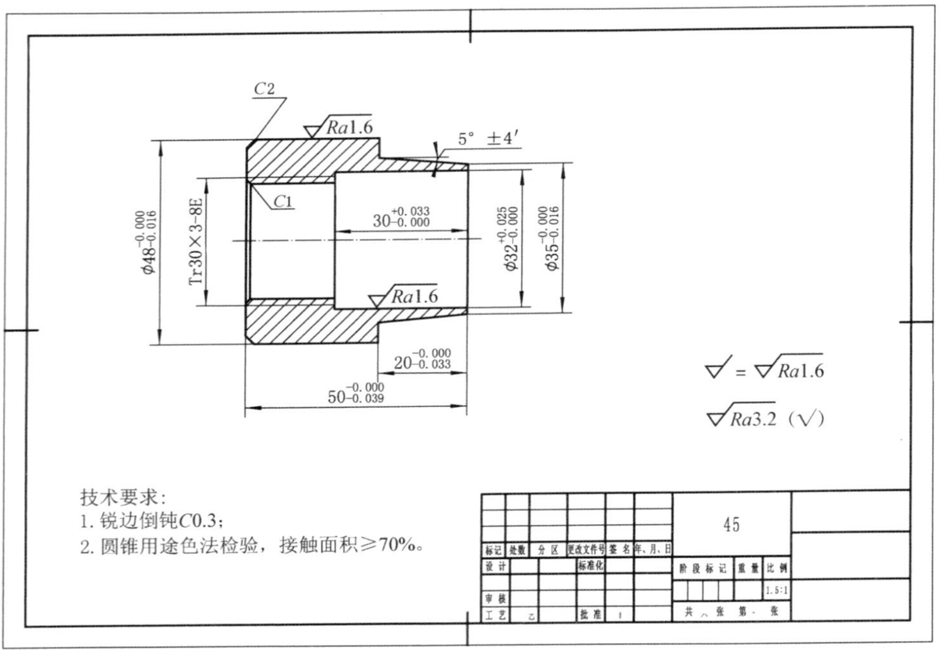

图 10-1-5　螺母

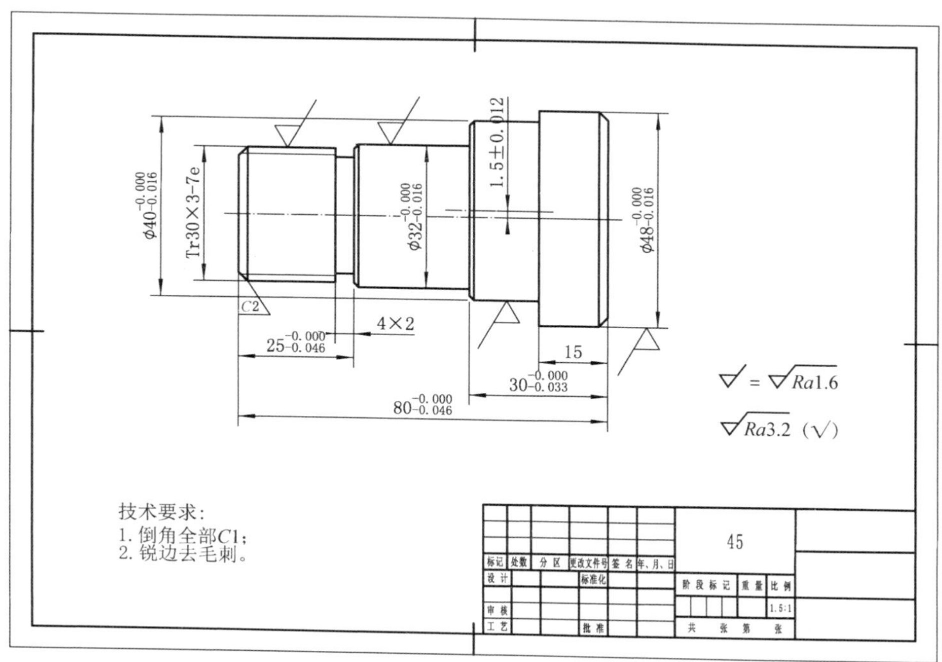

图 10-1-6 偏心轴

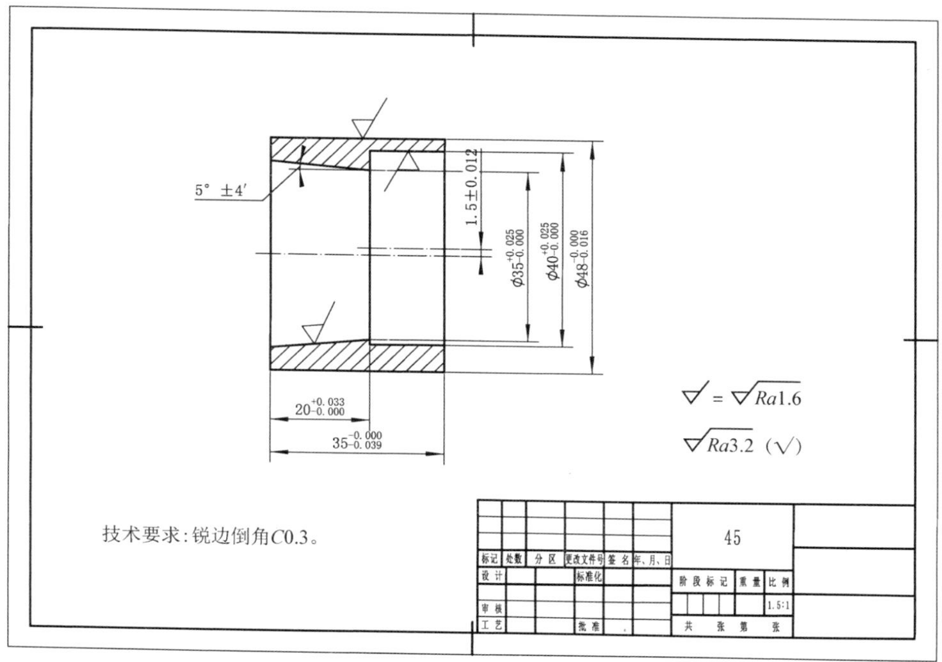

图 10-1-7 偏心套

任务 2 偏心、锥度、梯形螺纹组合件的加工

任务目标

(1)巩固偏心、锥度、螺纹类零件的基本知识、加工方法和测量方法。

(2)理解零件表面加工方法的选择。

(3)掌握组合件的加工顺序。

(4)掌握组合件的加工方法。

(5)能加工出组合件,并达到图样要求。

学习活动

一辆汽车或者是一台机械设备,它们都是由千千万万个不同形状的零件和部件组成的,而各零件之间也是由某种关系而达到某种配合的。前面学习了单个零件的加工,本任务中将具有偏心、锥度、梯形螺纹的三个零件进行组合,让大家了解它们的相互关系,巩固和提高前面所学各种零件的加工与检测,学会组合件的加工技巧。

与单一工件的车削加工比较,组合件的车削加工不仅要保证每个组件的加工质量,还要保证各工件按规定组合装配后的各项技术要求。所以,应认真分析组合工件的装配关系,合理安排组合工件的加工顺序和加工工艺,还要求操作者具有较强的应变能力。因此,车工的高级训练,均采用车削组合件。

组合件的装配精度与各组件的加工精度关系密切。其中,基准工件加工精度的影响最为突出,基准工件是直接影响组合件装配后工件间相互位置精度的主要工件。

因此,在制定组合件的加工工艺和进行加工时,应着重注意以下几点。

(1)仔细研究和分析组合件装配关系,首先确定基准工件。

(2)先车削基准工件,然后根据组合件装配关系的顺序,依次车削组合件中的其余工件。

(3)组合件其余工件的车削,一方面按照基准工件车削要求进行,另一方面还应按照已经加工的基准工件及其他工件和实测结果进行相应调整,充分使用配车、配研和组合加工等工艺措施,以保证装配工件的装配精度要求。

(4)根据各工件的结构特点及组合件装配的技术要求,分别拟订各工件的加工方

案和各主要表面的加工次数及加工顺序，一般先加工基准表面，然后加工工件上的其他表面。

实践操作

一、实践条件

实践条件见表 10-2-1。

表 10-2-1　实践条件

类别	名称
设备	CA6140 型卧式车床或同类型车床
量具	150 mm 钢板尺；150 mm，0.02 mm 游标卡尺；0～25 mm，0.01 mm 千分尺；25～50 mm，0.01 mm 千分尺，50～75 mm，0.01 mm 千分尺；25～50 mm，0.01 mm 公法线千分尺；ϕ3.108 mm 三针；量程 10 mm，0.01 mm 百分表；万向磁力表座；35～50 mm，0.01 mm 内径百分表
工具	卡盘扳手；刀台扳手；莫氏 4# 钻夹头；莫氏 4# 活顶尖；毛刷；铁屑钩
刀具	90°硬质合金车刀；45°硬质合金车刀；内、外梯形螺纹车刀；切断刀；内孔车刀；ϕ3 mm B 型中心钻；ϕ25 mm，ϕ35 mm 锥钻；中粗 200 mm 平锉刀；120# 纱布
其他	抹布；卫生工具

二、实践步骤

1. 零件结构分析

图 10-2-1 是由偏心、锥度、梯形螺纹等元素组成的零件的组合，它既有对单个零件的精度要求，又有装配精度要求，在加工过程中，既要控制零件本身的加工精度，还要考虑装配后由于零件加工误差累计对装配精度的影响，这样就提出了更高的要求。图 10-2-2 至图 10-2-5 为该组合件的各零件图。本任务所用毛坯尺寸分别为 ϕ50 mm×140 mm，ϕ65 mm×170 m，材料为 45 钢。

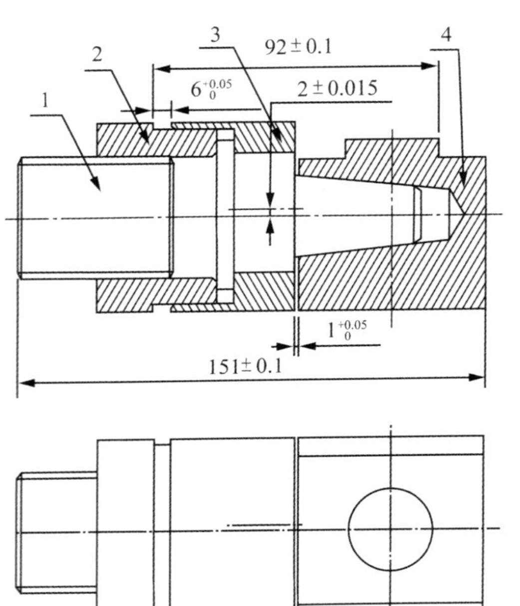

图 10-2-1 偏心、锥度、梯形螺纹组合

1—螺杆；2—阶台轴套；3—偏心套

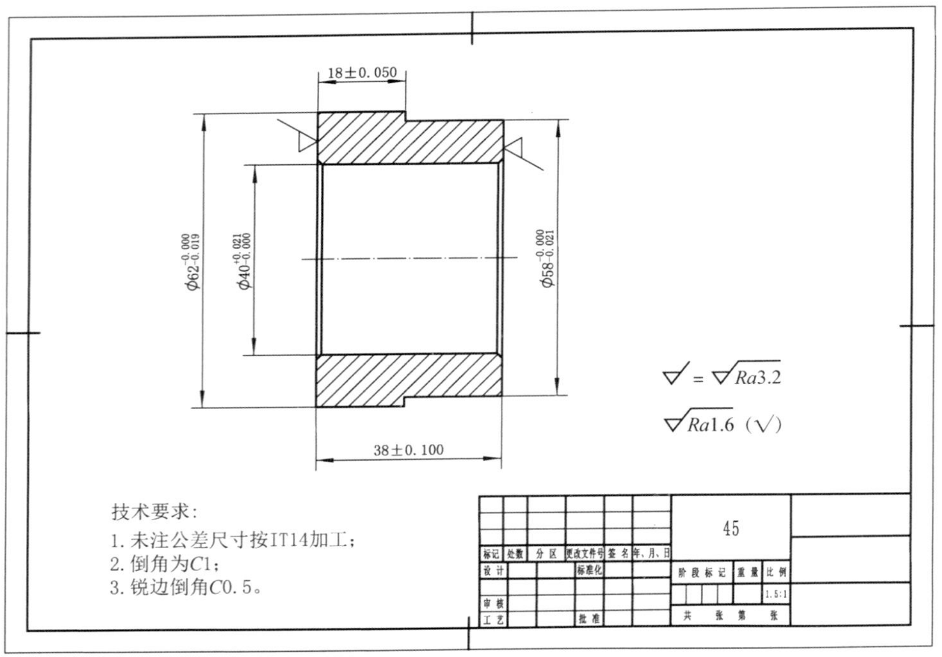

图 10-2-3 阶台轴套

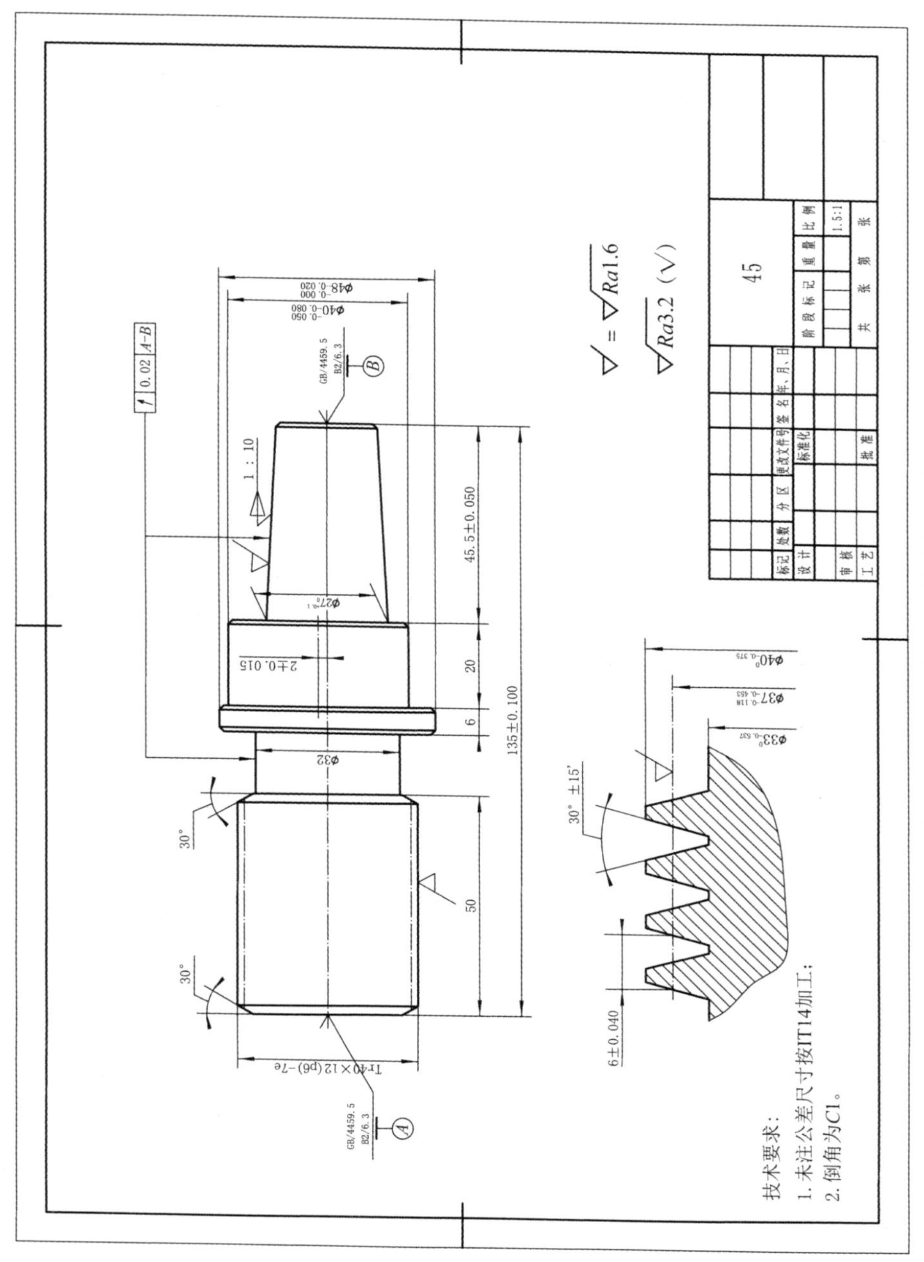

图 10-2-2 偏心、锥度、梯形螺纹组合——螺杆

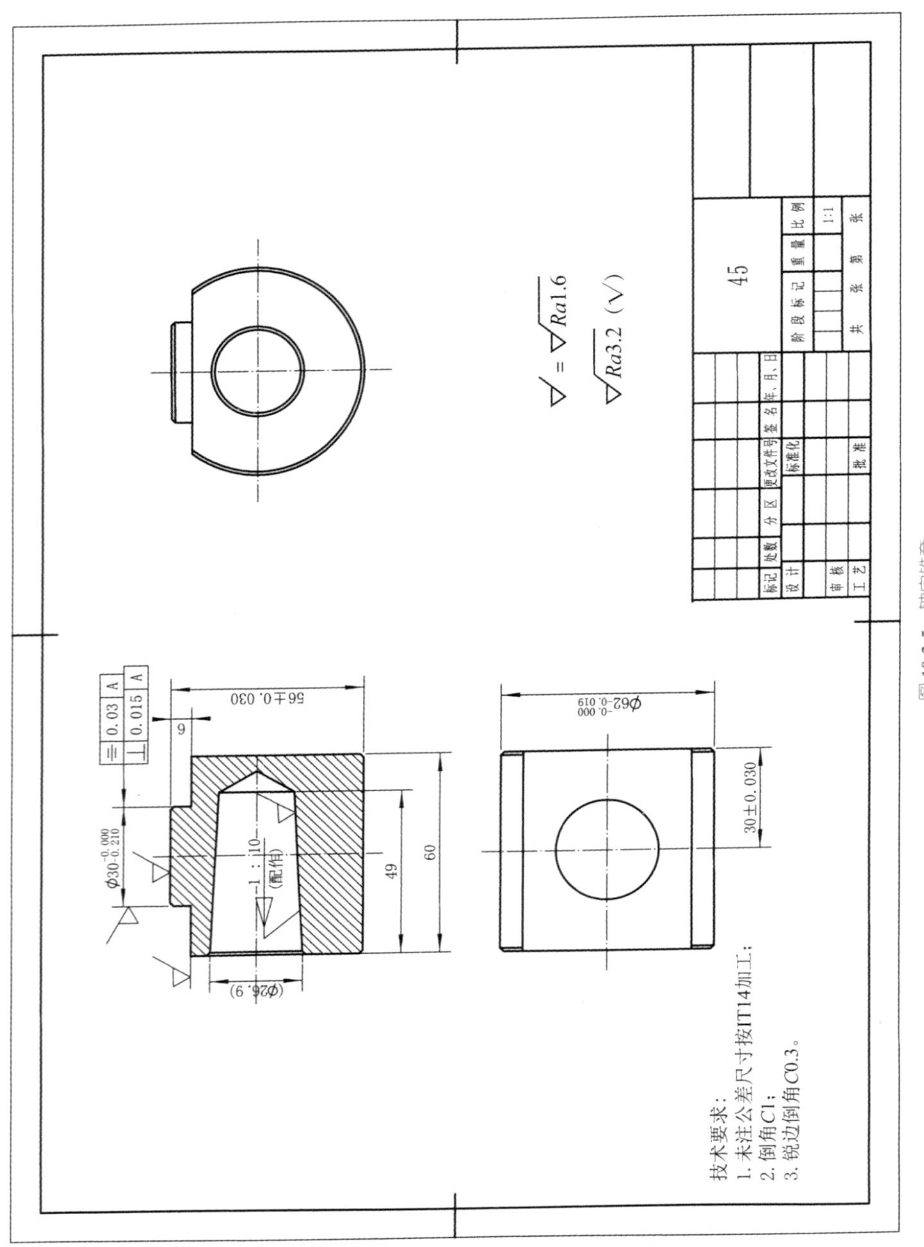
技术要求:
1. 未注公差尺寸按IT14加工;
2. 倒角C1;
3. 锐边倒角C0.3。
56±0.030
6
0.03 A
0.015 A
$\phi30^{-0.000}_{-0.210}$
1 : 10
(配作)
(φ26.9)
49
60
$\phi62^{-0.000}_{-0.019}$
30±0.030
$\sqrt{}=\sqrt{Ra1.6}$
$\sqrt{Ra3.2}$ (√)
45
阶段标记
重量
比例
1:1
共 张
第 张
标记
处数
分区
更改文件号
签名
年、月、日
设计
标准化
审核
工艺
批准

图 10-2-5 轴向锥套

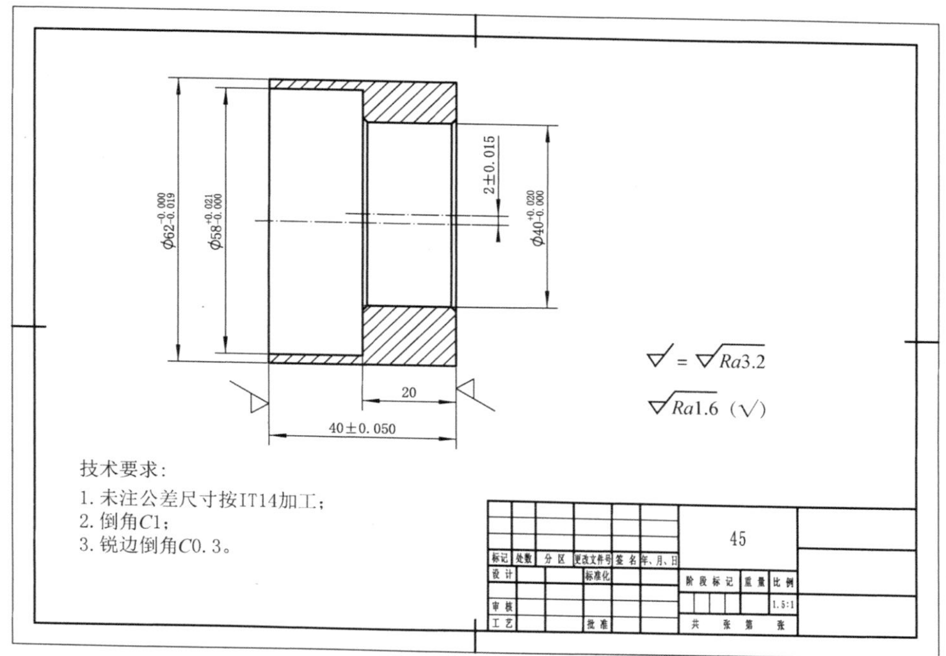

图 **10-2-4**　偏心套

2. 加工步骤

(1)螺杆加工步骤。

步骤 1：安全教育。按“两穿两戴”要求，正确穿戴工作服、工作帽、劳保鞋和防护眼镜。

步骤 2：进入实训场地，按“7S”规范要求，整理车床、工具箱、工量刃具，整理车床周边卫生。

步骤 3：装夹找正。三爪自定心卡盘夹持工件，工件伸出长度≥85 mm，找正夹紧。

步骤 4：对刀。装 45°，90°外圆车刀、切断刀和外梯形螺纹车刀，利用试车端面方法判断刀具中心是否与主轴等高，试车后端面没有小凸台，证明刀具合格，但切断刀和圆弧切断刀要稍高些。

步骤 5：车端面。用 45°车刀车端面，钻 $\phi3$ mm B 型中心孔。

步骤 6：粗车外圆。粗车外圆 $\phi27^{+0.1}_{0}$ mm×(45.5±0.05)mm，$\phi48^{0}_{-0.021}$ mm×6 mm，直径各留 1～1.5 mm 余量。偏心圆 $\phi40^{-0.025}_{-0.075}$ mm 车至 $\phi47$ mm，长度为 19.5 mm。

步骤7：车端面、钻中心孔。掉头夹持 $\phi40^{-0.025}_{-0.075}$ mm($\phi47$ mm)处，车端面保证总长为135 mm±0.1 mm，钻 $\phi3$ mm B型中心孔。

步骤8：粗车外圆。粗车梯形螺纹Tr40×12(p6)−7h外圆，留1 mm余量，粗车螺纹空刀槽底径 $\phi32^{0}_{-0.034}$ mm至 $\phi33$ mm×14 mm。

步骤9：精车外圆、梯形螺纹。

①采用两顶尖装夹方式，精车梯形螺纹Tr40×12(p6)−7h外圆至 $\phi40^{0}_{-0.375}$ mm尺寸，倒角2×30°；精车退刀槽 $\phi32^{0}_{-0.034}$ mm×14 mm至尺寸要求；粗、精车梯形螺纹Tr40×12(p6)−7h至图样尺寸。

②掉头装夹(两顶尖)，精车外圆 $\phi27^{+0.1}_{0}$ mm，长45.5 mm±0.05 mm、偏心圆 $\phi40^{-0.05}_{-0.075}$ mm粗车至 $\phi45$ mm×19.5 mm，$\phi48^{0}_{-0.021}$ mm×6 mm至图样尺寸。

③偏移小滑板角度2°51′42″，精车▷1∶10外锥体至图样尺寸。

④车倒角 $C1$(2处)。

步骤10：精车偏心。采用三爪卡盘夹持梯形螺纹处(垫铜片)，垫垫片，调整偏心距为2 mm±0.015 mm，精车偏心圆至尺寸 $\phi40^{-0.05}_{-0.075}$ mm×19.5 mm，车倒角 $C1$。

步骤11：检查。检验各部分尺寸。

(2)阶台轴套加工步骤。

步骤1：安全教育。按“两穿两戴”要求，正确穿戴工作服、工作帽、劳保鞋和防护眼镜。

步骤2：进入实训场地，按“7S”规范要求，整理车床、工具箱、工量刃具，整理车床周边卫生。

步骤3：装夹找正。三爪自定心卡盘夹持工件，工件伸出长度≥50 mm，找正夹紧。

步骤4：对刀。装45°，90°外圆车刀、切断刀、内孔车刀，利用试车端面方法判断刀具中心是否与主轴等高，试车后端面没有小凸台，证明刀具合格，但内孔车刀要稍高些。

步骤5：车端面，钻孔。用45°车刀车端面，钻孔 $\phi37$ mm，深度40 mm。

步骤6：车外圆。

①粗、精车外圆 $\phi62^{0}_{-0.019}$ mm至尺寸要求。

②粗、精车外圆 $\phi58^{0}_{-0.021}$ mm×20 mm至尺寸要求。

步骤 7：车内孔。粗、精车内孔 $\phi40^{+0.021}_{0}$ mm 至尺寸要求。

步骤 8：车倒角。车削内倒角 $C1$，外圆倒钝 $C0.5$。

步骤 9：切断。切断，保证总长为 40 mm。

步骤 10：车端面。

①掉头夹持 $\phi58^{0}_{-0.021}$ mm 处(垫铜片)，找正，车削端面至总长为 38 mm±0.1 mm。

②车削内倒角 $C1$，外倒角倒钝 $C0.5$。

步骤 11：检查。检验各部分尺寸。

(3)偏心套加工步骤。

步骤 1：安全教育。按“两穿两戴”要求，正确穿戴工作服、工作帽、劳保鞋和防护眼镜。

步骤 2：进入实训场地，按“7S”规范要求，整理车床、工具箱、工量刃具，整理车床周边卫生。

步骤 3：装夹找正。三爪自定心卡盘夹持工件，工件伸出长度≥43 mm，找正夹紧。

步骤 4：对刀。装 45°，90°外圆车刀、切断刀和内孔刀，利用试车端面方法判断刀具中心是否与主轴等高，试车后端面没有小凸台，证明刀具合格，但内孔刀要稍高些。

步骤 5：车端面、钻孔。用 45°车刀车端面，钻 $\phi35$ mm 孔，深度为 43 mm。

步骤 6：车外圆。粗、精车外圆 $\phi62^{0}_{-0.019}$ mm×42 mm 至尺寸要求。

步骤 7：车内孔。粗、精车内孔 $\phi58^{0}_{-0.021}$ mm×20 mm 至尺寸要求。

步骤 8：切断、倒角。

①车削内倒角 $C1$，外圆倒钝 $C0.3$

②切断，保证总长为 42 mm。

步骤 9：车偏心。

①掉头夹持 $\phi62^{0}_{-0.019}$ mm 处，垫垫片，调整偏心至 2 mm±0.015 mm，车削端面至总长为 40 mm±0.05 mm。

②粗、精车偏心孔 $\phi40^{+0.021}_{0}$ mm 至尺寸要求。

步骤 10：车倒角。车削内倒角 $C1$，外圆倒钝 $C0.3$。

步骤 11：检查。检验各部分尺寸。

扫一扫

(4)轴向锥套加工步骤。

步骤 1：安全教育。按“两穿两戴”要求，正确穿戴工作服、工作帽、劳保鞋和防护眼镜。

步骤 2：进入实训场地，按“7S”规范要求，整理车床、工具箱、工量刃具，整理车床周边卫生。

步骤 3：装夹找正。三爪自定心卡盘夹持工件，工件伸出长度≥65 mm，找正夹紧。

步骤 4：对刀。装 45°，90°外圆车刀、内孔车刀，利用试车端面方法判断刀具中心是否与主轴等高，试车后端面没有小凸台，证明刀具合格，但内孔刀要稍高些。

步骤 5：车端面。用 45°车刀车端面，钻孔 ϕ20 mm，深度为 50 mm。

步骤 6：车外圆。粗、精车外圆 $\phi62_{-0.019}^{0}$ mm×62 mm 至尺寸要求。

步骤 7：车锥孔。调整中滑板转盘角度至 2°51′42″，粗、精车 ▷1∶10 内锥孔，与件 1 螺杆 ▷1∶10 外锥体配合。

步骤 8：车倒角。车削倒角 $C1$，锐角倒钝 $C0.3$。

步骤 9：车端面。掉头夹持 $\phi62_{-0.019}^{0}$ mm 处(垫铜皮)找正，车端面至尺寸要求 60 mm，外圆倒钝 $C0.3$。

步骤 10：画线。按照图样要求，画出 $\phi30_{-0.21}^{0}$ mm 的十字中心线和找正圆。

步骤 11：车凸台。

①垫铜皮，在四爪单动卡盘上，按照画线进行找正。

②粗、精车 $\phi30_{-0.21}^{0}$ mm 圆柱，达到 $\phi30_{-0.21}^{0}$ mm，长度为 56 mm±0.03 mm 和 6 mm 尺寸要求。

步骤 12：检查。检验各部分尺寸。

三、 注意事项

(1)组合件应按照先基准，后其他；先面后孔；先粗后精；先主后次的加工顺序。

(2)减小因基准位移和基准不重合所应造成的误差，对有形状、位置精度要求的车削件，尽可能在同一次安装下完成，在毛坯尺寸和车削加工条件允许的情况下，尽量一次装夹，完成各有关加工表面的车削。

(3)如果在一次装夹下，车削件的外圆与端面的垂直度、孔与轴的同轴度的加工等很容易达到图样的形位公差要求，否则在掉头时，必须增加用以保证形位精度的精基准、校正方法或夹具来加以补救。

(4)先粗车，去除大量切削余量。当车削件毛坯尺寸较大时，应先集中进行粗加工，特别是钻大孔，然后再安排半精车、精车，这样可大幅度减小因车削毛坯时产生的热效应而造成的车削件热变形。

(5)装夹车削件时，要防止产生夹紧变形，尤其是薄壁类车削件，以免车削后圆度误差增大和研配后接触面积达不到技术要求。

专业对话

谈一谈偏心、锥度、梯形螺纹组合件各个零件的加工顺序怎么确定。其形位公差应如何保证?

任务评价

考核标准见表 10-2-2。

表 10-2-2 考核标准

检测内容	检测项目	分值	要求	自测结果	得分	教师检测结果	得分
安全文明生产	正确穿戴工作服	2 分	穿戴整齐、紧扣、紧扎				
	正确穿戴工作帽	2 分					
	正确穿戴工作鞋	2 分					
	正确穿戴防护镜	2 分					
	工具箱的整理	2 分	分类定置或分格存放				
	工量刃具的整理	2 分	按拿取方便的原则，分类摆放有序				
	车床维护保养	2 分	无油污、黄斑，各润滑部位按时润滑				
	工作场地清理	2 分	清洁、干净，无污迹、无灰尘				

续表

检测内容	检测项目		分值	要求	自测结果	得分	教师检测结果	得分
螺杆	直径	$\phi22_{-0.040}^{-0.020}$ mm Ra1.6 mm	3分 0.5分	IT：超差全扣 Ra：降级全扣				
		$\phi32_{-0.03}^{0}$ mm Ra3.2 mm	3分 0.5分	IT：超差全扣 Ra：降级全扣				
		$\phi27_{0}^{+0.1}$ mm Ra1.6 mm	1分 0.5分	IT：超差全扣 Ra：降级全扣				
		$\phi40_{-0.375}^{0}$ mm Ra1.6 mm	1分 0.5分	IT：超差全扣 Ra：降级全扣				
		$\phi37_{-0.453}^{-0.118}$ mm Ra3.2 mm	3分 0.5分	IT：超差全扣 Ra：降级全扣				
	偏心	2 mm±0.015 mm	4分	IT：超差全扣				
	锥度	▷1∶10 Ra1.6 mm	2.5分 0.5分	IT：超差全扣 Ra：降级全扣				
	长度	45.5 mm±0.05 mm	2分	IT：超差全扣				
		135 mm±0.1 mm	1分	IT：超差全扣				
	倒角	30°(2处)	0.5×2分	IT：超差全扣				
	圆跳动	↗ | 0.02 | A-B	3分	IT：超差全扣				
阶台轴套	直径	$\phi62_{-0.019}^{0}$ mm Ra1.6 mm	2分 0.5分	IT：超差全扣 Ra：降级全扣				
		$\phi58_{-0.021}^{0}$ mm Ra1.6 mm	2分 0.5分	IT：超差全扣 Ra：降级全扣				
		$\phi40_{0}^{+0.021}$ mm Ra6.3 mm	2.5分 0.5分	IT：超差全扣 Ra：降级全扣				
	长度	38 mm±0.1 mm	1分	IT：超差全扣				
		18 mm±0.05 mm	1分	IT：超差全扣				
	倒角	C1	0.5分	IT：超差全扣				
偏心套	直径	$\phi62_{-0.019}^{0}$ mm Ra1.6 mm	2.5分 0.5分	IT：超差全扣 Ra：降级全扣				
		$\phi58_{0}^{+0.021}$ mm Ra1.6 mm	1.5分 0.5分	IT：超差全扣 Ra：降级全扣				

续表

检测内容	检测项目		分值	要求	自测结果	得分	教师检测结果	得分
偏心套	直径	$\phi40^{+0.02}_{0}$ mm Ra1.6 mm	2.5 分 0.5 分	IT：超差全扣 Ra：降级全扣				
	长度	2 mm±0.015 mm	4 分	IT：超差全扣				
		40 mm±0.05 mm	1 分	IT：超差全扣				
		20 mm	0.5 分	IT：按 IT14，超差全扣				
	倒角	$C1$(3 处)	0.5×3 分	超差全扣				
轴向锥套	直径	$\phi62^{0}_{-0.019}$ mm Ra1.6 mm	2.5 分 0.5 分	IT：超差全扣 Ra：降级全扣				
		$\phi30^{0}_{-0.21}$ mm Ra1.6 mm	2.5 分 0.5 分	IT：超差全扣 Ra：降级全扣				
	形位误差	⊥ 0.015 A	2 分	IT：超差全扣				
		⌯ 0.03 A	2 分	IT：超差全扣				
	长度	30 mm±0.03 mm	2 分	IT：超差全扣				
		56 mm±0.03 mm	2 分	IT：超差全扣				
		6 mm	2 分	IT：按 IT14，超差全扣				
四件组合	长度	92 mm±0.1 mm	3 分	超差全扣				
		$6^{+0.05}_{0}$ mm	3 分	超差全扣				
		$1^{+0.05}_{0}$ mm	3 分	超差全扣				
		151 mm±0.1 mm	3 分	超差全扣				
	配合接触面积	件 1 与件 4 配合接触面积>70%	3 分	超差全扣				
总分			100 分	实际得分				
总体得分率				评定等级				
评分说明	(1)安全文明生产分值为 2 分、1.5 分、1 分、0.5 分、0.2 分、0 分； (2)总体得分率：(实际得分/总分)×100%； (3)评定等级：根据总体得分率评定，具体为≥92%——1，≥81%——2，≥67%——3，≥50%——4，≥30%——5，<30%——6							

拓展训练

一、 思考与练习

在花盘角铁上加工畸形工件时应注意哪些问题？

二、 巩固训练

按照图样技术要求（图 10-2-6、图 10-2-7、图 10-2-8、图 10-2-9）加工圆柱组合件。

(1)时间为 5 h。

(2)材料为 45 钢，根据图样要求进行加工和检测。

(3)未注公差尺寸按 IT14 加工。

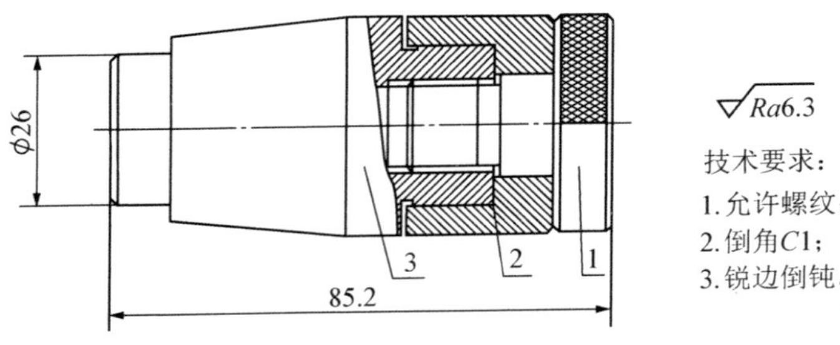

图 10-2-6　三件圆柱组合件装配图

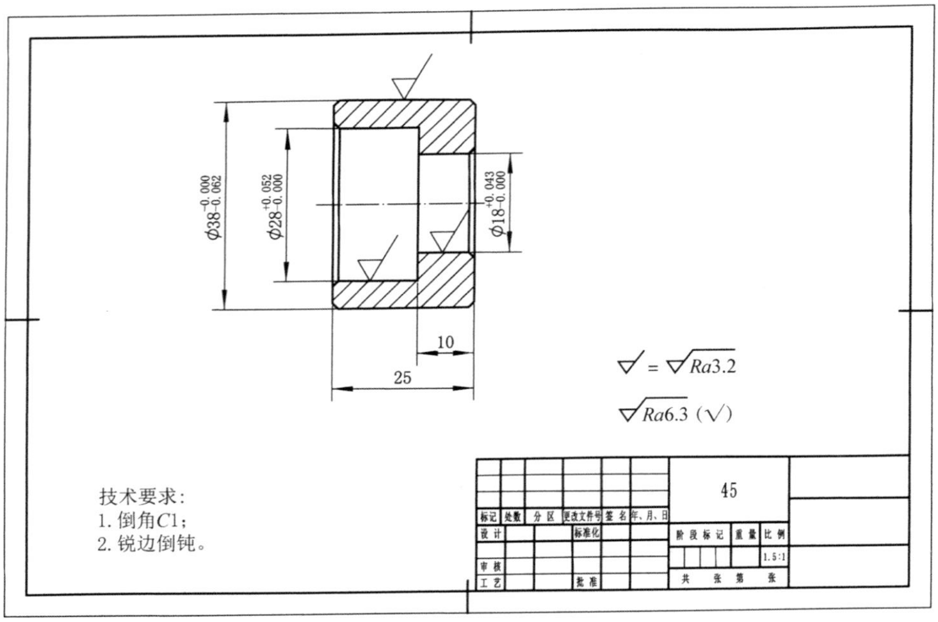

φ38$^{-0.000}_{-0.062}$　φ28$^{+0.052}_{-0.000}$　φ18$^{+0.043}_{-0.000}$

10　25

= Ra3.2

Ra6.3 (√)

技术要求：
1. 倒角C1；
2. 锐边倒钝。

45

图 10-2-7　套

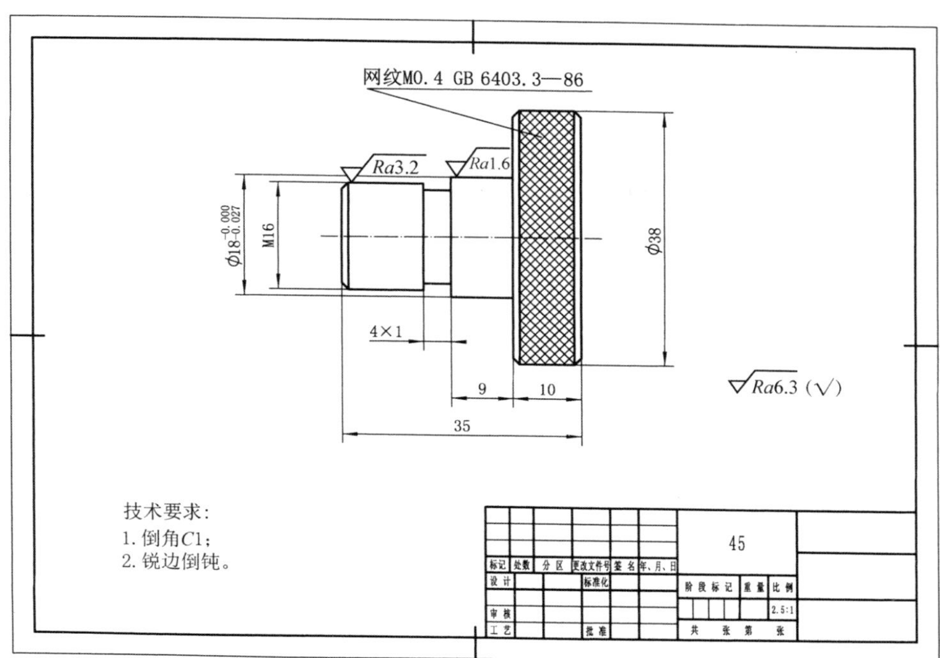

图 10-2-8　螺轴

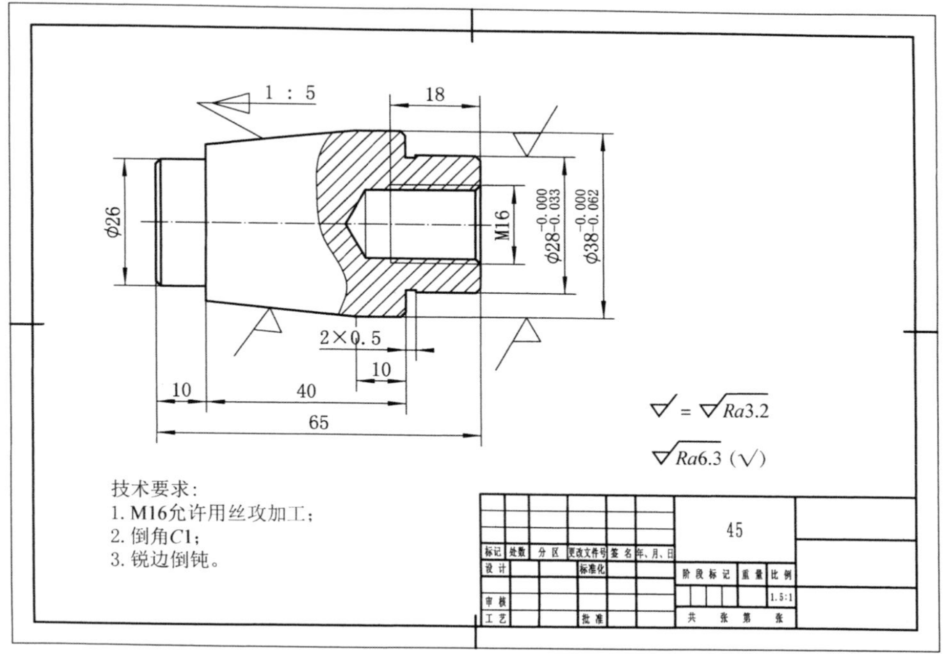

图 10-2-9　轴

拓展训练

一、填空题(1×26=26 分)

1. 千分尺的测量精度一般为________ mm。千分尺在测量前必须校正零位。

2. 刀具角度中对切削温度影响显著的是________。前角增大，切削温度________；前角过大，切削温度不会进一步________。

3. 切削用量是衡量切削运动大小的参数，包括________、________和________。

4. 粗车时，切削用量的选择原则是，首先应选用较大的________，其次再选择较大的________，最后根据刀具耐用度选择合理的________。

5. 锥度的标注符号用________表示，符号所示方向应与锥度方向________。

6. 图样上符号◎是________公差的________度。

7. 常用的车刀材料有________和________两大类。

8. 车削中切削液主要起________、________、________的作用。

9. 麻花钻的顶角一般为________。

10. 米制梯形螺纹的牙型角为________。

11. 用转动小滑板法车削圆锥面时，车床小滑板应转过的角度为________。

12. 加工梯形螺纹一般采用一夹一顶和________装夹。

13. 在三爪自定心卡盘上车削偏心工件时，应在一个卡爪上垫一块厚度为________偏心距的垫片。

14. ________是常用的孔加工方法之一，可以粗加工，也可以精加工。

15. 同轴度要求较高、工序较多的长轴用________装夹较合适。

二、判断题(2×10=20 分)

1. 车工在操作过程中严禁戴线手套。(　　)

2. 切削铸铁等脆性材料时，为了减少粉末状切屑，需用切削液。(　　)

3. 使用内径百分表不能直接测得工件的实际尺寸。(　　)

4. 零件的表面粗糙度值越小，越易加工。(　　)

5. 增大后角可减少摩擦，故精加工时后角应较大。(　　)

6. 圆锥斜度是锥度的$\frac{1}{2}$。(　　)

7. 加工表面上残留面积越大，高度越高，则工件表面粗糙度越大。(　　)

8. 平行度和对称度都属于形状公差。( )

9. 加工单件时，为保证较高的形位精度，在一次装夹中完成全部加工为宜。( )

10. 一般情况下，金属的硬度越高，耐磨性越好。( )

三、简答题(6×5=30分)

1. 卧式车床由哪些主要部件组成?

2. 什么叫组合件?

3. 偏移尾座法车圆锥面有哪些优缺点？适用于什么场合?

4. 刃磨硬质合金刀具应采用哪种砂轮?

5. 简述40°米制蜗杆的车削步骤。

四、计算题(12×2=24 分)

1. 需要在铸铁工件上车削 M24×1.5 的内螺纹，试计算车削螺纹之前孔径应车成多大。

2. 有一圆锥，已知 $D=100$ mm，$d=80$ mm，$L=200$ mm，求圆锥半角。